工业和信息化职业教育“十二五”规划教材

计算机应用基础

（第2版）

武凤翔　郭建军　陈修齐　主　编

于　卉　周秀贤　张　瑾　副主编

電子工業出版社

Publishing House of Electronics Industry

北京・BEIJING

内 容 简 介

本书紧扣全国计算机等级考试一级、二级 MS Office 大纲和教育部计算机基础教学大纲的要求，联系我国目前院校计算机基础教学的实际情况，突出以应用为核心、以培养实际动手能力为重点的理念，符合学生心理特征和认知、技能养成规律。

全书共由 8 个单元构成，内容循序渐进，贯穿计算机应用操作学习的全过程。计算机基础操作是深入学习的前提，制作文本、电子表格、演示文稿是学习的主要对象，多媒体和网络应用是帮助工作的有力工具，综合操作能力则是学习的根本。学习者若能熟练掌握书中的相关操作，将能适应日常工作、学习和生活中的需要。

本书可作为院校各专业的公共课教材，也可作为全国计算机等级考试一级和二级 MS Office 培训教材或自学教材。

本书配套有习题集和教学参考资料包。

图书在版编目（CIP）数据

计算机应用基础 / 武凤翔，郭建军，陈修齐主编．—2 版．—北京：电子工业出版社，2015.8
工业和信息化职业教育“十二五”规划教材

ISBN 978-7-121-26753-6

Ⅰ. ①计… Ⅱ. ①武… ②郭… ③陈… Ⅲ. ①电子计算机—高等职业教育—教材 Ⅳ. ①TP3

中国版本图书馆 CIP 数据核字（2015）第 168761 号

策划编辑：肖博爱
责任编辑：郝黎明
印　　刷：北京季蜂印刷有限公司
装　　订：北京季蜂印刷有限公司
出版发行：电子工业出版社
　　　　　北京市海淀区万寿路 173 信箱　邮编　100036
开　　本：787×1 092　1/16　印张：15　字数：432 千字
版　　次：2012 年 8 月第 1 版
　　　　　2015 年 8 月第 2 版
印　　次：2018 年 9 月第 9 次印刷
定　　价：32.00 元

凡所购买电子工业出版社图书有缺损问题，请向购买书店调换。若书店售缺，请与本社发行部联系，联系及邮购电话：（010）88254888，88258888。

质量投诉请发邮件至 zlts@phei.com.cn，盗版侵权举报请发邮件至 dbqq@phei.com.cn。

本书咨询联系方式：（010）88254617，luomn@phei.com.cn。

前言 | PREFACE

本书依据教育部颁布的《计算机应用基础教学大纲》的基本要求，兼顾全国计算机等级考试一级和二级 MS Office 大纲内容，结合职业院校的教学实际与计算机行业的岗位需求而编写。本书坚持“以服务为宗旨，以就业为导向”的职业教育办学方针，充分体现以全面素质为基础，以能力为本位，以适应新的教学模式、教学制度需求为根本，以满足学生需求和社会需求为目标的编写指导思想。在教材编写中，力求突出以下特色。

（1）内容先进。本书紧密结合计算机行业发展与应用现状，以社会上应用广泛的 Windows 7、Office 2010、多媒体技术和网络应用技能为重点，实现了课程内容和社会应用的无缝对接。

（2）知识实用。本书结合职业院校教学实际，以“必需、够用”为原则。书中不涉及过多深奥的理论知识，而是将常用的计算机知识融于实例，彻底打破以知识传授为方法的教学模式。教学实例完全取材于办公应用中的案例，便于知识转化。

（3）突出操作。体现以应用为核心，以培养实际动手能力为重点，力求做到学与教并重。本书以操作为主线，以完成任务为目标，强调操作的连贯性和系统性，使理论知识与操作技能有机地结合起来。

（4）结构合理。本书紧密结合职业教育的特点，借鉴近年来职业教育课程改革和教材建设的成功经验，在内容编排上采用了任务引领的设计方式，符合学生心理特征和技能养成规律。内容安排循序渐进，操作、理论和应用紧密结合，有意强化学生参与教学活动的分量，能够提升学生的学习兴趣，培养学生的独立思考能力、创新能力和再学习能力。

（5）教学适用性强。本书详细给出了教学活动的具体任务和完成任务的细节，但没有限制教师的教学内容，既给教师延伸教学留出了余地，更给学生拓展学习开辟了空间，便于教师教和学生学。

（6）配备了教学资源包。本书配备了包括电子教案、教学指南、教学素材、习题答案、教学视频等内容的教学资源包，为教师备课、教课提供全方位的服务。

本书共 8 个单元，第一单元主要介绍计算机基础知识，帮助学习者全面认识计算机，强化安全使用计算机的意识。第二单元主要介绍 Windows 7 的使用，帮助学习者掌握计算机的基本操作技能。第三单元主要介绍互联网应用技巧，帮助学习者掌握网络应用技术，学会网上生活。

第四单元主要介绍文字处理软件 Word 2010，帮助学习者学会制作简单和复杂的办公文档。第五单元主要介绍电子表格处理软件 Excel 2010，讲解如何制作电子表格。第六单元介绍多媒体应用技术，帮助学习者学会处理、使用多媒体资料。第七单元主要介绍演示文稿制作软件 PowerPoint 2010，帮助学习者制作精美的宣传演示幻灯片。第八单元主要介绍职业训练的内容和方法，指导学习者进行职业技能训练，帮助学习者成为适应工作需要的行家里手。

本书由武凤翔、郭建军、陈修齐任主编，于卉、周秀贤、张瑾担任副主编，陈予雯、郭梦茜、霍国义、朱一、郭璐青、连慧萍、于妍等参编，全书由谭建伟统稿，由李建教授、王慧斌博士主审。

由于作者水平所限，书中瑕疵之处，敬请读者批评指正。

编　者

2015 年 6 月

CONTENTS | 目录

计算机基础知识

从世界上第一台计算机诞生至今的半个多世纪，人与计算机的联系越来越密切，特别是进入 21 世纪以后，计算机的发展更是日新月异，随着互联网的普及和网络技术的不断发展，计算机技术渗透到了人们的工作、学习、生活、娱乐等方方面面，对人们的工作方式、生活方式和思维方式都产生了极为深远的影响，因此，学习使用计算机早已成为现代社会对每一个人的基本要求。而了解和掌握必备的计算机基础知识，既是学习计算机的初级内容，也是为以后深入学习计算机打基础。

项目 1　了解计算机技术的发展和应用

计算机设备的神奇功能让人们叹为观止，其实现技术更给人难以捉摸的深奥感觉，所以，应全面了解计算机技术的发展和应用，揭开计算机的神秘面纱。

项目目标

了解计算机技术的发展过程及趋势。
了解计算机在现代社会工作与生活中的应用。
了解数据与信息的概念，理解数据在计算机中的处理过程。

任务 1　认识计算机与人类社会的关系

计算机面世不仅改变了人们的生活、工作方式，也加快了社会发展的进程，计算机应用的全面普及，使人类社会迈进了信息时代。

 **任务说明**

计算机的发展经历了怎样的曲折？计算机在哪些领域影响着人类的生活？未来的计算机

又会给人类带来哪些惊奇？种种问题都会引起人们的好奇，而了解这些问题更能激起人们学习计算机的热情。只有了解计算机与人类社会密不可分的关系，才能更加明白学习计算机的重要性。帮助学习者全面了解计算机与人类社会的密切关系，需要从计算机技术的演变开始。计算机技术的不断发展是社会进步的表现，也是社会应用需求作用的结果。只有深入了解计算机的功能和发展趋势，才能更好地理解计算机在人类社会中的作用，并有效地利用计算机技术造福人类社会。

活动步骤

START

1．教师讲解计算机发展与应用过程中发生的有关事件。

2．学生查阅与计算机应用、发展有关的资料并获得相应成果。

3．分组讨论，思考以下问题：

（1）计算机是计算的机器，为什么它会延伸出那么多种应用？

（2）网络和计算机对人类社会的影响主要表现在哪些方面？

（3）未来的计算机可能发生哪些变化？

任务知识

1．计算机的起源与发展

人类很早就希望借助工具进行计数和计算。古代中国人发明的算筹是世界上最早的计算工具，后来中国人发明了更为方便的计算工具——算盘。英国数学家巴贝奇在 19 世纪中期提出了通用数字计算机的基本设计思想。所以，现代计算机是从古老的计算工具逐步发展而来的。

真正意义上的第一台电子计算机是1946年2月在美国宾夕法尼亚大学正式运行的ENIAC，如图 1-1-1 所示。ENIAC 使用了 17468 个电子管，耗电 174kW，占地 170m^2，重达 30t，对各种不同的计算问题，需要技术人员重新连接外部线路，如图 1-1-2 所示，尽管如此，它却开启了人类第三次产业革命，具有划时代的意义。

图 1-1-1　ENIAC 计算机

图 1-1-2　连接外部线路

自第一台计算机问世，计算机经历了 5 次更新换代，计算机的换代标志主要是构成硬件系统的器件变化和计算机系统结构的变化。

第一代计算机（1945—1954 年）：硬件由电子管和继电器存储器构成，软件采用机器语言或汇编语言，运算速度为每秒钟几千次～几万次。

第二代计算机（1955—1964 年）：硬件由分立式晶体三极管、二极管和铁氧体的磁芯构成，软件采用有编译程序的高级语言、子程序库、批处理监控程序，运算速度为每秒钟几万次～几十万次。

第三代计算机（1965—1974 年）：硬件由小规模或中规模集成电路构成，软件采用多道程序设计和分时操作系统，运算速度达每秒钟几百万次。

第四代计算机（1974—1991 年）：硬件由大规模或超大规模集成电路和半导体存储器构成，软件采用并行多处理操作系统、专用语言和编译器，运算速度为每秒钟几百万次～几亿次。

第五代计算机（1991 年至今）：超大规模集成电路制造工艺更加完善，使处理机和存储芯片的速度和密度更高，而软件的智能性、功能性也更强，运算速度高达每秒钟十亿次以上。

2．计算机及网络的社会应用

计算机良好的通用性使其广泛应用于各行各业，成为人类的重要帮手，计算机的各种社会应用可以归纳为以下几个方面。

（1）科学计算（数值计算）。发明计算机就是为了解决科学技术研究和工程应用中的大量数值计算问题，如利用计算机高速度、高精度的运算能力，完成气象预报、火箭发射、地震预测、工程设计等庞大复杂的计算任务。因此，科学计算是计算机的主要应用领域。

（2）数据处理（信息管理）。数据处理泛指非科学工程方面的所有数据计算、管理、查询和统计等。利用计算机信息存储容量大、存取速度快等特点，采集、管理、分析、处理大量数据并产生新的信息，是目前计算机应用的重要形式。

（3）计算机辅助工程。计算机辅助工程可以提高产品设计、生产和测试过程的自动化水平、降低成本、缩短生产周期、改善工作环境、提高产品质量、获得更高的经济效益。常见的形式有计算机辅助设计、计算机辅助制造、计算机辅助教学、计算机辅助测试等。

（4）过程控制（实时控制）。过程控制是利用计算机及时采集检测数据，按最优值迅速地对控制对象进行自动调节或自动控制。采用计算机进行过程控制，不仅可以大大提高控制的自动化水平，而且可以提高控制的及时性和准确性，从而改善劳动条件、提高产品质量及合格率。因此，计算机过程控制已在机械、冶金、石油、化工、纺织、水电、航天等部门得到广泛的应用。

（5）人工智能。人工智能是计算机模拟人类的智能活动，如感知、判断、理解、学习、问题求解和图像识别等，它可以进一步延伸人类的活动，拓展计算机的应用环境。

（6）网络应用。计算机技术与现代通信技术的结合构成了计算机网络。计算机网络的建立，不仅解决了一个单位、一个地区、一个国家中计算机与计算机之间的通信问题，而且可以实现软、硬件资源共享。计算机网络化是社会发展的必然趋势，也是未来计算机应用的主要方向。

3．计算机的发展趋势

计算机技术是发展最快的科学技术之一，为了符合计算机应用的社会需求，未来计算机将向以下方面发展。

（1）巨型化。数据量剧增必然要求生产与之适应的高速度、高精度、大存储量的超级计算机，生产巨型机既是国家实力的象征，更是军事和尖端科技领域应用的需要。

（2）微型化。计算机只有向体积小、功能强、价格低的方向发展，才能适应更多的应用环境，满足社会大众使用计算机的基本需求。

（3）网络化。计算机网络化是实现资源共享的基础，也是信息化社会的基本特征，计算机网络化将改变人们的生活和工作方式，促进人类社会的更大进步。

（4）智能化。让计算机更多地摆脱机械模式、更好地模拟人的各种行为是利用计算机的最高追求，人们正在不断地探索各种人工智能技术，期望计算机能更好地为人类服务。

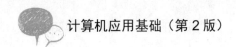

任务2　理解数据、信息和数据的计算机处理

数据是计算机处理的对象，计算机是处理数据的工具，繁杂的数据经计算机加工处理后能够显示出更加直观或准确的信息。

任务说明

理解数据、信息的概念，认识计算机处理信息的过程是了解计算机工作的基础，更是以后有效地使用计算机的基础，只有全面理解计算机处理的对象和处理数据的一般过程，才能真正把握利用计算机处理数据的各个环节，充分发挥计算机的工作效率。所以，相关知识也是需要认真学习的重要内容。

了解数据、信息的含义是基础，从数据中获取有用信息是使用计算机处理数据的根本目的。因此，理解计算机处理数据的任务可以从了解数据和信息的概念开始，先弄懂计算机应用环境中提到的“数据”和“信息”的含义，然后再了解计算机处理数据的全过程。

活动步骤

START

1．教师讲解数据、信息和计算机处理的相关概念。

2．学生查阅与数据、信息和计算机处理有关的资料并获得相应成果。

3．分组讨论、思考以下问题：

（1）数据是否都包含信息？为什么？

（2）为什么有多种关于数据和信息的定义？

（3）人在计算机处理数据的过程中起什么作用？

任务知识

1．数据和信息的概念

数据是对事物描述的符号，而其中的含义称为信息。

用自然语言描述世间万物很直接，但有时会很烦琐，也不便于形式化描述，因此，人们常常只抽取某些感兴趣的事物特征或属性作为事物的描述。例如，对于某职业院校学生可以如此描述：陈思成，20150186，男，1998，河南，电子商务专业，2015。对这样的记录，一般人可能不解其意，但是知道其含义的人可以从中得知“陈思成是电子商务专业的学生，学号为20150186，于1998年出生，是河南人”。

数据有一定的格式，这些格式的规定是数据的语法，而数据的含义是数据的语义，从数据所获得的有意义的内容称为信息。因此，数据是信息存在的一种形式，只有通过解释或处理才能成为有用的信息。

2．数据的计算机处理过程

计算机是按照人们的基本需求对数据进行加工处理，以形成满足应用需要的信息，因此，计算机处理数据的过程也是人机共同对数据的加工过程。利用计算机处理数据可以分解成以下过程。

（1）收集、整理数据。

（2）制定数据处理规则。

（3）将待处理的数据输入计算机。

（4）计算机按规则处理数据。

（5）输出处理后的数据。

（6）从数据中提取信息。

项目考核

项目考核评价的具体内容分为合作学习和知识、技能两个部分，考核评价量化标准由教师根据实际教学组织情况而定。项目学习任务完成后，可以根据考核评价标准进行自评、互评和教师点评，形成个人和学习小组任务完成情况的总体评价。本项目具体考核内容如下。

1．合作学习考核内容

（1）学习小组成员分工协作的情况。

（2）信息获取和共享的程度。

（3）资料研读、分析讨论的情况。

（4）学习成果的完整、正确性情况。

2．知识考核内容

（1）对计算机技术发展的理解。

（2）对计算机应用发展的理解。

（3）对数据、信息的理解。

（4）对计算机处理过程各环节的理解。

项目2　认识计算机系统

计算机家族是包括巨型机、大型机、中型机、小型机、微型机的一个庞大体系，不同类型的计算机在规模、性能、结构、应用等方面存在很大的差异，但基本体系结构相近。计算机系统都是由计算机硬件系统和计算机软件系统两大部分组成的。

项目目标

了解计算机硬件、软件系统的组成及作用。

了解计算机主要部件及其作用。

会利用数据存储单位区分存储空间大小。

了解计算机主要技术指标及其对性能的影响。

理解二进制基本概念及常用数制之间的转换方法。

理解 ASCII 码的基本概念，了解计算机编码规则。

任务1　认识计算机硬件

计算机硬件是指计算机系统中一切看得见、摸得着的有固定物理形态的机器部件，它是计算机工作的物理基础。

任务说明

人们通常看到的微型计算机的外观如图1-2-1所示，而在计算机主机箱内有支持系统工作的CPU、各种板卡、硬盘等重要组件。详细了解计算机硬件的组成和各部分的作用，是学习计算机的重要基础。

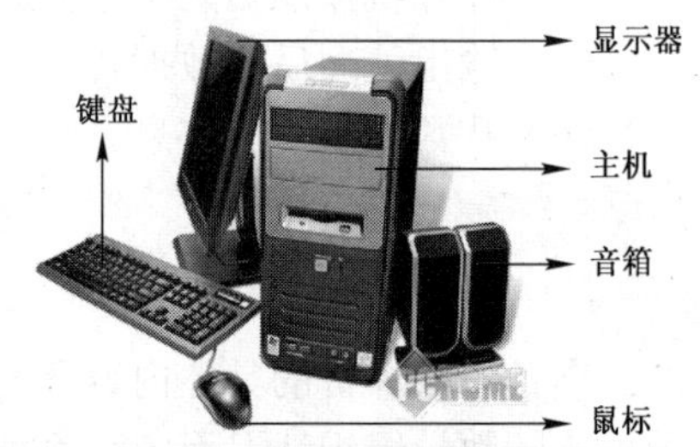

图1-2-1　微型计算机的外观

从微型计算机的外观来看，它由主机和与其相连的设备组成。在主机箱内有CPU、主板、内存等重要部件。因此，可以考虑以主机箱为分界线，将认识计算机硬件的任务分解成认识与主机相连的外部设备和主机箱内的各个组件。

活动步骤

START

1．教师利用微型计算机实物或视频资料，简单介绍计算机硬件。

2．学生查阅与计算机外设、主机有关的资料并获得相应成果。

3．分组讨论、思考以下问题：

（1）主机箱内的哪些组件可以省去？结果会如何？

（2）为什么说内存的容量会影响计算机的运行速度？

（3）微型计算机和大、中型计算机的硬件有什么差别？

任务知识

1．与主机相连的外部设备

一台计算机从外观上看，主要包括主机、显示器、键盘、鼠标和音箱等。

显示器和音箱属于输出设备，也是将计算机处理结果转换成人类习惯的表现形式的设备。常见的输出设备有显示器、打印机和绘图仪等。

键盘和鼠标属于输入设备，用于向计算机输入程序和数据，是将人类习惯的文字、图形和声音转换成计算机能够识别的二进制数的设备。常见的输入设备有键盘、鼠标和扫描仪等。

2．计算机主机箱内的各个组件

拆下主机箱一边的侧面板，可以观察到计算机主机箱内的组件，如图1-2-2所示。

（1）CPU（Central Processing Unit）。CPU也称中央处理器，是计算机的控制中枢，用于数据计算和逻辑判断，CPU的速度和性能对计算机的整体性能有较大的影响。

（2）主板（Mother Board）。主板控制计算机所有设备之间的数据传输，并为计算机各类外设提供接口。

（3）光驱（CD-ROM Disk Drive）。用于读取光盘中的数据，有写入功能的光盘驱动器，可以在专门的光盘中写数据。

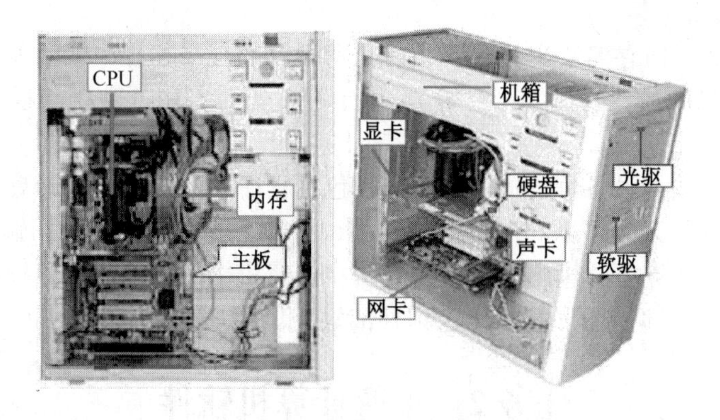

图 1-2-2 计算机主机箱内的组件

（4）软驱（Floppy Disk Drive）。用于读取存放在软盘中的数据，或将数据写入软盘。

（5）硬盘（Hard Disk Drive）。用于长期存储操作系统、数据和应用程序，是最重要的存储设备。

（6）声卡。用于处理计算机中的声音信号，并将处理结果传输到音箱中播放。

（7）内存（Memory）。用于临时存储运算中的程序或数据，其运算速度和容量大小对计算机的运行速度影响较大。

（8）显卡。显卡又称显示器适配器，与显示器配合输出图形、图像和文字等信息。

（9）网卡。用于计算机和网络或其他网络通信设备连接。

（10）电源。为计算机各个部件提供电能。

3．计算机硬件的基本结构

1946 年，美籍匈牙利数学家冯·诺依曼提出了计算机的基本硬件结构。这种计算机硬件的基本结构主要由五大基本部件（运算器、控制器、存储器、输入和输出设备）组成，整体结构以运算器为中心，而现在的计算机已逐步转向以存储器为中心的硬件结构，计算机工作原理示意如图 1-2-3 所示。

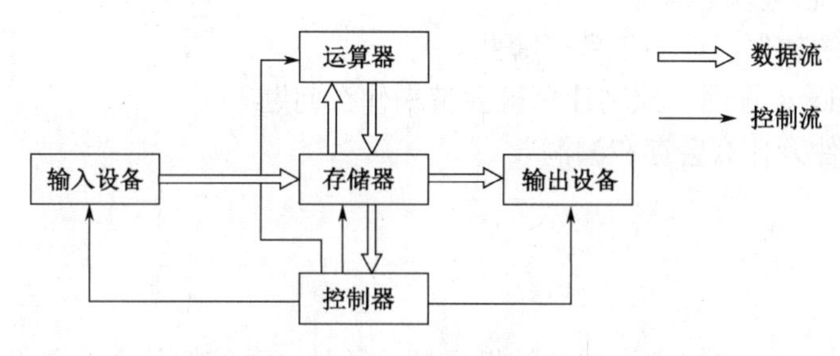

图 1-2-3 工作原理示意

（1）运算器。运算器又称算术/逻辑单元（ALU）。它是计算机对数据进行加工处理的部件，主要执行算术运算和逻辑运算。

（2）控制器。控制器是计算机的指挥控制中心。它负责从存储器中取出指令，并根据指令要求向其他部件发出相应的控制信号，保证各个部件协调一致地工作。

因为 CPU 包括运算器和控制器两个主要部件，所以计算机进行的一切操作和活动，都是在中央处理器的控制下进行的。

（3）存储器。存储器是计算机的记忆存储部件，用来存放程序指令和数据。存储器可分为内存储器和外存储器。内存储器主要存放当前正在运行的程序和程序临时使用的数据；外存储器是指外部设备（如硬盘、软盘、光盘等），用于存放暂时不用的数据与程序，属于永久性存储器。

（4）输入设备。输入设备负责把用户命令（包括程序和数据）输入计算机。键盘是最常用和最基本的输入设备，人们可以利用键盘将文字、符号、各种指令和数据输入计算机。

（5）输出设备。计算机的输出设备主要负责将计算机中的信息，如各种运行状态、工作的结果、编辑的文件、程序、图形等，传送到外部媒介供用户查看或保存。

任务 2　了解计算机软件

软件是计算机执行某种操作任务的程序集合，是计算机的灵魂。一台没有软件支撑的计算机，称为“裸机”，裸机不能进行任何信息处理。硬件和软件是计算机系统不可分割的两个部分。

任务说明

计算机软件系统包括系统软件和应用软件，两者是计算机应用环境中不可或缺的重要内容，也是计算机用户必须了解和掌握的重要知识。系统软件管理、控制计算机，应用软件提供帮助工作的操作环境，它们既有联系，又有差别，因此可考虑将任务分解为认识系统软件和认识应用软件。

活动步骤

START

1．教师讲解与计算机软件有关的知识。

2．学生查阅与计算机软件有关的资料并获得相应成果。

3．分组讨论、思考以下问题：

（1）常用的系统软件、应用软件有哪些？

（2）使用 Windows 管理、控制计算机会带来什么问题？

（3）计算机软件为什么会存在漏洞？

知识任务

1．系统软件

系统软件是指管理、监控和维护计算机资源的软件。系统软件主要包括操作系统、程序设计语言、数据库管理系统、工具软件等。常见的操作系统有 Windows 系列、Netware、UNIX 和 Linux 等。

（1）Windows 系列操作系统。Windows 系列操作系统由美国微软公司开发，是具有可视化图形界面的多任务操作系统。所谓多任务是指可以同时运行多个应用程序，如在上网浏览信息的同时，运行 MP3 播放器播放音乐。

Windows 98 是一个真正的 32 位个人计算机操作系统，它支持“即插即用”等许多先进技术。继 Windows 98 之后，微软公司又陆续推出了 Windows 2000、Windows XP、Windows 7、Windows 8 等系列操作系统，其功能也越来越完善，现已成为目前市场上首选的个人计算机操作系统。

（2）Netware 操作系统。Netware 操作系统是基于 Intel 系列计算机的网络服务器操作系统，具有良好的文件管理和网络打印功能，但随着 Windows 操作系统网络功能的逐渐增强，其应用市场出现萎缩。

（3）UNIX 操作系统。UNIX 是多用户多任务的分时操作系统，它具有结构紧凑、功能强、效率高、使用方便和可移植等优点，是国际上公认的通用操作系统。

UNIX 占据着网络操作系统的主导地位，应用范围极为广泛，从各种微机到工作站、中小型机、大型机和巨型机，都有 UNIX 操作系统及其变种的身影。

（4）Linux 操作系统。Linux 操作系统是一种把 UNIX 操作系统加以简化，从而使其能适应个人计算机需要的操作系统。它遵循标准操作系统界面，是一个多用户多任务，并提供丰富网络功能的操作系统。

（5）程序设计语言。程序设计语言是用户用来编写程序的语言，它是人与计算机之间交换信息的工具。一般分为机器语言、汇编语言、高级语言 3 类。

（6）工具软件。工具软件有时又称为服务软件，它是开发和维护计算机系统的工具。常见的有诊断程序、调试程序和编辑程序等。

2．应用软件

应用软件是指为专门用户提供的或有专门用途的软件，也是为用户利用计算机解决各种实际问题而编制的计算机程序。常见的应用软件有信息管理软件、办公自动化系统和各种文字处理软件等，如日常办公用的 Office 系列软件、人事管理系统等。

任务 3　理解计算机技术指标与计算机性能的关系

计算机技术指标与计算机性能有密切关系，高技术指标必然带来高性能。因此，全面理解计算机技术指标对计算机性能的影响程度，才可能有效确定最佳的计算机配置，进一步提升计算机性能。

任务说明

计算机有哪些重要的技术指标？这些指标对计算机的性能有什么影响？如何才能购得性价比最高的计算机？这些是许多人关心的问题，解决这些问题有助于用户以最经济的手段使用计算机。

计算机的技术指标主要用于对计算机性能进行评价，了解评价计算机性能的技术指标不但有助于深入了解计算机，更有助于用户合理选配计算机。因此，学习任务包括了解计算机的主要技术指标和能够选择满足工作需要的计算机两个层面。

活动步骤

START

1．教师简单讲解计算机的技术指标

2．学生查阅与计算机性能有关的资料并获得相应成果

3．分组讨论、思考以下问题：

（1）家庭用户适宜选择什么样的计算机？为什么？

（2）主频和运算速度有何关系？

（3）如何确定用户的计算机应用需求？

任务知识

1．计算机的主要技术指标

评价计算机的性能是一个复杂问题，不能孤立地考虑某一因素，通常情况下可以从以下几个方面综合评价。

（1）主频。主频是系统时钟频率，它在很大程度上决定了计算机的运行速度。主频越高，计算机的运行速度越快，主频的单位是兆赫兹（MHz）或千兆赫兹（GHz）。

（2）字长。字长是指计算机运算器一次并行处理的二进制位数。计算机的字长越长，处理信息的效率就越高，计算机的功能也就越强。

（3）内存容量。指内存储器能存储信息的总字节数。内存容量越大，计算机处理信息的速度越快。计算机中存储信息的最小单位是二进制的一位，用英文 bit 表示。人们规定 8 位二进制数为一个字节（byte），用 B 表示，一个字节对应计算机中的一个存储单元，一个英文字符或十进制数字占一个字节的长度，汉字字符占用两个字节长度。字节是衡量计算机存储容量的一个重要参数，但是字节的单位太小，需要引入千字节（KB）、兆字节（MB）和千兆字节（GB）。

1KB=1024B

1MB=1024KB

1GB=1024MB

（4）运算速度。计算机的运算速度一般用每秒能执行的指令数来表示，单位是 MIPS（每秒执行 10^6 条指令）或 BIPS（每秒执行 10^9 条指令）。

（5）可靠性和可维护性。分别用平均无故障时间和平均修复时间表示，两者都是系统的重要技术指标。

（6）性能/价格比。是硬件、软件的综合性能与整个系统的价格比，性价比越高，越经济适用。

2．选择满足工作需要的计算机

市场上有多种不同的计算机配置。选择满足应用要求的计算机不是难事，但是要选择既满足工作需要又经济的计算机，则需要仔细斟酌。选择计算机的工作流程如下。

（1）明确应用需求。选择计算机的主要控制因素是应用需求。利用应用需求调查表、应用者座谈等形式，可以详细了解计算机应用的基本需求。

（2）了解计算机产品。全面了解市场上销售的各种计算机产品，为选型做好基础准备。

（3）确定选择考虑因素。在满足应用的前提下需要综合考虑质量、速度、价格、服务等多种内容。

选择计算机可以参照的工作流程为：选择计算机类型→选择计算机型号→选择供货商。

任务4　了解二进制及计算机编码

在计算机内部，文字、声音、图形图像等各种信息都必须经过数字化编码后，才能被加工、处理和存储，因此，了解常用的编码方式至关重要。

任务说明

二进制只有“1”和“0”两个基本符号，正好对应逻辑命题的两个值“真”和“假”，且在物理上最容易实现，因此，二进制编码是计算机广泛采用的编码形式。

二进制是进位计数制的一种形式，而计算机编码则是将少量基本符号按规则组合表示大量信息的手段。利用二进制 1 和 0 两个基本符号组成的编码，称为二进制编码。因此，了解二进制及计算机编码的任务，包括了解进位计数制中的二进制和计算机的编码方式两个内容。

活动步骤　START

1．教师讲解二进制及计算机编码等有关知识。

2．学生查阅与计算机编码有关的资料并获得相应成果。

3．分组讨论、思考以下问题：

（1）二进制、八进制、十六进制之间存在什么特殊关系？

（2）输入码、机内码、字形码之间存在什么关系？

（3）为什么在计算机中采用二进制编码？

任务知识

1．进位计数制

日常生活中广泛使用的十进制数并不是唯一的进位计数制，钟表的秒和分采用六十进位制，小时采用二十四进位制。在进位计数的数字系统中，如果用 r 个基本符号（0，1，2，…，r−1）表示数值，则称其为 r 进制，r 是该数制的基。十进制数的 r=10，基本符号为 0，1，2，…，9。二进制数的 r=2，基本符号为 0，1。

2．不同进位计数制之间的转换

（1）r 进制数转换为十进制数。基数为 r 的数字，只要将各位数字与它的权相乘，其积相加，和数就是十进制数。

（2）十进制转换为 r 进制。十进制转换为 r 进制时，需要将整数部分和小数部分分别转换，然后再拼接形成完整数值。整数部分转换采用除 r 取余逆序排列法，小数部分转换采用乘 r 取整顺序排列法（小数部分若永不为零，达到要求精度为止）。

（3）非十进制数之间转换。非十进制数之间转换，可采用先将被转换数据转换成相应的十进制数，然后再将十进制数转换为其他进制数的方法。

由于 $2^3=8$，$2^4=16$，因此，一位八进制数字可用 3 位二进制数字表示，对应关系如表 1-2-1 所示。一位十六进制数字可用四位二进制数字表示，对应关系如表 1-2-2 所示。

表 1-2-1　八进制——二进制对应关系

八进制（O）	0	1	2	3	4	5	6	7
二进制（B）	000	001	010	011	100	101	110	111

表 1-2-2　十六进制——二进制对应关系

十六进制（H）	0	1	2	3	4	5	6	7
二进制（B）	0000	0001	0010	0011	0100	0101	0110	0111
十六进制（H）	8	9	A	B	C	D	E	F
二进制（B）	1000	1001	1010	1011	1100	1101	1110	1111

在多种进制同时出现时，要清楚地标明各数的数制符号，标号方法有两种：一种是直接下标数制；另一种是采用标准符号。其中二进制数的符号是“B”，八进制数的符号是“O”，十六进制数的符号是“H”。

依据二进制数与八进制和十六进制的对应关系可进行进制间快速互换。

例 1：$(630)_8=(110011000)_2$

例 2：$(AB5)_H=(101010110101)_B$

因为对应关系为：A：1010；B：1011；5：0101。

例 3：$(111000101001.011011)_B=(?)_H$

二进制转换为十六进制时，以小数点为界，分别向左向右 4 位分节，不足 4 位的则补 0，因此$(111000101001.011011)_B$转换为十六进制数应为：

1110　0010　1001．0110　1100（补 0）

E　2　9　6　C

所以$(111000101001.011011)_B=(E29.6C)_H$。

例 4：$(11011100110.0101)_2=(?)_8$

二进制数转换为八进制数以小数点为界向左向右 3 位分节，不足 3 位补 0。本例分节对应为：

（补 0）011　011　100　110．010　100（补 0）

3　3　4　6．2　4

所以$(11011100110.0101)_2=(3346.24)_8$。

除了前面介绍的进制之外，现实生活中还能见到许多其他的进制，如月份的进制可以看作十二进制，分钟的进制可以看成 60 进制等。实际上，进制可以根据需要自行定义，各种进制之间也是可以直接或间接地相互转换。

3．ASCII 码

为了让计算机能够处理人类熟悉的信息符号，必须把字符数据和数值数据用一种代码表示，目前在微机中采用的编码是美国标准信息交换码，即 ASCII 码。通用的 ASCII 码是一种用 7 位二进制表示的编码，字符集共包含 128 个字符，其排列次序为 $d_6d_5d_4d_3d_2d_1d_0$，d_6 为最高位，d_0 为最低位。其中编码值 0～31（0000000～0011111）不对应任何印刷字符，通常称为控制符，用于计算机通信中的通信控制或对计算机设备的功能控制。编码值为 32（0100000）是空格字符 SP，编码值为 127（1111111）是删除控制 DEL 码……其余 94 个字符称为可印刷字符。字符 0～9 这 10 个数字字符的高 3 位编码 $d_6d_5d_4$ 为 011，低 4 位为 0000～1001。当去掉高 3 位的值时，低 4 位正好是二进制形式的 0～9。这既满足正常的排序关系，又有利于完成 ASCII 码与二进制码之间的转换。英文字母的编码值满足正常的字母排序关系，且大、小英文字母编码的对应关系相当简便，差别仅表现在 d_5 位的值为 0 或 1，这有利于大、小写字母之间的编码转换。

4．汉字的编码

用计算机处理汉字时，必须先将汉字代码化。由于汉字种类繁多，编码比较困难，而且在一个汉字处理系统中，输入、内部处理、输出时对汉字代码的要求不尽相同，所以用的代码也不尽相同。将汉字转换成计算机能够接收的由 0、1 组成的编码，称为汉字输入码。输入码进入计算机后必须转换成汉字机内码，若想显示、打印汉字，则需要将机内码转换成汉字字形码。

《通用汉字字符集（基本集）及其交换码标准》是收录多个汉字编码的字符集，能够满足使用计算机处理汉字的需求。

（1）输入码。在计算机系统中使用汉字，首先遇到的问题是如何把汉字输入计算机内。为了能够直接使用西方标准键盘进行输入汉字，必须为汉字设计相应的编码方法。汉字编码方法主要分为 4 类：数字码、音码、形码和音形码。汉字拼音输入法是汉字读音编码方法。

（2）内部码。汉字内部码是供计算机系统内部处理、存储、传输时使用的代码。目前，世界各大计算机公司一般均以 ASCII 码作为内部码来设计计算机系统。由于汉字数量多，用一个字节无法区分，所以用两个字节存放汉字的内码，两个字节共有 16 位，能够表示 2^{16}=65536 个可区别的码。如果两个字节各用 7 位，则可以表示 2^{14}=16384 个可区别码，用于汉字编码已经足够了。现在，我国的汉字信息系统一般都采用这种与 ASCII 码相容的 8 位码方案，用 8 位码字符构成一个汉字内码。汉字字符和英文字符能相互区别，标志是英文字符的机内码是 7 位 ASCII 码，最高位 d_7 为 0，汉字机内码中两个字节的最高位均为 1。

（3）字形码。汉字字形码是表示汉字字形的字模数据，通常用点阵、矢量函数等方式表示，用点阵表示字形时，汉字字形码指的就是这个汉字字形点阵的代码。字形码也称字模，是用点阵表示的汉字字形代码，它是汉字的输出形式，根据输出汉字的要求不同，点阵的多少也不同。

项目考核

本项目考核评价量化标准由教师视教学组织情况，并参考项目 1 中的内容而定。考核内容也分为合作学习考核和知识、技能考核两个部分，前者考核内容参见项目 1，知识、技能考核内容如下。

（1）对计算机硬件系统和各部分作用的理解。

（2）对计算机软件系统的理解。

（3）对计算机技术指标与性能关系的理解。

（4）对进位计数制及进位计数制之间转换的理解。

（5）对 ASCII 码和汉字编码的理解。

项目 3　连接计算机外部设备

计算机外部设备是计算机系统的重要组成部分，某些外部设备更是计算机应用延伸的主要工具。因此，了解常用外部设备的作用，并掌握外部设备的连接和基本使用方法是更好地使用计算机的基础。

项目目标

了解存储设备的作用和使用方法。

了解输入/输出设备的作用，会正确连接和使用这些设备。

了解通用外设接口的使用方法，会正确连接常用外设。

了解外设驱动程序的安装方法。

了解投影仪、扫描仪等外部设备的作用及使用方法。

任务1　认识外存储器

存储器是存放程序和数据的容器。内存临时存放计算机正在处理的程序和数据，主要和CPU交换信息；外存可永久存放程序和数据，是用户保存信息的重要工具。

任务说明

外存储器是存储用户数据信息的重要部件，也是计算机操作过程使用最多的设备。全面了解外存储器、掌握外存储器的使用方法是对计算机使用者的基本要求。本任务将帮助学习者全面认识计算机外存储器。

外存储器包含的种类很多，使用方法也有差异。因此，认识外存储器的学习任务可以按外存储器种类分解成了解硬盘、光盘驱动器和了解移动存储介质等。

活动步骤　START

1．教师利用实物或视频讲解与计算机外存储器有关的知识。

2．学生查阅与计算机外存储器有关的资料并获得相应成果。

3．分组讨论、思考以下问题：

（1）3 类外存储器分别有哪些异同点？

（2）针对不同的存储器，分析可能造成数据丢失的原因。

（3）存储器的连接方式与性能有何关系？

任务知识

1．硬盘

硬盘是硬盘驱动器的简称，它的主要特点是速度快、容量大。通常，硬盘被固定在主机箱内。

硬盘与计算机连接的接口类型主要有IDE、SCSI两种。IDE硬盘是家用机最常用的硬盘，它使用数据连接线通过主板上的IDE接口与计算机连接，其安装简单，且具有较好的性价比，主要缺点是连接电缆长度有严格限制、访问速度较其他类型的硬盘慢。SCSI 硬盘的工作原理与IDE硬盘相同，但需要配上SCSI卡才能使用。SCSI硬盘使用数据线与SCSI卡连接，SCSI卡插入计算机主板的总线插槽。如果SCSI硬盘的传输速率大于8Mbit/s，则必须使用基于PCI总线的SCSI卡。SCSI硬盘有较好的并行处理能力，但价格较贵、安装过程复杂，适用范围因此受到限制。

硬盘的主要作用就是存储信息，因而访问速度和存储空间是衡量硬盘的主要内容。标示访问速度和容量的性能指标主要有以下几个。

（1）主轴转速。转速是影响硬盘性能的重要因素之一。转速越高，硬盘访问速度越快。目前，市场的硬盘转速多为7200r/min（转/分）。

（2）平均寻道时间。指磁头从得到指令到寻找到数据所在磁道的时间，用于描述硬盘读取数据的能力。平均寻道时间越短，硬盘的访问速度越快。

（3）数据传输速率。分为外部数据传输速率和内部数据传输速率两种，前者指从硬盘缓存中向外输出数据的速度，后者指在盘片上读写数据的速度。

（4）高速缓存。硬盘的高速缓存用于缓解速度慢这一问题和预存取数据，目前的主流硬盘多使用 2MB 以上的缓存。

（5）单碟容量。在转速和磁头操作速度不变的情况下，单碟容量越大，单位时间内存取的数据越多。

2．U 盘、移动硬盘

U 盘是一种基于 USB 接口的微型高容量活动盘，它不需要额外的物理驱动器、无外接电源、性能稳定、支持热插拔。U 盘最重要的性能指标是稳定性，而影响 U 盘稳定性的关键因素是控制芯片。市场上的 U 盘分别采用半成品芯片和封装成品控制芯片制造，前者的价格只有后者的 1/3，使用寿命一般不会太长。在 Windows 系统下使用 U 盘的方法很简单，只需将 U 盘与计算机的 USB 接口连接，待 U 盘指示灯亮，即可像使用硬盘一样使用 U 盘。

移动硬盘相对于 U 盘而言，最大的优点就是容量大，可以轻松容纳大文件。移动硬盘与计算机连接的接口形式有并行接口、USB 接口、IEEE1394 接口，但是使用最多的是 USB 接口的移动硬盘。由于 USB 标准向下兼容，建议选择 USB2.0 以上接口的移动硬盘。

3．光盘驱动器

光盘驱动器是读/写光盘信息的设备，它和光盘共同构成计算机的外部存储器。目前，市场上有 CD 光驱、DVD 光驱和刻录光驱，盘片有 CD、DVD、CD-R、CD-RW 多种形式。

光驱是利用激光照射读/写信息。写信息时，计算机的数字信号被调制到激光束中，激光照射盘片的染料层形成信息记录。读信息时，激光束照射盘片，光盘的反射层根据盘片记录的信号反射光束，光检测器获取的光信号经处理转换成信息数据。

光驱的前面板有放音按钮、暂停按钮、音量控制旋钮。利用放音按钮可以直接播放 CD 光盘。光驱的背面有音频接口、跳线接口、数据线接口和电源线接口。音频接口用于音频输出，需要使用音频线连接到声卡的音频输入接口。一般光驱在出厂时被设置成从盘，当计算机只有一个硬盘和一个光驱时，可将光驱连接在主板的第二个 IDE 接口上，此时需要将光驱跳线设置到主盘位置上。光驱的数据接口使用数据线连接主板的 IDE 插座，电源接口连接计算机电源。

衡量光驱的主要性能指标有以下几个。

（1）数据传输率。指光驱每秒能读取的最大数据量，光驱标注的倍速是以单速 150kbit/s 为基准的数据读取速度。

（2）平均访问时间。指光驱的激光头从初始位置移到指定数据扇区，并将第一块数据读入高速缓存所用的时间。

（3）缓存容量。缓存容量越大，读取数据的性能越好，刻录机要求较大的缓存。

任务 2　连接输入设备

将输入设备正确连接到计算机，使之变成计算机系统能够识别的设备，才能够用于输入数据。因此，正确连接输入设备是保证设备正常使用的重要前提。

 任务说明

不同形式的数据信息需要使用不同的输入设备送入计算机。因此，将多种输入设备正确连接到计算机，是计算机应用者必须掌握的重要内容。本任务将帮助学习者学会连接常用的输入

设备。

计算机的输入设备有相互独立的不同形式和作用，因此，连接输入设备的任务也需要根据设备种类分解成连接键盘和鼠标、连接扫描仪等。

活动步骤

START

1．教师利用实物讲解与计算机输入设备连接有关的知识。

2．学生查阅与计算机输入设备有关的资料并获得相应成果。

3．分组讨论、思考以下问题：

（1）不同输入设备的连接过程有什么不同？

（2）日常工作和生活中还可能遇到什么输入设备？

（3）手写输入与键盘输入的优缺点有哪些？

任务操作

1．连接键盘、鼠标

键盘是用户向计算机发出指令和输入数据的设备，需要和主板上的键盘接口连接。早期的键盘接口是 AT 键盘口，俗称“大口”；现在多用 PS/2 接口，俗称“小口”。连接键盘的 PS/2 接口和鼠标 PS/2 接口不能混用。连接键盘时需要看清机箱标注或接口色标。若使用 USB 接口的键盘，只需将键盘与主机的 USB 接口连接。

鼠标同样是信息输入的重要工具，它的接口形式和种类较多，常用的有串口鼠标、PS/2 口鼠标、USB 口鼠标和无线鼠标。串口鼠标需要与计算机的串行口连接，PS/2 鼠标与主板上的 PS/2 鼠标接口连接，USB 口鼠标和无线鼠标的发射端需要与主机的 USB 接口连接。

2．连接扫描仪

扫描仪是继键盘和鼠标之后的第三大计算机输入设备。它是一种捕获影像的装置，能够将捕获的影像转换成计算机可以显示、存储和输出的数字格式，因此也是功能强大的输入设备。连接扫描仪的操作过程如下。

（1）将扫描仪放置在计算机旁边的平稳位置。

（2）将扫描仪所附带的 USB 电缆线一端连接到计算机背面的 USB 接口，另一端插入到扫描仪的 USB 接口。

（3）打开扫描仪的盖板，将玻璃台右下角的扫描仪锁滑到解除的位置，解除扫描仪的锁定，如图 1-3-1 所示。

图 1-3-1　扫描仪锁

提示

如果需要搬动扫描仪，必须先将扫描仪锁锁上。扫描仪锁的作用是保护扫描仪内部的部件。

（4）将电源适配器与扫描仪相连接后插入电源插座。

（5）接通电源并打开扫描仪电源开关（有的扫描仪上没有电源开关）。扫描仪启动并自检，自检结束后，扫描仪面板上的指示灯重新亮起。

任务3 连接输出设备

利用不同的输出设备可以得到不同形式的输出结果，因此，正确连接输出设备也是计算机使用过程中的重要任务。

任务说明

将输出设备变成计算机系统中的一员，才能使输出设备正常工作，进而得到多种形式的输出结果，所以，计算机的使用者需要学会连接输出设备。

不同的输出设备连接计算机的方式不同，因此，连接输出设备的任务需要分解成连接显示器、连接打印机和连接投影机。

活动步骤

START

1．教师利用实物讲解与计算机输出设备连接有关的知识。

2．学生查阅与计算机输出设备有关的资料并获得相应成果。

3．分组讨论、思考以下问题：

（1）输出设备都有哪些？彼此间有什么异同？

（2）输出设备连接过程需要注意什么问题？

（3）计算机输出接口都有什么形式？可以连接哪些设备？

任务操作

1．连接显示器

显示器是使用最多的输出设备，以前占统治地位的阴极射线管显示器正逐渐被液晶显示器所取代。显示器通过显卡与计算机实现连接，根据显卡对总线的要求将显卡插入计算机主板相应的总线插槽，然后再将显示器连接线与显卡的 VGA 输出口连接。显卡又称为显示适配卡，它通过总线把主机的显示信号传送给显示器。显卡在一定程度上决定了显示器的显示质量。

液晶显示器的主要性能指标有以下几个。

（1）可视角度。指能观看到可接受失真值的视线与屏幕法线的角度，一般情况下，水平可视角度较大且左右对称，垂直可视角度较小且上下不对称。可视角度越大越好，高端液晶显示器的可视角度已经做到水平和垂直相等。

（2）点距和分辨率。点距是指两个液晶点之间的距离，点距为 0.28～0.32mm 就能得到较好的显示效果。液晶显示器的分辨率是指真实分辨率，1024×768 就是指含有 1024×768 个液晶颗粒。

（3）亮度和对比度。液晶显示器亮度的均匀性是衡量液晶显示器质量的重要内容，中心部分和边缘部分的亮度差别越大，质量越差。对比度是显示色阶的参数，对比度越高，还原的画面层次感越好。

（4）响应时间。指液晶显示器对输入信号的反应时间，这一指标直接影响对动态画面的还原。

（5）最大显示色彩数。独立像素可以表现的最大颜色数和基色的位数有关，6 位可以表现的最大颜色数是 64×64×64，8 位可以表现的最大颜色数是 256×256×256。

2．连接打印机

打印机是办公环境中最常用的设备之一，它能将计算机编辑的信息以单色或彩色的字符、汉字、表格、图像等形式印刷在纸上，满足使用纸张保存或传送信息的办公要求。打印机是计算机的重要外设，而使之成为计算机能够正确识别的设备，是使用打印机的前提。连接打印机的操作过程如下。

（1）关闭计算机、打印机电源。

（2）将打印机配置的电源线或电源适配器的阴插头与打印机电源输入端连接，另一端阳插头插入电源插座。

（3）使用并行端口连接线时，将并行接口连接线的一端插入打印机，另一端插入计算机的并行打印输出端口，锁定固定卡扣。使用 USB 接口连接线时，将连接线的方形接头插入打印机的 USB 接口，另一端插入计算机的 USB 接口，如图 1-3-2 所示。

（4）启动计算机，接通打印机电源。

（5）将包含打印机驱动程序的光盘装入光驱，出现“打印系统安装向导”对话框，如图 1-3-3 所示。如果未出现安装程序对话框，则双击光盘中的“SETUP.EXE”文件。

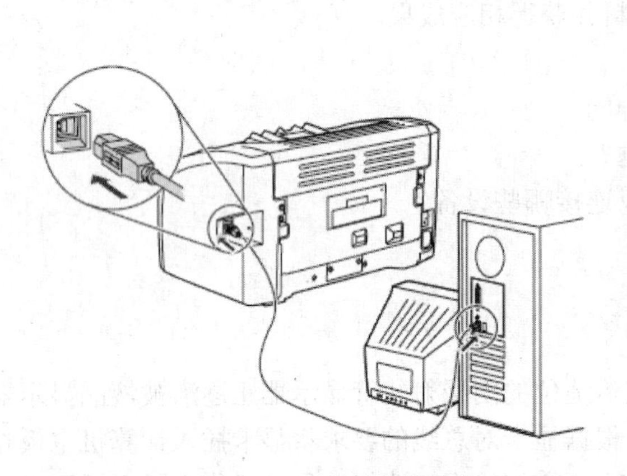

图 1-3-2　USB 连接线连接

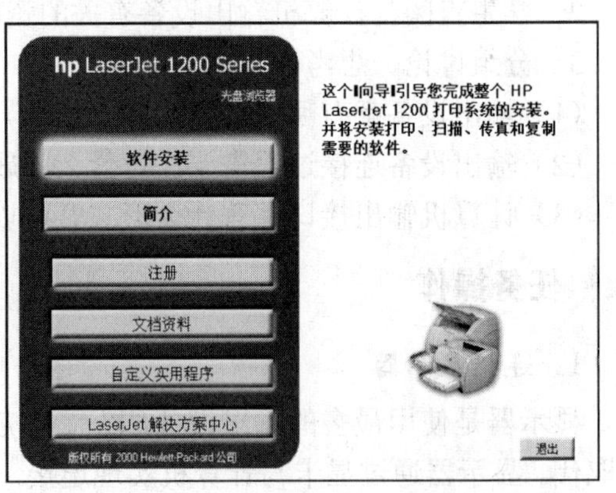

图 1-3-3 “打印系统安装向导”对话框

（6）根据对话框要求逐步操作，至安装完成。

（7）当系统提示是否打印测试页时，若选择打印，可以测试打印机工作是否正常。

3．连接投影机

（1）关闭所有需要连接的设备的电源。

（2）将 VGA 连接线的一端连接到投影机的“COMPUTER 1”插孔，另一端连接到计算机的显示器端口。

（3）连接投影机电源。

任务 4　了解读卡器、触摸屏等

计算机外设种类不断丰富，极大拓展了应用内容，人们不再局限于打字、看屏、听音响的简单信息交互，可以利用指纹识别保护应用的安全性，利用摄像头实时传输图像，利用手写板输入信息。

任务说明

读卡器、触摸屏、指纹识别和手写板等越来越多地出现在各种电子设备中，使用这些设备或技术后不仅提高了设备的适用性，也丰富了设备的使用手段和方法。因此，了解这些设备和技术是现代社会对人们提出的基本要求。本任务将帮助学习者了解读卡器和触摸屏。

活动步骤 START

1．教师讲解读卡器、指纹识别、触摸屏和手写板等相关知识。

2．学生查阅与读卡器、指纹识别、触摸屏和手写板有关的资料并获得相应成果。

3．分组讨论、思考以下问题：

（1）读卡器在使用中有哪些限制？

（2）指纹识别的作用有哪些？常用于何种环境？

（3）触摸屏和手写板有哪些异同？

任务知识

1．读卡器

读卡器（Card-reader）是指将多媒体卡作为移动存储设备，与计算机连接进行数据读/写的接口设备。读卡器通常是用 USB 接口与计算机连接，使计算机可以访问多种格式的存储卡。存储卡配合适当的读卡器后，可以作为一般的 U 盘使用。

按所兼容存储卡的种类，读卡器可以分为 CF 卡读卡器、SM 卡读卡器、PCMICA 卡读卡器和记忆棒读卡器等。双槽读卡器可以同时使用两种或两种以上的卡。

按端口类型，读卡器可分为串行口读卡器（速度很慢，极少见）、并行口读卡器（适合早期主板的计算机）、USB 读卡器（速度快，使用方便）、PCMICA 卡读卡器和 IEEE 1394 读卡器。前两种读卡器由于接口速度慢或者安装不方便已经基本被淘汰。USB 读卡器是目前市场上最流行的读卡器，PCMICA 卡读卡器主要用于笔记本电脑，IEEE 1394 读卡器由于支持的接口还没有流行，应用不广泛。

按照读取闪存种类，读卡器分为单功能读卡器、多功能读卡器。

2．指纹识别

指纹识别是一种生物识别技术，而指纹识别系统则是一个典型的模式识别系统，包括指纹图像获取、处理、特征提取和对比等模块。指纹识别技术是目前最成熟且价格便宜的生物特征识别技术，被广泛应用于门禁、考勤系统，在笔记本电脑、手机、汽车、银行支付环境也可以看到指纹识别技术应用实例。

指纹识别通过比较不同指纹的细节特征点来进行鉴别。由于每个人的指纹不同，即便是同一人的十指之间，指纹也有明显区别，因此指纹可用于身份鉴定。

随着科技进步，指纹识别技术开始进入计算机世界。目前，许多公司推出了指纹识别与传统 IT 技术完美结合的应用产品。指纹识别技术多用于对安全性要求比较高的商务领域，在商务移动办公领域颇具建树的富士通、三星及 IBM 等国际知名品牌都拥有技术与应用较为成熟的指纹识别系统。

3．触摸屏

触摸屏是一种通过热感应向计算机输入坐标信息的定位设备，是和鼠标、键盘同样的一种

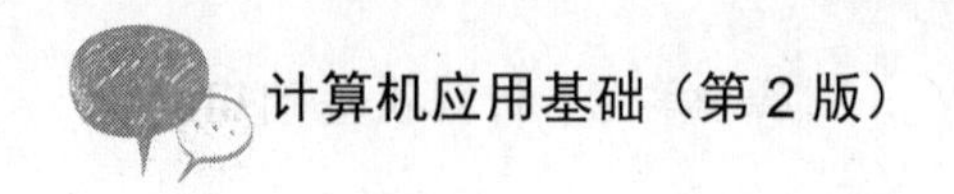

新型输入设备。

从技术原理区分，触摸屏分为矢量压力传感技术触摸屏、电阻技术触摸屏、电容技术触摸屏、红外线技术触摸屏、表面声波技术触摸屏 5 个基本种类。其中，矢量压力传感技术触摸屏已退出历史舞台；红外线技术触摸屏的价格低廉，但其外框易碎，容易产生光干扰，曲面情况下失真；电容技术触摸屏的设计构思合理，但其图像失真问题很难得到根本解决；电阻技术触摸屏的定位准确，但其价格颇高，且怕刮易损；表面声波技术触摸屏解决了以往触摸屏的各种缺陷，清晰且不容易被损坏，适于各种场合，缺点是屏幕表面如果有水滴和尘土会使触摸屏变得迟钝，甚至不工作。

按照触摸屏的工作原理和传输信息的介质，可把触摸屏分为 5 种，分别为电阻式、电容式、压电式、红外线式以及表面声波式。

4．手写板

手写板是数码绘图板的俗称。数码绘图板也称为数位板或电绘板，它是一种使用专用电磁笔在数码板表面工作区上书写输入的计算机外设。电磁笔发出特定频率的电磁信号，数码板内部的微控制器依序扫描天线板的 X 及 Y 轴，然后根据信号的大小计算出笔的绝对坐标，并将 100～200 组/秒的坐标资料传送到计算机中。

市场上常见的手写板通常使用 USB 接口与计算机连接，出于认证等功能需要，一些计算机键盘也会附带一块手写板。从单纯的技术上讲，手写板主要分为电阻式手写板、电容式手写板及电磁式手写板等。其中，电阻式手写板的技术最老，而电容式手写板由于手写笔不需电源供给，多应用于便携式产品。电磁式手写板则是目前最为成熟的技术，应用最为广泛。

若按书写笔分类，手写板分为有压感和无压感两种类型。有压感的手写板可以感应到手写笔在手写板上的力度，从而产生粗细不同的笔画，这一技术成果被广泛应用于美术绘画和银行签名等专业领域。

项目考核

本项目考核评价量化标准由教师视教学组织情况并参考项目 1 中的内容而定。考核内容也分为合作学习考核和知识、技能考核两个部分，前者考核内容参见项目 1，知识、技能考核内容如下。

（1）计算机硬盘、光驱和移动存储介质的连接。
（2）计算机键盘、鼠标、显示器的连接。
（3）扫描仪、打印机的连接。
（4）投影机的连接。
（5）驱动程序的安装。

项目 4　了解计算机使用中的安全问题

安全使用计算机是计算机应用普及过程中的关键问题，也是世界各国关注的焦点。只有解决好计算机应用中的安全问题，才能保证信息化社会健康有序地发展。

项目目标

了解信息安全的基本知识，使学生具有信息安全意识。
了解计算机病毒的基本知识。
了解并遵守相关法律法规和信息活动中的道德要求。

任务1 了解信息安全的基本要求

近几年大规模的计算机病毒侵袭事件接连不断，黑客入侵更是遍及全球。这些原因导致危害信息安全事件的数量急剧上升，信息安全也因此成为制约计算机网络应用的核心问题。掌握相关知识也成为对计算机应用者的基本要求。

任务说明

计算机中的信息资源有别于其他资源，它可以同时被很多人共享使用。如果在信息传输和使用过程中没有安全保护措施，就可能出现信息被截收、删除、修改等危害事件，使信息泄露或被非法篡改。本任务将帮助人们了解信息安全的基本内容，提高信息安全保护意识。

START

1．教师使用视频资料展示危害信息安全的案例，简单讲解信息安全的基本概念。
2．学生查阅与信息安全有关的资料并获得相应成果。
3．分组讨论、思考以下问题：
（1）教师展示的两类危害案例之间的最大区别是什么？
（2）还有哪些危害信息安全的形式？
（3）发生危害信息安全事件的诱因是什么？

任务知识

1．信息安全的概念

不同人站在不同的角度对信息安全有不同的理解。

网络用户需要的安全是指他们借助计算机处理信息时，不会出现非授权访问和破坏，即便是在信息交换、传输过程中也不能出现任何意外事件。

信息系统管理者认为的安全是对管理对象完全可控，任何时候都不能因黑客攻击、系统故障等问题出现管理失控，管理者按约定给用户提供井然有序的信息服务。

公共信息受众理解的信息安全是过滤一切有害信息，享受信息带来的便利和快乐。

机密信息拥有者要保证的安全是敏感信息不会以任何形式泄露。

综合以上要求，可以认为信息安全是指信息不会被故意或偶然地非法授权泄露、更改、破坏，不会被非法系统辨识、控制，人们能有益、有序地使用信息。

2．信息安全的基本内容

信息安全主要涉及信息存储安全、信息传输安全、信息应用安全3个方面，包括操作系统安全、数据库安全、网络安全、访问控制、病毒防护、加密、鉴别7类技术问题，可以通过保密性、完整性、真实性、可用性、可控性 5 种特性进行表述。

（1）保密性：是信息不会泄露给非授权对象的特性。

（2）完整性：是信息本身完整，且不会在未授权时发生变化的特性。

（3）真实性：是保证信息内容及处理过程真实可靠的特性。

（4）可用性：是合法对象能有效使用信息资源的特性。

（5）可控性：是对信息资源能进行有效控制的特性。

3．信息安全控制层次

信息安全控制是复杂的系统工程，需要安全技术、科学管理和法律规范等多方面协调，并构成层次合理的保护体系，只有这样最终才能达到保证信息安全的目的。安全防护技术是保证实体、软件、数据安全的基础，有效管理是保障安全技术发挥作用的前提，法律规范是制约和打击危害信息安全的武器。所以，信息安全控制应从以下 4 个方面考虑。

（1）实体安全防护。对计算机实体进行安全防护是保护信息安全的重要环节。如果计算机硬件和工作环境出现安全问题，存储其中的信息很难幸免，所以，设置必要的实体安全防护措施是保证信息安全的基础。

（2）软件安全防护。在实体安全的基础上增加软件安全防护措施是保证信息安全的进一步要求。软件系统故障同样会导致信息安全问题，所以，软件和软件运行安全也是保证信息安全的基础。

（3）安全管理。设置硬件、软件安全防护设施固然重要，让安全设施充分发挥作用更重要，而它主要依赖于对安全设施的科学管理。统计结果表明，70%以上的安全问题是管理不善造成的，真正由于技术原因出现的安全问题很少。由此可见，安全管理在保证信息安全中的作用极其重要。

（4）法律规范。安全法律是安全防护技术以外的信息安全保障因素。在发生安全问题以前，安全法律起规范信息应用行为、威慑破坏行为的作用，是信息安全的法律保障。在发生安全问题以后，安全法律是处理安全问题的法律依据。

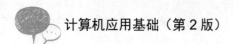

任务 2　认识计算机病毒

时至今日，计算机病毒恶性传染的力度已基本得到控制，它也不再是计算机用户恐惧的对象，但是计算机病毒对计算机的威胁依然是影响计算机发展的顽疾，防治计算机病毒依然是计算机安全工作的重中之重。

任务说明

计算机病毒的出现，使计算机应用和计算机信息的安全遇到了严重挑战，全世界每年因计算机病毒所造成的损失触目惊心。曾几何时，计算机病毒肆虐，人们谈毒色变，计算机病毒成了阻碍计算机应用的严重障碍。因此，认识计算机病毒是安全使用计算机的基础。

活动步骤

START

1．教师展示计算机病毒危害的案例，简单讲解计算机病毒的基本概念。

2．学生查阅与计算机病毒有关的资料并获得相应成果。

3. 分组讨论、思考以下问题：

（1）为什么说计算机病毒是影响计算机应用的顽疾？

（2）杀毒软件为什么不能根除计算机病毒？

（3）是什么人在制造计算机病毒？

任务知识

1. 什么是计算机病毒

对于“病毒”，人们并不陌生。曾经猖獗的“SARS”病毒、“H5N1 高致病性禽流感”病毒、甲型“H1N1”病毒，都给人类社会带来了严重的灾难。那么，计算机病毒又是什么性质的病毒？会给人类社会带来什么危害呢？

与生物病毒不同，计算机病毒是人为的产物，是某些别有用心的人利用计算机软、硬件所固有的脆弱性而编制的具有特殊功能的程序。由于这种程序与生物医学上的“病毒”具有同样的传染和破坏特性，所以人们就把这种具有自我复制和破坏机理的程序称为计算机病毒。

2. 计算机病毒的破坏形式

在满足计算机病毒设置条件的情况下，计算机病毒被激活，激活后的计算机病毒可能对计算机系统或磁盘文件实施破坏，计算机病毒破坏计算机功能的能力，体现了计算机病毒的危害性。计算机病毒破坏计算机功能的程度，取决于计算机病毒制造者的主观愿望和他所具有的计算机技术知识。目前，有数以万计、不断发展扩张的计算机病毒，其破坏形式千奇百怪。根据已有的计算机病毒资料，人们把计算机病毒的破坏和攻击形式按类归纳成：攻击硬盘主引导区、Boot 扇区、FAT 表、文件目录；占用和消耗内存空间，占用 CPU 时间；侵占和删除存储空间；改动系统配置，攻击 CMOS；使系统操作和运行速度下降；格式化整个磁盘，格式化部分磁道和扇区；干扰、改动屏幕的正常显示；攻击邮件、阻塞网络，攻击文件，包括非法阅读、添加或删除文件和数据等。

3. 计算机病毒的特征

计算机病毒是程序，是未经授权许可而执行的特殊程序，与其他正常的程序相比，它具有以下几个特征。

（1）传染性。传染性是计算机病毒的基本特征，也是区别计算机病毒与非计算机病毒的本质特征。计算机病毒会通过各种渠道从已感染的计算机扩散到未感染的计算机，在计算机应用环境中只要一台计算机染毒，那么病毒会迅速扩散感染大量文件。

（2）潜伏性。一个编制精巧的计算机病毒程序，在进入系统之后一般情况下除了传染以外，并不会马上发作破坏系统，而是在系统中潜伏一段时间。只有当特定的触发条件得到满足时，才能激活病毒而去执行破坏系统的操作。

（3）隐蔽性。隐蔽性是服务于潜伏性的特性，为了满足潜伏的需要，计算机病毒必须想方设法隐藏自己。

（4）可触发性。任何计算机病毒都要有一个或多个触发条件。触发条件可能是时间、日期、文件类型、某些特定数据或特定操作等。当计算机应用环境中的某种情况满足触发条件时，计算机病毒被激活开始实施传染或破坏，此时的计算机病毒具有传染或攻击功能。如果病毒触发条件没有得到满足，计算机病毒继续潜伏等待时机。

（5）破坏性。任何计算机病毒只要侵入系统，都会对系统及应用程序产生不同程度的危害，轻者占用系统资源降低计算机系统的工作效率，重者则会对系统造成重大危害，有些危害所造成的后果是难以设想的，它可以毁掉系统的部分数据，也可以破坏全部数据并使之无法恢复。

（6）衍生性。计算机病毒可以修改，从而又衍生出一种不同于原版本的新计算机病毒的特性称为计算机病毒的衍生性。衍生性不但使计算机病毒越来越多，也可能使计算机病毒的危害后果越来越严重。

（7）不可预见性。不同种类的计算机病毒程序千差万别，新病毒的编写技术不断变化，加大了对未来计算机病毒的预测难度，也使得反病毒软件的预防措施和技术手段总是滞后于病毒。计算机病毒的不可预见性使病毒问题成为困扰计算机应用的顽疾，人们甚至看不到解决计算机病毒的最终时日。

（8）顽固性。发现难是计算机病毒的一个特点，而清除难则是计算机病毒的恶性本质。病毒采用许多手法隐身以避免被发现，有的病毒被发现后也很难清除，因为在清除计算机病毒的同时，用户的程序数据可能随之消失，"同归于尽"是计算机病毒最后一招，也是最阴险的一招。

4．判断计算机是否感染病毒

及早发现计算机病毒是减少病毒传染和危害的最好方法。潜伏在计算机中的计算机病毒总会留下一些"蛛丝马迹"，只要留心，用户是能够发现问题并最终查出计算机病毒。计算机用户可根据计算机系统的异常表现，初步判断计算机是否感染病毒。

常见的异常表现有：正常运行的计算机突然出现经常性、无缘故的死机；操作系统无法正常启动；系统运行速度明显变慢；以前能正常运行的软件突然发生内存不足的错误；打印和通信发生异常；系统文件的时间、日期、大小发生变化；磁盘空间迅速减少；系统自动要求对软盘、U 盘进行写操作；运行、打开 Word 文档后，文件另存时只能以模板方式保存；陌生人发来莫名其妙的电子邮件，计算机自动链接到一些陌生的网站等。

以上症状只是计算机感染病毒后可能出现的情况，并不表示只要出现了所列的症状就一定感染了计算机病毒，计算机出现了其他问题也有可能导致出现以上部分症状。但是如果计算机同时出现了以上几种所列的症状，那么计算机感染病毒的可能性就非常大。

任务 3　了解网络道德

随着网络的迅速发展和扩张，网络对人类的影响也日益深入。然而，网络并非一片净土，它在释放巨大能量的同时也可能成为垃圾衍生地。我们应理性地认识、理解网络，积极营造文明的网络环境。

任务说明

同世界上许多事物一样，网络自由也是一把双刃剑，网民在享受了宽松自由的同时，也要承受着他人过度自由带来的损害。一些道德素质低下的网民，利用网络方便条件，制造信息垃圾，进行信息污染，传播有害信息，利用网络实施犯罪活动等，使网络大众的利益受到侵害。本任务将帮助人们认识不文明的网络行为，提高文明使用网络的意识。

活动步骤

START

1．教师展示网络侵权、泄密等案例，简单讲解网络应用中存在的不文明现象。

2．学生查阅与网络道德有关的资料并获得相应成果。

3．分组讨论、思考以下问题：

（1）案例中显现的问题是什么原因引起的？

（2）电子邮件与生活中的信件有什么区别？为什么认为有差别？

（3）维修人员有责任为客户保护机器内存储资料的机密性吗？为什么？

任务知识

网络在信息社会中充当着越来越重要的角色，但是，不管网络功能怎样强大，它也是人类创造的一种工具，它本身并没有思想，即使具有某种程度的智能，这也是人类所赋予它的。因此，在使用网络时，一定要遵守道德规范，同各种不道德行为和犯罪行为做斗争。

美国计算机伦理协会制定了 10 条戒律，它是计算机用户在任何网络中都应该遵守的基本行为准则。美国计算机协会为它的成员制定了 8 类应遵守的伦理道德和职业行为规范，南加利福尼亚大学网络伦理协会提出了 6 种不道德网络行为。

1．共青团、教育部、文化部倡导的《全国青少年网络文明公约》：

要善于网上学习，不浏览不良信息；要诚实友好交流，不侮辱欺诈他人；要增强自护意识，不随意约会网友；要维护网络安全，不破坏网络程序；要有益身心健康，不沉溺虚拟时空。

2．《中国互联网协会关于抵制非法网络公关行为的自律公约》：

坚持文明守法、诚信自律、公平竞争、和谐发展的理念，遵守社会规范以及互联网行业公约，文明办网，诚信自律，自觉维护互联网行业形象和声誉，努力营造安全可信的网络环境；严格依照国家法律法规开展经营活动，不组织、不参与任何形式的非法网络公关活动；坚决反对和抵制损害他人的商业信誉的不正当竞争行为，努力维护公平公正的竞争秩序；坚决反对和抵制操纵网络舆论、非法牟利行为，维护互联网行业的公信力；坚决反对和抵制庸俗、低俗、媚俗之风，积极营造弘扬正气、文明健康的网络文化环境；提高应对非法网络公关行为的防范能力，完善内部管理制度，积极开展法律法规培训及职业道德教育，提高企业员工法律意识和责任意识；自觉接受社会监督，设立便捷的举报渠道，积极处理社会各方面的投诉，及时反馈处理结果、及时处理各种违法和有害信息；引导网民理性思考、文明发言、有序参与，营造积极健康的网络舆论环境。

任务 4　了解网络安全的法律法规

在信息活动中会产生各种社会关系，对这些关系也需要调整和规范，这就是信息立法的基本依据。反过来，信息法律的建立、完善，必将促进社会信息化的健康发展。经过数年的完善和发展，中国已经建立了条款相对独立，内容相互补充的完整法律体系，基本上能有效调整和规范信息社会的新型社会关系。

任务说明

计算机病毒制造者、黑客、网络攻击者的网络犯罪行为，让计算机用户深受其害。依法治理网络，是保障计算机安全高效运行、杜绝或减少网络犯罪的根本。本任务将帮助学习者了解网络安全的相关法律，做知法、守法的文明使者。

活动步骤 START

1．教师展示网络犯罪案例，简单讲解网络犯罪行为和法律责任。

2．学生查阅与网络犯罪有关的资料并获得相应成果。

3．分组讨论、思考以下问题：

（1）网络犯罪与传统犯罪有什么异同？

（2）为什么将黑客行为认定为犯罪？

（3）什么样的网络行为可能承担法律责任？

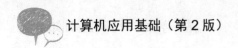

任务知识

1．网络犯罪行为

网络犯罪就是在信息活动领域中，以网络系统或网络知识作为手段，或者针对网络信息系统，对国家、团体或个人造成危害，依据法律规定，应当予以刑罚处罚的行为。在《全国人大常委会关于维护互联网安全的决定》中，网络犯罪行为被划分为以下主要类型。

（1）危害互联网运行安全。危害互联网运行安全的犯罪行为主要有3种。

（2）危害国家安全和社会稳定。危害国家安全和社会稳定的犯罪行为主要有4种。

（3）危害社会主义市场经济秩序和社会管理秩序。该类犯罪行为主要有5种。

（4）侵害个人、法人和其他组织的人身、财产等合法权利。该类犯罪行为主要有3种。

（5）其他危害行为。主要是指以上4类计算机犯罪行为没有包括的犯罪行为。随着网络经济和网络技术的发展，计算机犯罪也将出现新的形式。

2．法律责任

《刑法》和《全国人大常委会关于维护互联网安全的决定》中关于计算机信息犯罪的直接或间接条款警示我们，在信息活动中实施危害行为可能承担刑事责任，必须引起高度重视。

《刑法》第二百八十五条规定："违反国家规定，侵入国家事务、国防建设、尖端科学技术领域的计算机信息系统的，处三年以下有期徒刑或者拘役。"

《刑法》第二百八十六条规定："违反国家规定，对计算机信息系统功能进行删除、修改、增加、干扰，造成计算机信息系统不能正常运行，后果严重的，处五年以下有期徒刑或者拘役；后果特别严重的，处五年以上有期徒刑。"

《刑法》中对"违反国家规定，对计算机信息系统中存储、处理或者传输的数据和应用程序进行删除、修改、增加""故意制作、传播计算机病毒等破坏性程序""利用计算机实施金融诈骗、盗窃、贪污、挪用公款、窃取国家秘密""侵犯著作权""传授犯罪方法"等也作出了具体处罚规定。

《刑法修正案（七）》又增加了"出售公民个人信息""提供入侵工具"等相关处罚规定。

项目考核

本项目考核评价量化标准由教师视教学组织情况，并参考项目1中的内容而定。考核内容也分为合作学习考核和知识、技能考核两个部分，前者考核内容参见项目1，知识、技能考核内容如下。

（1）对信息安全和信息安全控制的理解。

（2）对计算机病毒的理解。

（3）对计算机病毒破坏形式的理解。

（4）对网络道德的理解。

（5）对网络犯罪和相应法律责任的理解。

回顾与总结

计算机技术的快速发展和普及应用促进了人类社会的发展，改变了人们的生活、工作方式，也必将进一步影响人类社会的方方面面。计算机智能化、网络化不但会扩大应用领域，也会提升计算机的应用效率，加速信息化社会的进程。

计算机系统的主要组成：硬件系统和软件系统。计算机系统的基本组成框架如下。

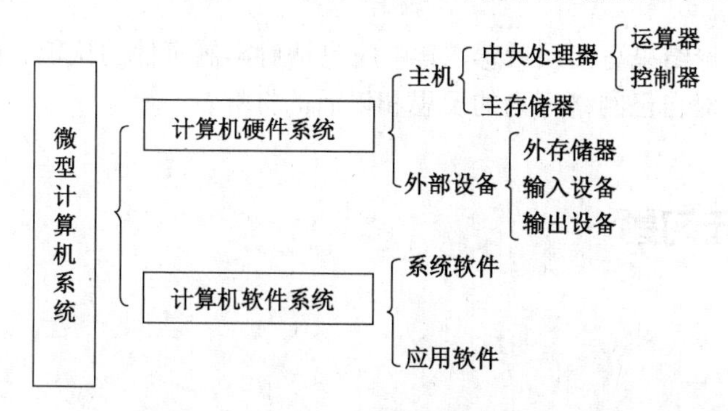

正确连接计算机的外设，是将外设变成计算机系统一员的基础，更是使用外设帮助工作的前提。不同的外设有不同的连接方法，本单元介绍了最常用的几种外设的连接使用方法，应熟练掌握相关知识和技能。

本单元还讲述了信息安全、计算机病毒、网络道德、网络法律的基本知识。了解信息安全是安全使用计算机的基础，了解计算机病毒是减少病毒危害的前提，认识不文明网络行为、做遵纪守法的网络应用者是进行安全教育的根本。

等级考试考点

了解计算机的发展、分类和应用，了解计算机中数据的表示、存储和处理，了解计算机的软硬件系统组成和主要技术指标，是对每一位学习计算机者的基本要求，也是全国计算机等级考试 MS Office 一级、二级共同要求的考试内容，这充分说明以上知识点是每一位学习计算机的人都必须全面了解的重要知识。

考点 1：计算机的发展、分类和应用

要求考生了解计算机的发展历程，了解计算机的种类，明确知道计算机的用途。

考点 2：计算机的软硬件系统组成

要求考生了解计算机的基本组成和各部分的作用，能够正确表述计算机的工作原理。

考点 3：计算机主要技术指标

要求考生了解微型计算机的主要技术指标，知道各技术指标对计算机性能的影响。

考点 4：计算机中数据的表示和编码

要求考生了解计算机中数据的表示方法，了解信息编码的作用。

考点 5：不同进位计数制数值间转换

要求考生会进行二、八、十、十六进制间数值的转换。

第一单元实训

（1）分组讨论：谈谈对计算机系统的认识。

（2）市场调研：了解当前主流计算机中的 CPU、内存和硬盘等情况。

（3）分组讨论：计算机给人类社会带来了哪些变化。

（4）分组讨论：如何理解数据的计算机处理过程？

（5）观察计算机外设的连接接口，明确各种接口的连接设备。

（6）连接打印机。

（7）根据案例讨论结果写出课后感，其中应包括对案例事件的认识、自己曾遇到的不文明或违法的网络行为、对自己网络行为的反思和以后的打算。

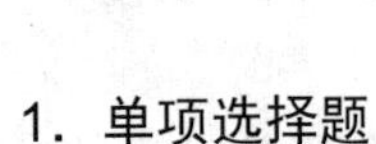

第一单元习题

1．单项选择题

（1）计算机系统是由（　　）组成的。

A．系统软件和应用软件　　B．硬件和软件

C．主机和外设　　D．主机、显示器、键盘、鼠标和音箱

（2）计算机软件可以分为（　　）。

A．操作系统和应用软件　　B．操作系统和系统软件

C．系统软件和应用软件　　D．DOS 程序和 Windows 程序

（3）计算机的硬件系统由 5 大部件组成，这 5 大部件是（　　）。

A．主机、显示器、键盘、鼠标和音箱

B．运算器、控制器、存储器、输入设备和输出设备

C．CPU、主板、内存、硬盘、显示器

D．以上说法都是正确的

（4）CPU 集成了运算器和（　　）。

A．控制器　　B．存储器　　C．输入设备　　D．输出设备

（5）对有害数据的防治管理者是（　　）。

A．公安机关　　B．信息受众　　C．应用主管　　D．行业协会

2．多项选择题

（1）下面属于外设部件的是（　　）。

A．键盘　　B．打印机　　C．多媒体音箱　　D．显卡

（2）按性能不同，存储器可分为（　　）。

A．随机存储器　　B．一般存储器　　C．只读存储器　　D．主要存储器

（3）主板上的插槽包括（　　）。

A．CPU 插槽/插座　　B．内存插槽

C．显卡插槽　　D．声卡插槽

（4）信息安全可以通过（　　）进行表述。

A．保密性　　B．完整性　　C．真实性　　D．可用性

（5）行为规范包括（　　）。

A．社会规范　　B．法律规范　　C．知识规范　　D．技术规范

3．判断题

（1）科学计算是计算机的主要应用领域。（　　）

（2）从数据所获得的有意义的内容称为信息。（　　）

（3）计算机处理数据的过程也是人机共同对数据的加工过程。（　　）

（4）连接键盘的 PS/2 接口和鼠标 PS/2 接口不能混用。（　　）

（5）搬动扫描仪前必须锁定扫描仪锁。（　　）

（6）传染性是计算机病毒的基本特征，也是区别计算机病毒与非计算机病毒的本质特征。（　　）

4．简答题

（1）为什么把计算机的器件变化和体系结构共同定为划分换代的标准？

（2）为什么不同的人会在相同数据中获取不同信息？

（3）计算机的硬件系统指什么？其中各个部分有什么功能？

（4）计算机的软件系统由哪两个部分组成？它们有什么区别？

（5）举例说明计算机有哪些系统软件，并说明其作用。

5．操作题

（1）正确安装键盘和鼠标，并总结安装要点。

（2）安装摄像头，并给出详细的安装过程。

Windows 7 操作系统的使用

Windows 7 是由美国微软（Microsoft）公司开发的，可供家庭及商业工作环境台式机、笔记本电脑、平板电脑、多媒体中心等使用的操作系统。目前，Windows 是微型计算机应用环境中的主流操作系统，而 Windows 7 又是 Windows 系列的较新版本，因此，学会 Windows 7 操作是学习计算机操作的第一项重要工作。

项目1　深入了解操作系统

计算机操作系统是计算机硬件上的第一层软件，具有管理控制计算机硬件的功能，是计算机必须配置的系统软件，在计算机软件系统中具有举足轻重的地位。

项目目标

理解计算机的启动过程。

掌握 Windows 7 的安装方法。

任务1　了解计算机启动过程

了解计算机的启动过程，不但有利于用户理解计算机的软、硬件环境，也能帮助用户查找一般性的计算机故障。

 **任务说明**

打开计算机，进入熟悉的操作系统界面，几乎是每个计算机用户每天必做的事情。计算机在启动过程中究竟做什么工作？相信对于大多数计算机用户来说，还不是很清楚。

启动计算机是指从计算机加电开始到进入操作系统界面这一完整过程。在这一过程中，计算机自动检测硬件设备并显示相关信息，发现问题及时报警。因此，了解计算机启动的任务可以分解成教师讲解演示、学生自主学习和师生讨论等活动。

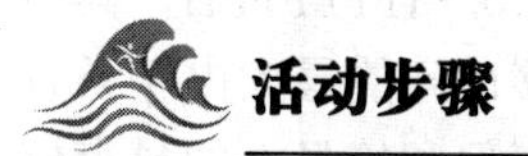

活动步骤 START

1．教师讲解计算机启动过程。

2．学生查阅与计算机启动有关的术语并获得相应成果。

3．分组讨论、思考以下问题：

（1）在启动计算机的过程中，主要是哪个程序在进行工作？

（2）列举自己曾遇到的计算机启动过程中的故障，并简要分析故障出现在哪个阶段。

任务知识

1．计算机启动过程

计算机启动的过程可以分解成以下几个阶段。

（1）计算机加电。当用户按下计算机的电源开关时，电源开始向主板和其他设备供电，CPU 从内存地址 FFFF0H 处开始执行指令。这个地址实际上在系统 BIOS 的地址范围内，放在这里的只是一条跳转指令，跳到系统 BIOS 中真正的启动代码处。

（2）基本内存检测。系统 BIOS 启动代码首先执行 POST（Power-On Self Test，加电后自检），检测系统中的关键设备是否存在和能否正常工作。POST 最先检测 640KB 常规内存，自检过程若发现致命错误，喇叭发声报警，声音的长短和次数代表了错误的类型。

（3）主要硬件设备检测。系统 BIOS 检测显卡，屏幕上显示显卡的初始化信息，包括生产厂商、图形芯片类型等内容。然后系统 BIOS 同样调用其他设备的初始化代码检测相应硬件设备，检测完所有主要硬件设备后，系统 BIOS 将显示启动画面，其中包括系统 BIOS 的类型、序列号和版本号等内容。

（4）内存检测。系统 BIOS 显示 CPU 的类型和工作频率，然后开始测试所有的 RAM（内存），并同时在屏幕上显示内存测试的进度。

（5）标准硬件设备检测。内存测试通过之后，系统 BIOS 将开始检测系统中安装的一些标准硬件设备，包括硬盘、CD-ROM（光驱）、串口、并口、软驱等设备。

（6）即插即用设备检测。标准设备检测完毕后，系统 BIOS 将开始检测和配置系统中安装的即插即用设备，并显示设备的名称和型号等信息，同时为该设备分配中断、DMA 通道和 I/O 端口等资源。

（7）启动操作系统。系统 BIOS 根据用户在 BIOS 中指定的启动顺序从软盘、硬盘或光驱启动操作系统。以从 C 盘启动为例，系统 BIOS 将读取并执行硬盘上的主引导记录，主引导记录接着从分区表中找到第一个活动分区，然后读取并执行这个活动分区的分区引导记录，而分区引导记录将负责读取并执行 IO.SYS，这是 Windows 系列操作系统最基本的系统文件。IO.SYS 首先要初始化一些重要的系统数据，然后显示出 Windows 7 初始界面，之后，Windows 系列操作系统将继续进行 GUI（图形用户界面）部分的引导和初始化工作。

2．计算机启动过程涉及的一些术语

（1）BIOS。BIOS（基本输入输出系统）是直接与硬件打交道的底层代码，它为操作系统提供了控制硬件设备的基本功能。系统 BIOS 一般被存放在 ROM（只读存储芯片）之中，用于控制计算机的启动过程。

（2）内存地址。在计算机中都安装了一定容量的内存，这些内存的每一个字节都被赋予一个地址，以便 CPU 访问内存。32MB 的地址范围用十六进制数表示就是 0～1FFFFFFH，其中 0～FFFFFH 的低端 1MB 内存非常特殊，因为最初的 8086 处理器能够访问的最大内存只有 1MB，这 1MB 的低端 640KB 被称为基本内存，而 A0000H～BFFFFH 要保留给显卡的显存使用，C0000H～FFFFFH 则被保留给 BIOS 使用，其中系统 BIOS 一般占用了最后的 64KB 或更多一点的空间。

任务 2 安装操作系统

安装操作系统的方法有很多，如从光盘启动安装、从硬盘安装、网络安装、无人参与安装、远程安装等。最常用的方法是从光盘启动安装。

任务说明

本任务是在一台裸机中使用操作系统光盘安装 Windows 7。在裸机中安装操作系统（以 Windows 7 为例），首先需要在 BIOS 中设置启动顺序，然后才能利用安装光盘安装操作系统，操作系统安装完成后再安装各种外设的驱动程序。因此，本任务包括把计算机设置为光盘启动，使用 Windows 7 安装光盘安装操作系统。

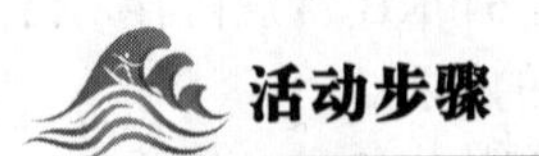

START

1．教师演示安装 Windows 7 操作系统。
2．学生上机练习利用光盘安装 Windows 7 操作系统。
3．学生分组讨论操作中遇到的问题，教师讲评学生实习操作成果。

任务操作

（1）开机启动计算机，按【Delete】键进入 BIOS 设置环境。在 BIOS 设置环境中设置计算机启动顺序的方法，适用于使用 Award BIOS 的主板（大部 Windows 授权协议的计算机主板都是使用此 BIOS）。在笔记本系统中，一般按【F2】键进入 BIOS 设置环境。

（2）使用键盘方向键选中“Advanced BIOS Features”菜单，按回车键进入设置界面。

（3）通过方向键选中“First Boot Device”菜单，使用方向键选中“CDROM”选项。

（4）按【Esc】键返回 BIOS 设置界面。

（5）按【F10】键进入保存界面，按【Y】键后回车，计算机自动重启。

（6）打开光驱，把 Windows 7 安装光盘放入光驱内。

（7）计算机读取光盘数据并引导启动，Windows 操作系统开始加载文件，出现如图 2-1-1 所示的界面。

（8）加载文件完毕，系统出现要安装的语言、时间和货币格式、键盘和输入方法选择界面，如图 2-1-2 所示，系统默认为中文。

（9）单击“下一步”按钮，进入 Windows 安装界面，如图 2-1-3 所示。

（10）单击“现在安装”按钮，安装程序开始启动，如图 2-1-4 所示。

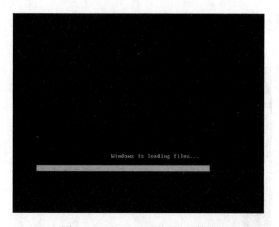

图 2-1-1　Windows 加载文件界面

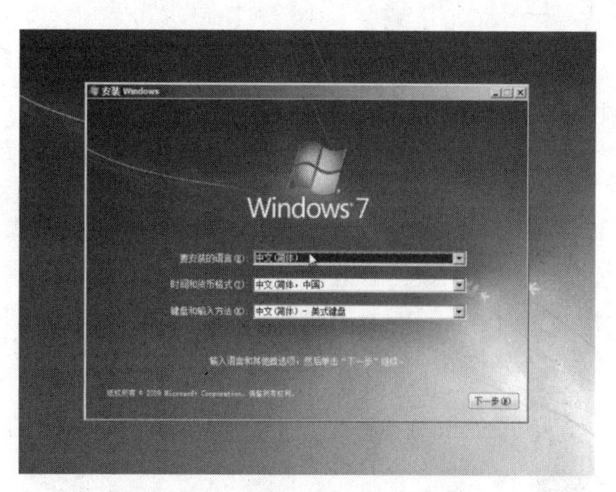

图 2-1-2　语言和其他选项选择界面

图 2-1-3　Windows 安装界面

图 2-1-4　安装程序启动界面

（11）启动完成，出现“MICROSOFT 软件许可条款”，选中“我接受许可条款”复选框，如图 2-1-5 所示。

（12）单击“下一步”按钮，系统出现安装类型选择界面，如图 2-1-6 所示。

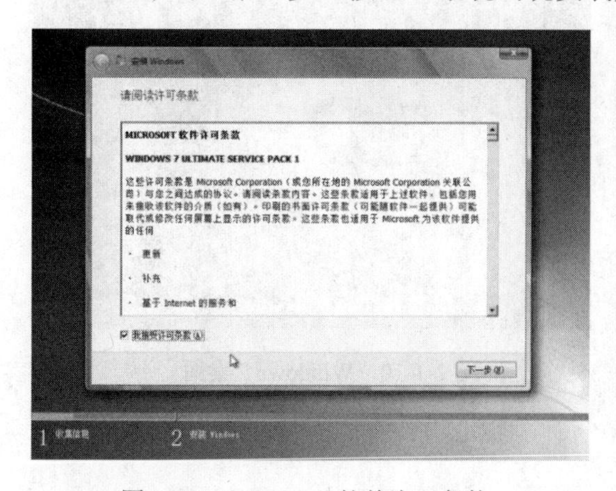

图 2-1-5　Microsoft 软件许可条款

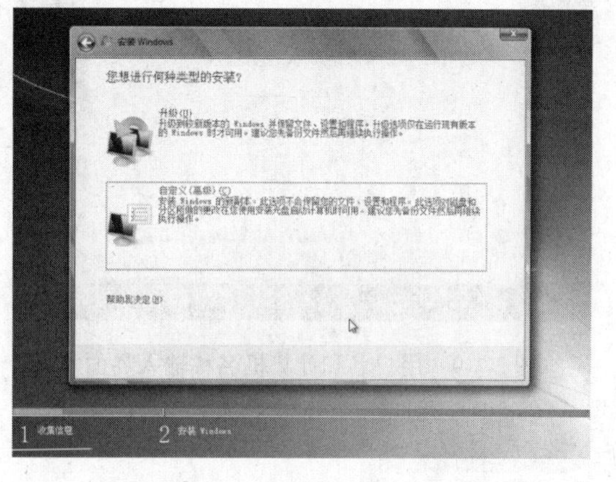

图 2-1-6　安装类型选择界面

（13）选择“自定义（高级）（C）”选项进行全新安装，系统出现安装位置选择界面，单击所要安装的磁盘，如图 2-1-7 所示。

（14）单击“下一步”按钮，Windows 操作系统开始安装，Windows 安装界面如图 2-1-8 所示。在安装过程中，系统会数次自动重启。

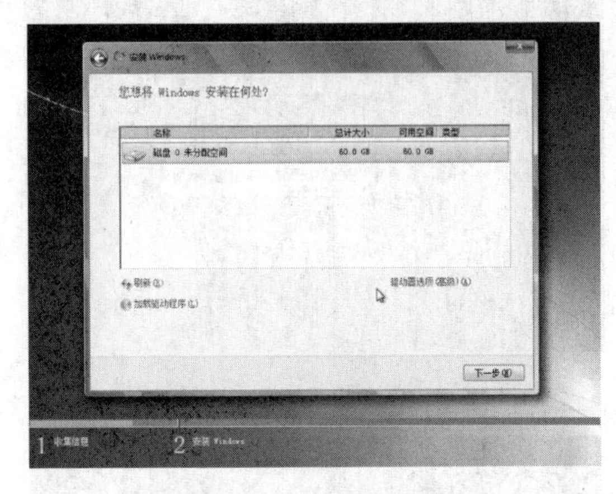

图 2-1-7　安装位置选择界面

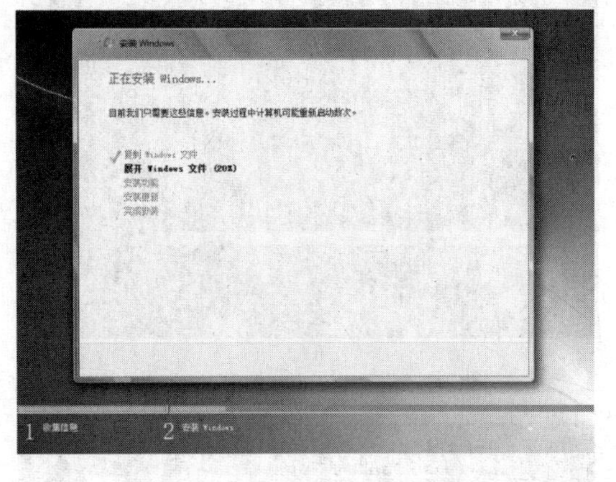

图 2-1-8　Windows 安装界面

（15）安装完成后，出现用户名和计算机名称输入界面，在文本框中输入用户名，系统默认生成计算机名称，如图 2-1-9 所示。

（16）单击“下一步”按钮，进入产品密钥输入界面。

（17）单击“跳过”按钮，进入 Windows 更新设置界面。

（18）单击“使用推荐设置（R）”选项，进入时间和日期设置界面，Windows 会自动读取计算机系统时间，对所有设置采用默认即可。

（19）单击“下一步”按钮，系统进入计算机当前位置选择界面，选择“工作网络（W）”。

（20）设置完成，系统出现欢迎界面，稍后显示 Windows 7 桌面，如图 2-1-10 所示，安装完毕。

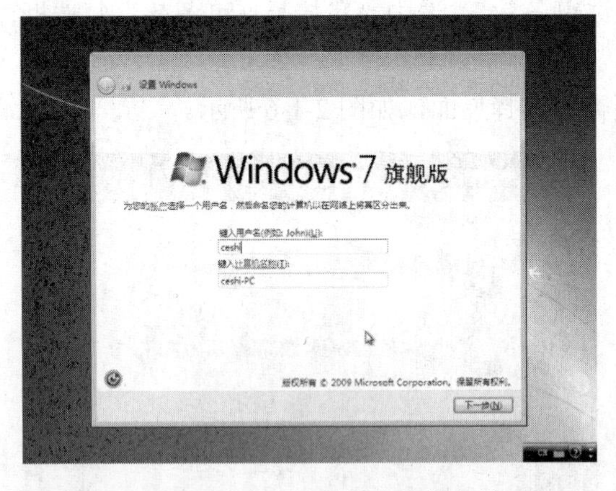

图 2-1-9　用户名和计算机名称输入界面

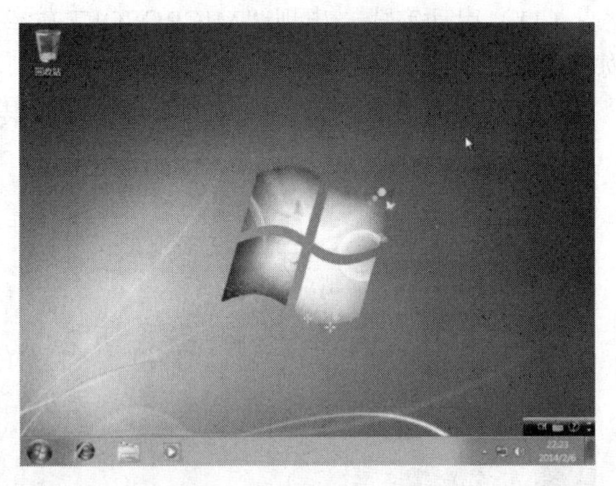
图 2-1-10　Windows 7 桌面

项目考核

本项目考核评价量化标准由教师视教学组织情况，并参考第一单元项目 1 中的内容而定。考核内容分为合作学习考核和知识、技能考核两个部分，前者考核内容参见第一单元项目 1，知识、技能考核内容如下。

（1）对计算机启动过程的理解。
（2）设置 BIOS。
（3）安装 Windows 7。

项目 2　认识 Windows 7 图形界面

图形界面是现在主流操作系统所使用的人机交互环境。用户在图形界面中，可以使用鼠标代替键盘的各种操作，既直观又方便。

项目目标

认识图形界面的基本元素。
掌握图形界面的操作方法。

任务 1　认识图形界面的基本元素

图形界面主要包括用户启动计算机系统后看到的整个屏幕界面，即通常所说的“桌面”，以及用户打开某个程序或者文件夹后出现的窗口，它们是用户和计算机进行交流的环境。桌面放置用户经常用到的应用程序和文件夹图标，双击图标就能够快速启动相应的程序或文件。了解程序窗口与桌面元素，掌握其使用方法，可以较快地完成各种操作。

任务说明

操作系统的图形界面主要是桌面和文件夹或程序窗口，了解并掌握相关内容是高效使用图形界面操作系统的基础。Windows 7 的桌面和文件夹或程序窗口是两个不同的操作环境，其中内容有一定的差别。本任务将帮助用户全面认识 Windows 7 的桌面和程序窗口。

START

1．教师讲解 Windows 7 的桌面元素及程序窗口。
2．学生自主对比 Windows 7 与 Windows XP 的桌面元素及程序窗口的不同之处。
3．分组讨论、思考以下问题：
（1）快捷图标有什么作用？
（2）在 Windows 7 的文件夹窗口中，哪些组成部分是用户所常用的？
（3）Windows 7 对桌面元素及文件夹窗口做了哪些改进?

任务知识

1．Windows 7 的桌面元素

Windows 7 的桌面由快捷图标、任务栏和桌面背景组成，如图 2-2-1 所示。

（1）快捷图标。指向某应用程序的一种链接，双击图标就能打开相应的窗口或应用程序。桌面上存在的“计算机”“网络”“回收站”等都是快捷图标。

图 2-2-1　Windows 7 的桌面

（2）任务栏。位于桌面下部的长条区域是任务栏，左侧为“开始”按钮；中间部分显示已打开的程序和文件，可以在它们之间进行快速切换；右侧为“通知区域”，包括时钟以及一些告知特定程序和计算机设置状态的图标；最右侧为“显示桌面”按钮。

（3）桌面背景。为打开的窗口提供背景的图片、颜色或设计。桌面背景可以是单张图片或幻灯片。用户可以从 Windows 附随的桌面背景图片中选择，也可使用自己获取的图片。

2．Windows 7 **的程序窗口**

Windows 7 的程序窗口由地址栏、搜索栏、菜单栏等部分组成，如图 2-2-2 所示。

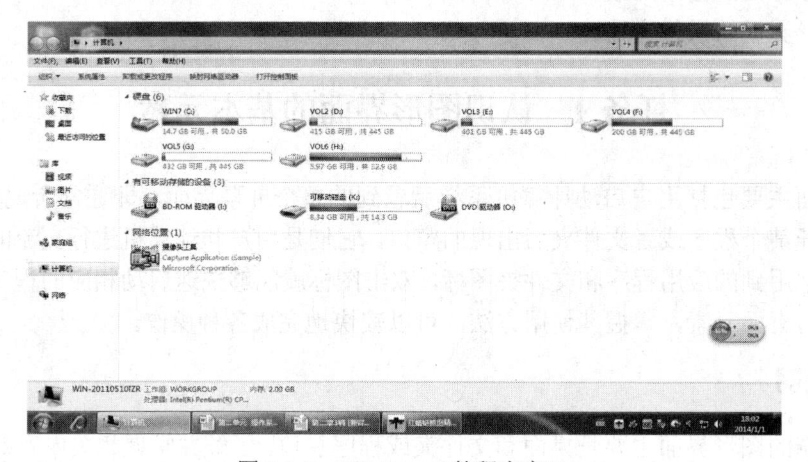

图 2-2-2　Windows 7 的程序窗口

（1）地址栏。位于窗口的最上部，用于显示当前操作所在的位置。单击地址栏中的位置可直接导航至该位置。

（2）搜索栏。地址栏的右侧是搜索栏，主要用于快速搜索计算机中的内容。

（3）菜单栏。地址栏的下面是菜单栏，其中包括多个菜单项，每个菜单项中提供了操作过程要用到的各种命令。

（4）导航窗格。导航窗格位于菜单栏下方的左侧，可以使用导航窗格查找文件和文件夹，还可以在导航窗格中将文件、文件夹以及库等直接移动或复制到目标位置。

（5）工作区域。在窗口中所占的比例最大，用于显示文件夹中的全部内容。

（6）细节窗格。在窗口的最下方，标明当前有关操作对象的基本情况。

如果在已打开的窗口中没有看到菜单栏、导航窗格、细节窗格等，可单击“组织”，指向“布局”，然后单击对应的选项使其显示出来。

任务 2　了解图形界面的操作方法

鼠标操作是图形界面的主要操作方法，鼠标操作是在图形界面中使用计算机的基础操作，也是必须掌握的基本技能。

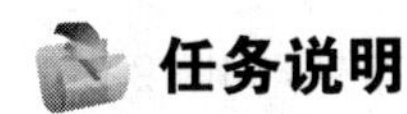

任务说明

鼠标是重要的计算机输入设备，也是操作计算机的主要工具。安装鼠标后，在桌面上会显示鼠标指针，利用鼠标指针可以在桌面和文件夹窗口进行操作。鼠标有 6 种基本操作方式，每一种操作可以实现一种操作目的。本任务将帮助学习者掌握相关的操作，纠正使用中的各种不规范操作。

活动步骤

START

1．教师演示鼠标的 6 种基本操作和使用鼠标对桌面元素、窗口的操作。

2．学生上机练习。

3．教师总结。

任务操作

1．鼠标的基本操作

（1）“移动”操作。鼠标在桌面上移动，屏幕上的鼠标指针也跟着移动。鼠标的移动操作就是控制鼠标指针移动，使鼠标指针指向特定目标的操作。

（2）“单击”操作。单击一般指左击，即用右手食指快速按下鼠标左键，然后再迅速放开。

（3）“双击”操作。用右手食指快速连续按鼠标左键两次。

（4）“拖动”操作。按住鼠标左键不放，移动鼠标指针到另一个位置上，再放开鼠标左键。拖动通常用于移动某个选中的对象，拖动时，鼠标指针指向允许拖动操作的特定位置，如拖动“计算机”程序窗口，鼠标指针应指向地址栏上方空白处。

（5）“右击”操作。用右手中指快速按下鼠标右键，然后再迅速放开。右击通常会打开快捷菜单。

（6）“滚动”操作。滚动是对鼠标滚轮的操作，使用鼠标中间的滚轮，可以在窗口中移动操作对象的上下位置，相当于移动窗口右侧的垂直滚动条。

2．创建桌面图标

桌面上的图标实质上就是打开各种程序和文件的快捷方式，用户可以在桌面上创建自己经常使用的程序或文件的图标，以提高操作效率。创建桌面图标的操作如下。

（1）右击桌面上的空白处，在弹出的快捷菜单中选择“新建”命令。

（2）在“新建”菜单中选择相应命令，可以创建各种形式的图标，如图 2-2-3 所示。

（3）单击选择的选项，桌面会出现相应的图标，用户可以为它命名，以便于识别。

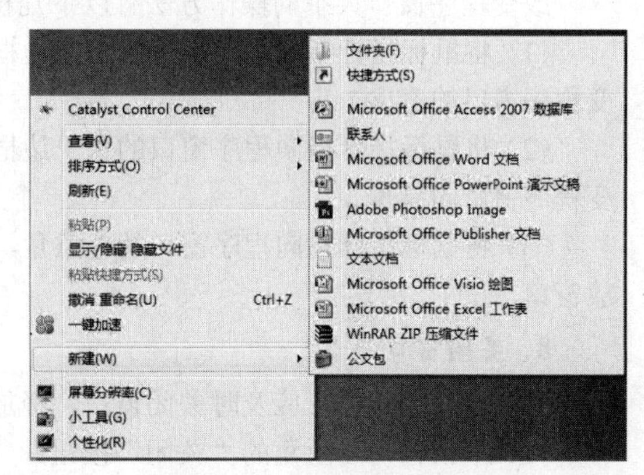

图 2-2-3　“新建”菜单命令

3．排列图标

当用户在桌面上创建了多个图标时，会显得非常凌乱，不利于用户快速选择所需要的项目。使用排列图标命令，可以排列桌面图标，使桌面看上去整洁而富有条理。

右击桌面上的空白处，鼠标指向“排序方

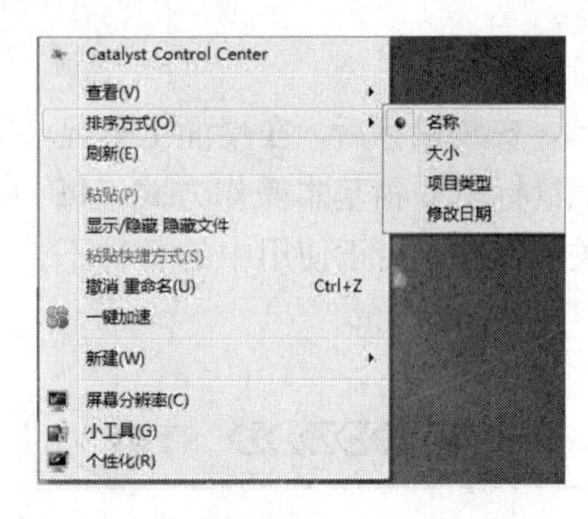

图 2-2-4　排列图标操作

式”，选择相应的排列命令，可以使图标按要求排列，如图 2-2-4 所示。

4．重命名图标

进行以下操作可以重新命名图标。

（1）在需要重新命名的图标上右击，打开快捷菜单。

（2）选择“重命名”命令，如图 2-2-5 所示。

（3）图标的文字说明位置呈现反色显示，输入新名称，然后在桌面上任意位置单击，即可完成对图标的重命名。

5．打开窗口

打开程序窗口，可以使程序处于运行状态，所以打开程序是使用计算机的重要操作，以下方式可以打开程序窗口。

（1）鼠标指向要打开的程序图标，双击。

（2）鼠标指向图标，右击，在快捷菜单中选择“打开”命令，也可以打开程序窗口。

6．移动窗口

打开的窗口，可以通过鼠标移动，也可以通过鼠标和键盘配合移动。

（1）将鼠标指针指向窗口地址栏上方空白处，右击，打开快捷菜单，如图 2-2-6 所示。

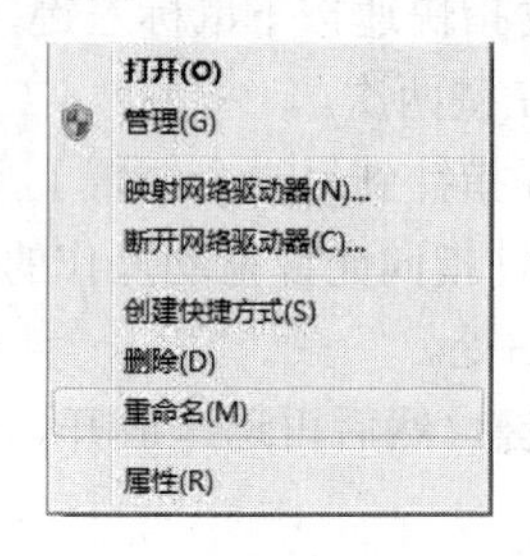

图 2-2-5　“重命名”命令

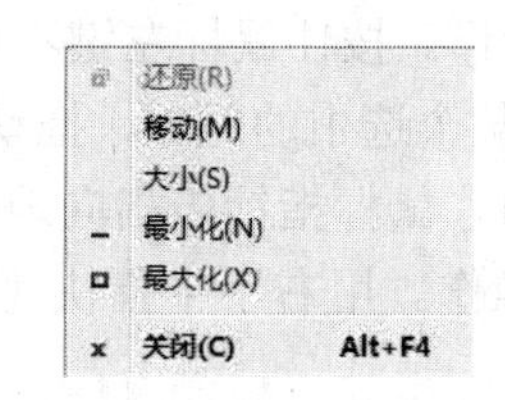

图 2-2-6　快捷菜单

（2）选择“移动”命令，鼠标指针变成双向十字箭头。

（3）按键盘上的方向键移动窗口至合适的位置。

（4）单击鼠标或者按回车键，结束移动操作。

7．缩放窗口

改变程序窗口大小的操作方法有以下几种。

（1）将鼠标指针指向程序窗口的垂直边框上，当鼠标指针变成双向的箭头时，拖动可以改变程序窗口的宽度。

（2）将鼠标指针指向程序窗口的水平边框上，当鼠标指针变成双向的箭头时，拖动可以改变程序窗口的高度。

（3）将鼠标指针指向程序窗口的任意角，当鼠标指针变成双向的箭头时，拖动可以等比缩放窗口。

8．关闭窗口

完成窗口操作后，应及时关闭窗口，释放系统资源。关闭窗口的操作方法有以下几种。

（1）单击窗口右上角的“关闭”按钮。

（2）单击“文件”菜单，在“文件”菜单中选择“关闭”命令。

（3）使用快捷键【Alt+F4】关闭当前窗口。

项目考核

本项目考核评价量化标准由教师视教学组织情况，并参考第一单元项目 1 中的内容而定。考核内容也分为合作学习考核和知识、技能考核两个部分，前者考核内容参见第一单元项目 1，知识、技能考核内容如下。

（1）对操作系统桌面和程序窗口的熟悉程度。

（2）鼠标的基本操作。

（3）对桌面元素的操作。

（4）对程序窗口的操作。

项目 3　有序管理计算机文件

文件是用户赋予了名字并存储在磁盘上的信息集合，它可以是用户创建的文档，也可以是可执行的应用程序或一张图片、一段声音等。当用户的计算机使用一段时间之后，计算机中的文件会变得繁多而混乱。如何组织文件，如何快速地查找一个文件，是每个计算机用户需要了解的基本内容。

项目目标

掌握文件、文件夹的基本操作。

理解库与文件夹的关系。

学会管理文件和文件夹。

能够查找计算机中的文件。

任务 1　建立文件管理体系

文件夹是组织和管理文件的一种形式，是为了方便用户查找、维护和存储而设置的，用户可以将文件分门别类地存放在不同的文件夹中。

任务说明

在 E 盘中分别建立“娱乐”和“工作资料”文件夹，用于存储用户的影音文件和工作文档。文件夹建好后，将计算机中的相关文件分类保存到这两个文件夹中。任务操作包括创建文件夹，移动、复制或删除文件，重命名、更改文件夹属性等内容。

活动步骤

START

1．教师演示新建、移动、复制、删除文件等任务操作。

2．学生上机练习。

3．学生分组讨论操作中遇到的问题，教师讲评学生实习操作成果。

任务操作

（1）双击桌面上的“计算机”图标，打开“计算机”操作窗口。

（2）双击要新建文件夹的 E 盘，打开 E 盘。

（3）单击“文件”菜单的“新建”子菜单中的“文件夹”命令，在 E 盘中新建两个文件夹。此时，两个文件夹的名称分别为“新建文件夹”和“新建文件夹（2）”。

（4）分别右击这两个新建的文件夹，在弹出的快捷菜单中选择“重命名”选项，此时文件夹名称处于编辑状态（蓝色反白显示）。

（5）分别在文本框中输入文件夹的名称“娱乐”和“工作资料”，按回车键或在文件夹以外单击完成命名操作。

（6）选中需要移动或复制的与“娱乐”有关的文件或文件夹。

按着【Shift】键可选定多个相邻的文件或文件夹，按着【Ctrl】键可选定多个不相邻的文件或文件夹。

（7）单击“编辑”菜单中的“剪切”命令（复制应选择“复制”命令）。

（8）打开 E 盘的“娱乐”文件夹，单击“编辑”菜单中的“粘贴”命令，实现文件移动。重复（5）、（6）、（7）步骤把工作文档移入“工作资料”文件夹中。

（9）选中要删除的文件或文件夹。

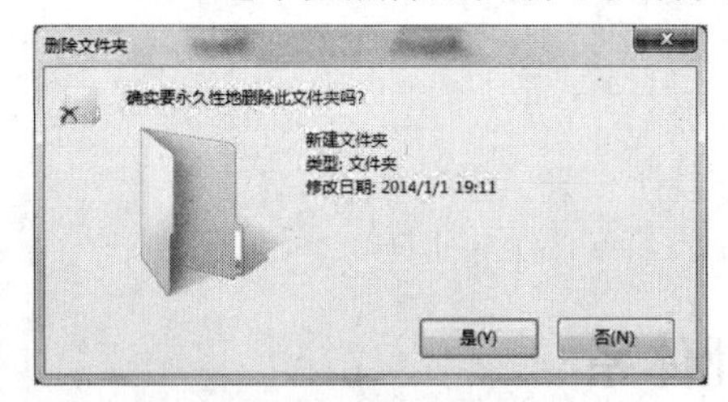

图 2-3-1 “删除文件夹”对话框

（10）单击“文件”菜单中的“删除”命令，打开“删除文件夹”或“删除文件”对话框，如图 2-3-1 所示。

（11）若确认要删除文件或文件夹，可单击“是”按钮，若不删除文件或文件夹，可单击“否”按钮。

（12）单击“文件”菜单中的“属性”命令，打开“属性”对话框，选择“常规”选项卡，如图 2-3-2 所示。

（13）选中“属性”选项中的“只读”复选框。

（14）单击“应用”按钮，打开“确认属性更改”对话框，如图 2-3-3 所示。

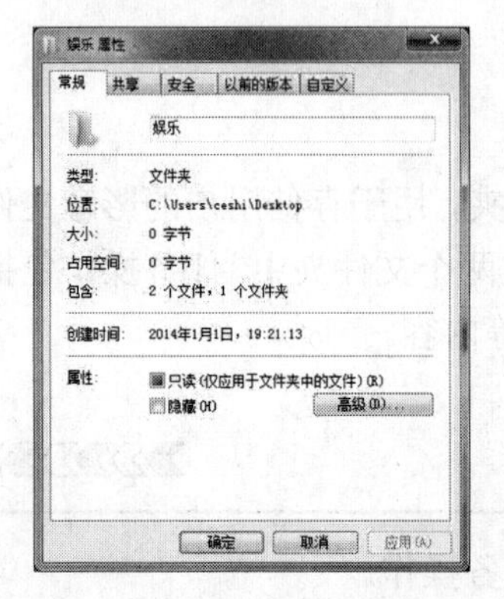

图 2-3-2 “常规”选项卡

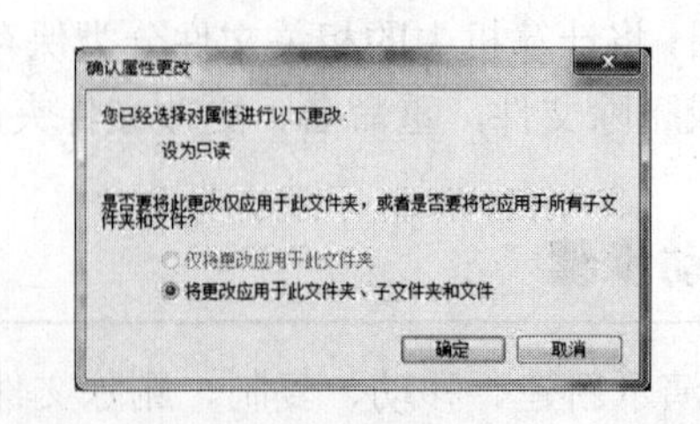

图 2-3-3 “确认属性更改”对话框

（15）选中“将更改应用于此文件夹、子文件夹和文件”单选按钮，单击“确定”按钮，关闭“确认属性更改”对话框。

（16）在“属性”对话框中，单击“确定”按钮，应用该属性。

任务 2 使用“库”管理文件和文件夹

库是 Windows 7 中的新增功能。库可以将不同存储位置的具有类似性质、功能的文件夹包含到同一个库中，然后以一个集合的形式查看和排列这些文件夹中的文件。库是虚拟的，只管理不同位置的文档、音乐、图片和其他文件。简单地说，库是存储在硬盘上的文件、文件夹的索引。

任务说明

为用户名是“ceshi”的用户新建一个库名为“演示”的库，设置其默认存储位置为 D: \yanshi 文件夹；将 D 盘中“教学 PPT”、E 盘中“科研 PPT”文件夹包含到该库中。

除了 Windows 7 的 4 个默认库（文档、音乐、图片和视频）之外，要想使用库，必须新建库，新建库后再把有类似功能的文件夹包含到该库中。

活动步骤

START

1．教师演示打开 Windows 7 的默认库、新建库、把文件夹包含到库等操作。

2．学生上机练习库操作。

3．学生分组讨论操作中遇到的问题、教师讲评学生实习操作成果。

任务操作

（1）右击“开始”按钮，在快捷菜单中单击“打开 Windows 资源管理器”，打开 Windows 7 的默认库（文档、音乐、图片和视频），如图 2-3-4 所示。

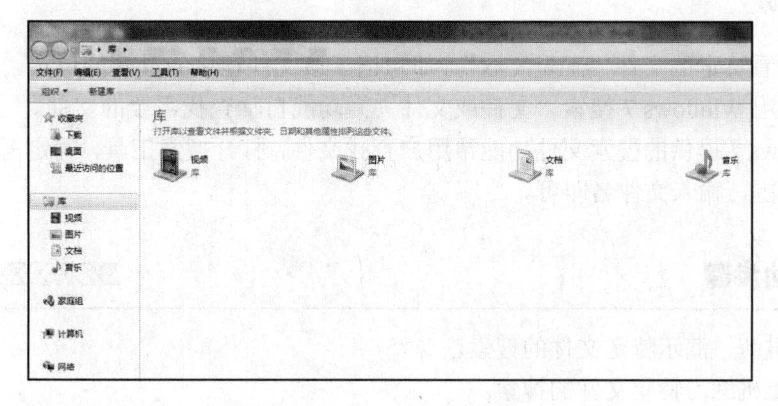

图 2-3-4 Windows 7 的默认库

（2）双击任一库图标，即可进入该库。

（3）在“库”操作窗口中，右击空白处，鼠标指向“新建”，单击“库”选项，即可新建一个库。

（4）将新建库重命名为“演示”，方法同文件夹的重命名。

（5）右击D盘中的“教学PPT”文件夹，鼠标指向“包含到库中”，如图2-3-5所示，单击“演示”库名，把“教学PPT”文件夹包含到“演示”库中。

（6）用相同的方法把“科研PPT”文件夹包含到“演示”库中。

（7）同打开默认库一样，打开“演示”库，如图2-3-6所示，在该库中，可以看到包含到该库中的所有的演示文稿。

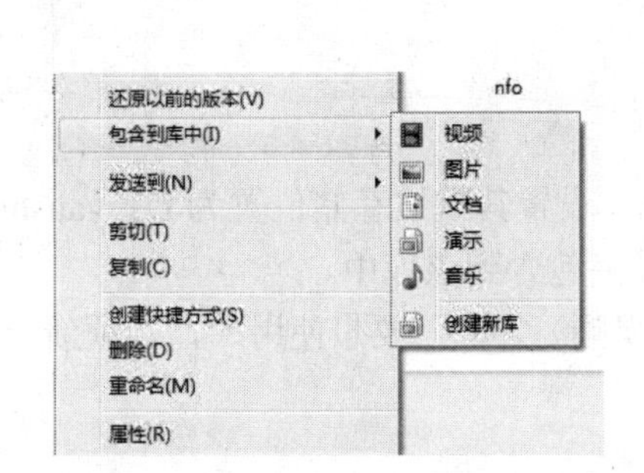

图2-3-5 把文件夹包含到库中

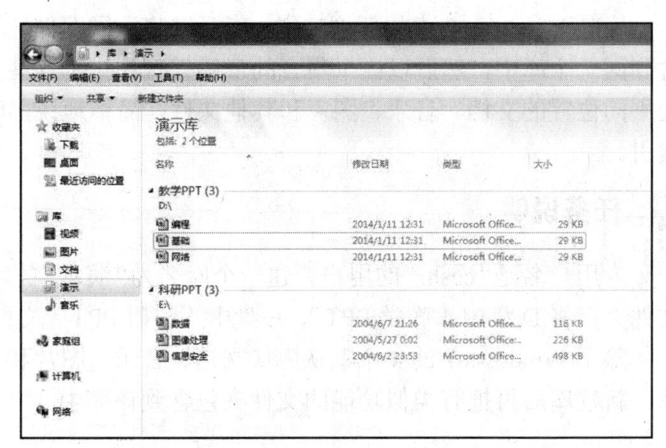

图2-3-6 “演示”库

任务3 查找特定文件

计算机中有庞大的文件系统，想从中找到一个文件，必须知道文件的确切位置，否则，无异于大海捞针。虽然Windows 7操作系统新增了“库”的功能，但为了满足习惯了Windows XP系统的用户要求，Windows 7系统依然集成了文件查找功能，同样可以帮助用户完成文件查找任务。

任务说明

用户要查看特定的文件“工资.xlsx”，却忘记了该文件存放的具体的位置。解决这一问题的方法是，利用Windows 7搜索“文件或文件夹”功能自动查找需要的文件。

用Windows 7提供的搜索文件功能帮用户查找文件，打开搜索工具，确定需要搜索的文件名和搜索的范围，输入文件名即可。

活动步骤

START

1．教师讲解、演示特定文件的搜索。
2．学生上机练习特定文件的搜索。
3．学生分组讨论操作中遇到的问题，教师讲评学生实习操作成果。

任务操作

（1）双击桌面上的“计算机”图标。

（2）在搜索栏中输入文件名称“工资”，Windows 7 即可自动搜索并显示计算机中所有文件名中含有“工资”两字的文件，并列表显示，如图 2-3-7 所示。

（3）根据实际情况选取需要的文件。如搜索结果过多，还可以单击搜索栏使用“搜索筛选器”，添加“修改日期”“大小”等条件，根据文件的“修改日期”“大小”进行筛选，如图 2-3-8 所示。

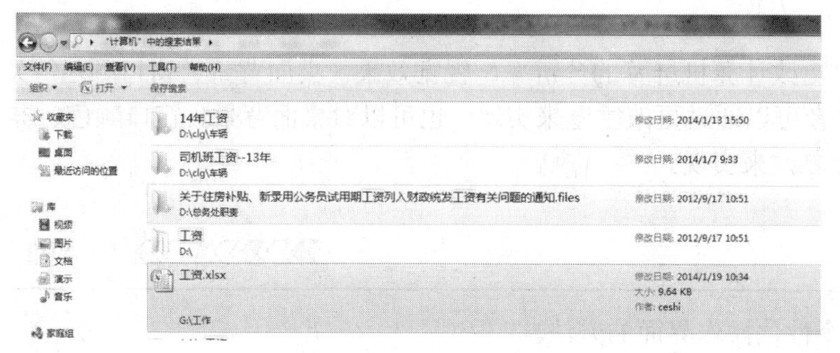

图 2-3-7　搜索结果

图 2-3-8　搜索筛选器

（4）若要停止搜索，单击“×”即可。

项目考核

本项目考核评价量化标准由教师视教学组织情况，并参考第一单元项目 1 中的内容而定。考核内容也分为合作学习考核和知识、技能考核两个部分，前者考核内容参见第一单元项目 1，知识、技能考核内容如下。

（1）创建文件夹、重命名文件夹操作。

（2）移动、复制、删除文件或文件夹操作。

（3）库的操作。

（4）文件或文件夹查找操作。

项目 4　系统设置与管理

在现代生活中，人人都可以体现自己与众不同的个性。设置个性化的操作系统工作环境，不仅可以体现自己的个性，更能使 Windows 7 操作系统符合个人工作习惯，提高工作效率。在 Windows 7 中，有许多系统自带的工具和能够添加到桌面的小工具，可以实现对系统的管理，从而方便用户工作。

项目目标

掌握设置个性化操作界面的方法。

能够添加和使用桌面小工具。

会设置键盘和鼠标。

会播放多媒体文件。

任务1　设置个性化操作界面

操作界面是用户每天都要面对的操作环境，若设置一个自己喜欢的个性化操作界面，定能保持心情愉悦，工作和生活也将变得更有乐趣。

任务说明

打造个性化操作界面，可更改计算机屏幕的分辨率、视觉效果（桌面背景、窗口颜色等）和声音。其中，视觉效果和声音可以通过更改主题来实现，也可以对桌面背景、窗口颜色、屏幕保护程序及声音等单项进行更改来实现。

活动步骤　START

1. 教师讲解、演示打造个性化操作界面的方法。
2. 学生上机练习打造自己的个性化操作界面。
3. 学生分组对比各自打造的个性化操作界面，教师讲评学生实习操作成果。

任务操作

（1）右击桌面空白处，在弹出的快捷菜单中选择“屏幕分辨率”命令，打开“屏幕分辨率”设置窗口，如图2-4-1所示。

（2）单击“分辨率”按钮，显示分辨率列表，黑色加粗显示的字体为显示器的推荐分辨率。拖动滑块可调节屏幕分辨率，如图2-4-2所示，建议使用系统推荐分辨率。

图2-4-1　“屏幕分辨率”设置窗口

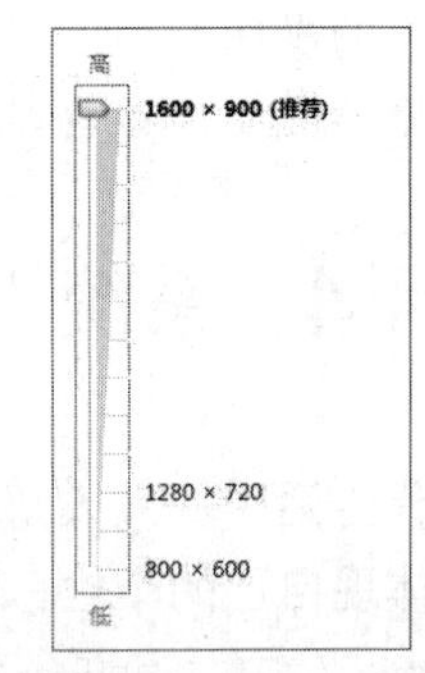

图2-4-2　“屏幕分辨率”列表

提示

在一台主机有多个显示屏幕（如连接投影机）时，还可以通过图2-4-1中的“显示器”下拉列表选择不同的显示器进行分辨率的调节及显示方向的更改。

（3）右击桌面空白处，在弹出的快捷菜单中选择“个性化”命令，打开“个性化”设置窗口，如图2-4-3所示。

（4）单击系统自带的任一主题，即可一次性更改计算机中的视觉效果（桌面背景、窗口颜色）和声音，也可以在连接互联网的情况下单击“联机获取更多主题”超链接获取网络上丰富多彩的主题。

（5）在“个性化”设置窗口中，单击“桌面背景”“窗口颜色”“声音”“屏幕保护程序”等，可分别进行对应项的单独设置。

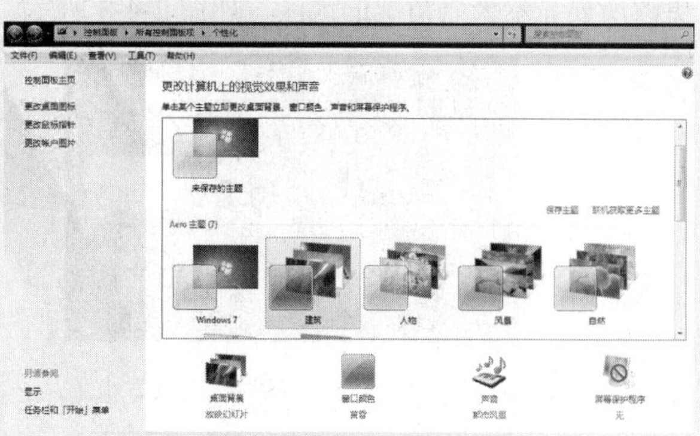

图 2-4-3 “个性化”设置窗口

任务 2 使用桌面小工具

Windows 7 操作系统允许用户在桌面上添加各种小工具，以使用户在计算机运行时了解其他信息，如生活信息的天气、时间，娱乐方面的媒体播放、各种小游戏的使用等。

任务说明

在桌面上添加 Windows 7 操作系统自带的小工具，如“CPU 仪表盘”“中国天气”“日历”“Windows Media Center”“图片拼图板”等，可以扩展计算机桌面信息量和具有实时关注特殊信息的作用。本任务将帮助学习者掌握在桌面上添加和使用常用小工具的方法。

活动步骤

START

1．教师讲解、演示在桌面上添加、使用小工具的方法。
2．学生上机练习添加小工具的方法并学会使用小工具。
3．学生分组讨论使用小工具的好处，教师讲评学生实习操作成果。

任务操作

（1）单击“开始”→“桌面小工具库”选项，打开“桌面小工具库”窗口，如图 2-4-4 所示。

（2）双击“CPU 仪表盘”图标，把“CPU 仪表盘”小工具添加至桌面。用相同的方法把“天气”小工具添加至桌面，如图 2-4-5 所示。

（3）将鼠标移至“天气”小工具处，自动弹出小工具的隐藏按钮，自上而下依次为“关闭”“较大尺寸”“选项”“拖动小工具”，作用分别为关闭小工具、调整小工具尺寸、设置所要显示天气情况的地区、显示温度方式及在桌面上移动小工具的位置等。“天气”小工具隐藏菜单如图 2-4-6 所示。

图 2-4-4 “桌面小工具库”窗口

（4）单击“选项”按钮，打开“选项”对话框，如图 2-4-7 所示。

（5）在文本框中按照提示样式输入显示气象信息地址的拼音，如“Zhengzhou”，单击搜索按钮，即可更改所要显示天气情况的地区，如图 2-4-8 所示。

图 2-4-5　“CPU 仪表盘”“天气”小工具

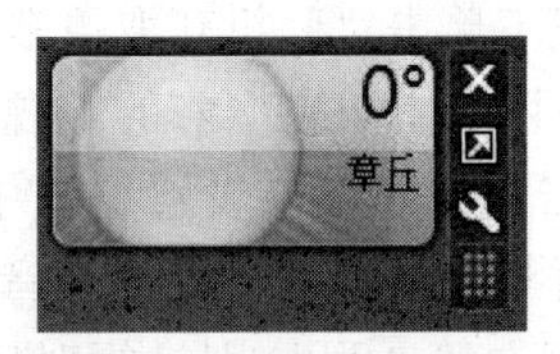

图 2-4-6　“天气”小工具隐藏菜单

图 2-4-7　“选项”对话框

图 2-4-8　更改显示地区后的结果

（6）在“显示温度方式:”下选中“摄氏”单选按钮，可更改温度显示方式为摄氏度。

（7）单击“确定”按钮完成设置，结果如图 2-4-9 所示。

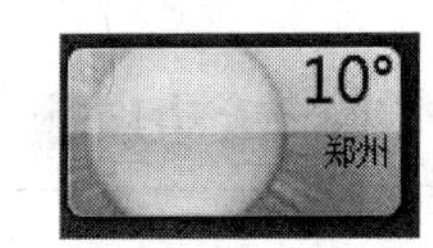

图 2-4-9 “天气”小工具

任务 3　设置键盘、鼠标

鼠标和键盘是使用最频繁的计算机外设，用户在安装 Windows 7 时，系统已自动对鼠标和键盘进行过默认设置，但是有些默认设置可能并不符合用户的个人使用习惯，因此，有必要进行设置更改。

任务说明

根据需要重新设置鼠标和键盘，以更好地满足用户对输入设备的应用要求。

活动步骤

START

1. 教师讲解、演示设置鼠标、键盘的方法。
2. 学生上机练习设置鼠标、键盘。
3. 学生分组讨论操作中遇到的问题，教师讲评学生实习操作成果。

任务操作

（1）单击“开始”按钮，选择“控制面板”命令，打开“控制面板”对话框。

（2）单击“鼠标”图标，打开“鼠标属性”对话框，选择“鼠标键”选项卡，如图 2-4-10 所示。

（3）选中“鼠标键配置”选项中的“切换主要和次要的按钮”复选框，可设置右键为主要键。拖动“双击速度”选项中的滑块可调整鼠标的双击速度，双击旁边的文件夹可检验设置的速度。选中“单击锁定”选项中的“启用单击锁定”复选框，单击“设置”按钮，打开“单击锁定的设置”对话框，调整实现单击锁定需要按鼠标键或轨迹球按钮的时间，如图 2-4-11 所示。

图 2-4-10 “鼠标键”选项卡

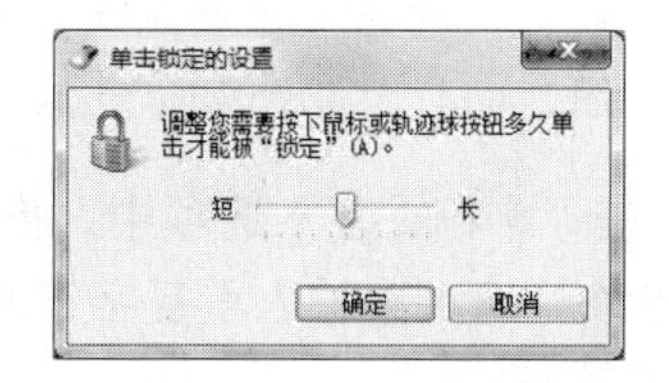

图 2-4-11 “单击锁定的设置”对话框

（4）选择“指针”选项卡，在“方案”下拉列表中选择一种鼠标指针方案，在“自定义”列表框中选择鼠标指针的样式。如果希望鼠标指针带阴影，可选中“启用指针阴影”复选框，如图 2-4-12 所示。

（5）单击“浏览”按钮，打开“浏览”对话框，如图 2-4-13 所示。

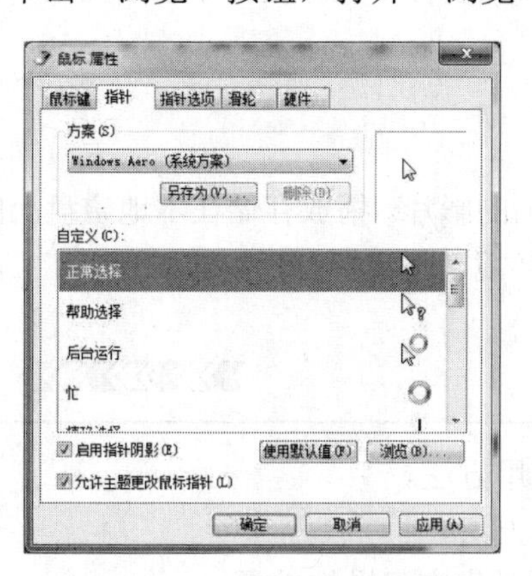

图 2-4-12 “指针”选项卡

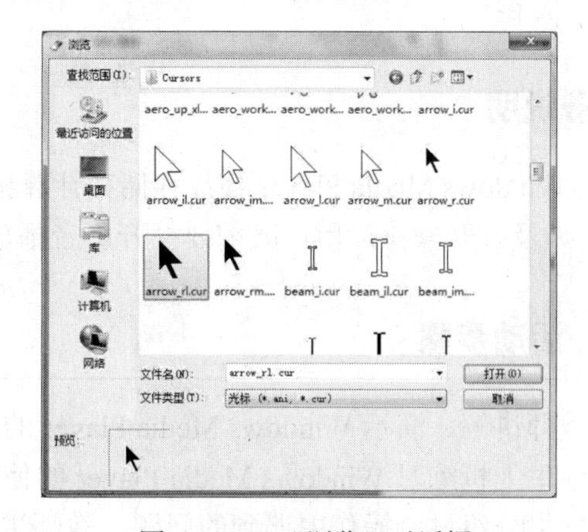

图 2-4-13 “浏览”对话框

（6）在“浏览”对话框中选择鼠标指针样式，预览框中显示指针效果。单击“打开”按钮，选中样式应用到所选鼠标指针方案中。

（7）在“指针选项”选项卡中，拖动“移动”选项中的滑块可调整鼠标指针的移动速度。在“对齐”选项中，选中“自动将指针移动到对话框中的默认按钮”复选框，打开对话框时，鼠标指针自动放在默认按钮上。设置界面如图 2-4-14 所示。

（8）单击“确定”按钮，设置生效。

（9）在“控制面板”对话框中，单击“键盘”图标，打开“键盘属性”对话框，选择“速度”选项卡，如图 2-4-15 所示。

图 2-4-14 “指针选项”选项卡

图 2-4-15 “速度”选项卡

（10）在“字符重复”选项中，拖动“重复延迟”滑块，可调整重复延迟时间；拖动“重复速度”滑块，可调整输入重复字符的速率；在“光标闪烁频度”选项中，拖动滑块，可调整光标的闪烁频率。

（11）单击“确定”按钮，设置生效。

任务 4　播放多媒体文件

利用 Windows Media Player 可以播放、编辑和嵌入多种多媒体文件，包括视频、音频和动画文件。

任务说明

利用 Windows Media Player 播放存储在计算机上的影片。播放存储在本地磁盘上的影片文件，主要涉及打开操作，用户既需要打开影音播放环境，也需要打开播放对象。

活动步骤

START

1. 教师讲解、演示 Windows Media Player 的使用方法。
2. 学生上机练习 Windows Media Player 的使用方法。
3. 学生分组讨论操作中遇到的问题，教师讲评学生实习操作成果。

任务操作

（1）双击桌面上的“Windows Media Player”快捷图标，打开“Windows Media Player”窗口，如图 2-4-16 所示。

（2）单击“播放所有音乐”按钮，可无序播放媒体库中的所有音乐。

（3）单击“转至媒体库”按钮，可转至媒体库，如图 2-4-17 所示。

图 2-4-16 “Windows Media Player”窗口

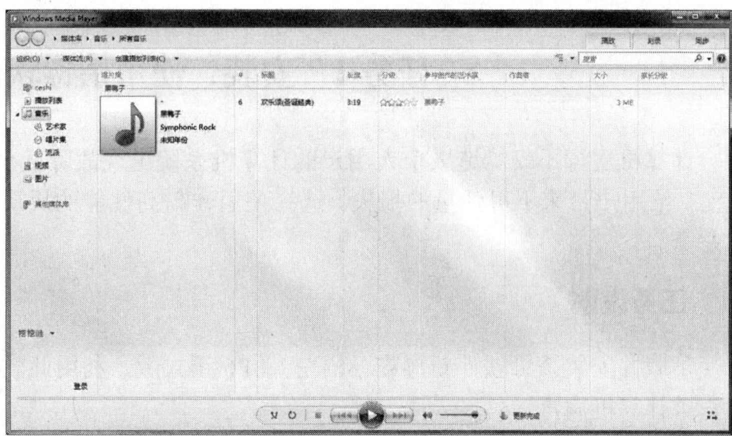

图 2-4-17 媒体库

（4）双击所要播放的多媒体文件，即可开始播放。

项目考核

本项目考核评价量化标准由教师视教学组织情况，并参考第一单元项目 1 中的内容而定。考核内容分为合作学习考核和知识、技能考核两个部分，前者考核内容参见第一单元项目 1，知识、技能考核内容如下。

（1）设置个性化操作界面。

（2）使用桌面小工具。

（3）设置鼠标和键盘。

（4）播放多媒体文件。

项目 5 保护系统应用安全

计算机的安全防护问题不仅涉及像数据的丢失和损坏这样的小问题，还涉及系统瘫痪、泄露信息和个人隐私、病毒和网络黑客入侵等大问题。这些问题一旦发生，轻则影响计算机用户的正常工作，重则会给用户和国家带来重大损失。因此，平时做好计算机的安全防护工作非常重要。

项目目标

会安装使用杀毒软件。

会使用压缩工具。

会对重要文件进行备份。

会使用备份文件还原数据。

任务1　安装、使用杀毒软件

计算机病毒不仅能造成个人用户的计算机系统出现故障甚至瘫痪，而且会影响网络的正常通信，给用户带来不可估量的损失。选择使用一款高性能的反病毒软件可以有效地保护计算机的安全。

任务说明

下载并安装杀毒软件新毒霸（悟空）SP6正式版，利用此软件对计算机系统进行安全防护并查杀计算机病毒。

该软件可从互联网上下载并按提示进行安装。安装完成后，需要进行必要的设置以实现对计算机的防护。

活动步骤

START

1．教师演示下载、安装新毒霸操作，并使用新毒霸进行病毒查杀。

2．学生上机练习下载、安装杀毒软件，并使用软件查杀计算机病毒。

3．学生分组讨论操作中遇到的问题，教师讲评学生实习操作成果。

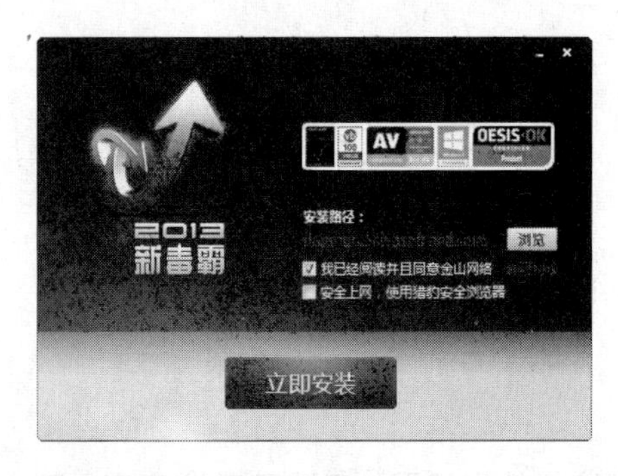

图2-5-1　新毒霸“悟空”SP6.0安装界面

任务操作

（1）打开IE浏览器，在地址栏中输入“http://www.ijinshan.com/”，进入“金山网络”首页。单击“金山网络”首页中的“立即下载”按钮，即可下载“新毒霸‘悟空’SP6.0”版本。

（2）双击下载的安装文件，即可出现安装界面，如图2-5-1所示。

（3）选中“我已经阅读并且同意金山网络许可协议”复选框，根据需要选择其他复选框，单击“浏览”按钮可更改程序安装路径。单击“立即安装”按钮，程序开始自动安装。

（4）安装完成后，桌面出现类似Windows 7桌面小工具的新毒霸加速球，如图2-5-2所示。该加速球具有“显示天气状况”“清理计算机内存”“加速网络速度”等功能。

图2-5-2　新毒霸加速球

（5）双击桌面“新毒霸”快捷方式，出现新毒霸“悟空”SP6.0版主界面，如图2-5-3所示。

（6）单击右下角“立即升级”，新毒霸将自动升级。自动升级完成后，显示如图2-5-4所示，单击“立即重启”按钮，使新功能在重启计算机后生效。

（7）计算机重启后，重新进入新毒霸主界面，单击“电脑杀毒”图标，进入“电脑杀毒”界面，如图2-5-5所示。单击“全盘查杀”可进行全面杀毒，还可根据不同情况，选择“一键云查杀”“指定位置查杀”“强力查杀”“U盘查杀”“防黑查杀”等不同方式对计算机查杀病毒。

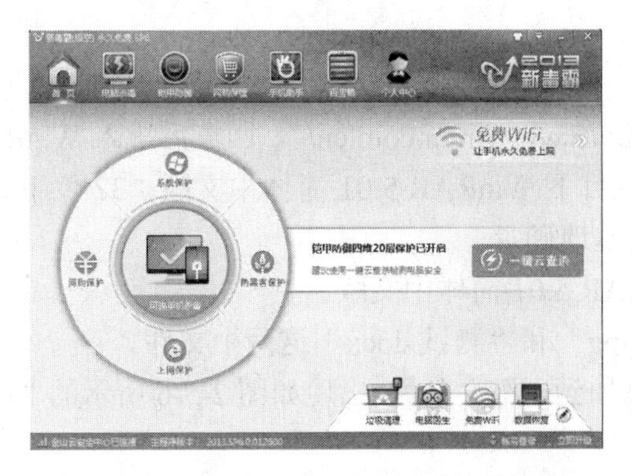

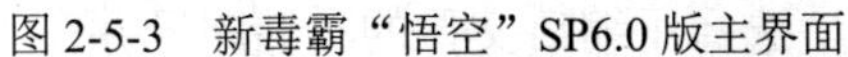

图 2-5-3 新毒霸“悟空”SP6.0 版主界面　　图 2-5-4 新毒霸升级完毕

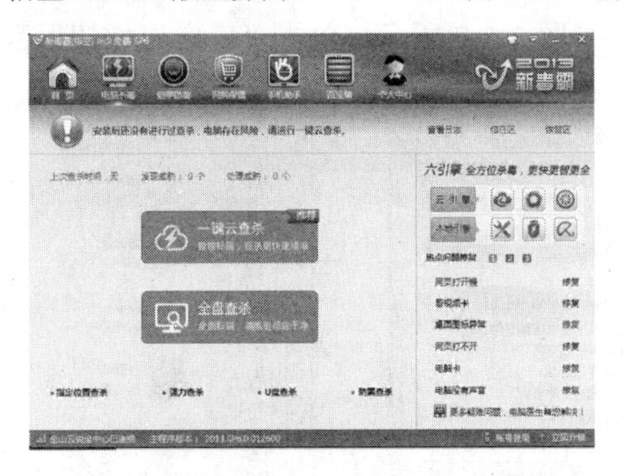

图 2-5-5 “电脑杀毒”界面

（8）单击“铠甲防御”或“网购保镖”图标，可进入相应功能界面，完成防御和关闭防御项目等功能。

任务 2 安装、使用压缩工具

压缩工具（如 WinRAR）是用户经常要用到的一种工具。它可以把大文件压缩成一个较小的文件，以便于用户节约存储空间或者发送给远端客户。压缩工具除了用来压缩文件外，还可作为一个加密软件使用，在压缩文件时设置一个密码就可以达到保护数据的目的。

任务说明

本任务是下载、安装常用压缩工具 WinRAR，利用此工具把计算机 D 盘下的文件“测试.jpg”和“测试.docx”压缩并进行加密，压缩后的文件名为“测试.rar”。压缩完成后，解压缩此文件。

WinRAR 可从互联网上下载并按提示进行安装，安装后即可用于压缩并加密计算机中的文件“测试.jpg”和“测试.docx”，被压缩的文件在解压缩后可正常使用。

活动步骤 START

1．教师演示下载、安装并使用压缩软件。
2．学生上机练习下载、安装和压缩文件操作。
3．学生分组讨论操作中遇到的问题，教师讲评学生实习操作成果。

任务操作

（1）打开 IE 浏览器，在地址栏输入“http://www.winrar.com.cn/”，回车后进入 WinRAR 中文版的官方下载页面。单击“下载试用版”栏目下 WinRAR 5.01 简体中文版“32 位下载”按钮，下载 WinRAR 5.01 简体中文版并保存至本地硬盘。

（2）双击下载文件，按照提示安装 WinRAR 5.01 简体中文版。

（3）打开 D 盘，找到并同时选中“测试.jpg”和“测试.docx”这两个文件。

（4）右击，在弹出的快捷菜单中单击“添加到压缩文件”，出现如图 2-5-6 所示的“压缩文件名和参数”对话框。

（5）在“常规”选项卡中单击“浏览”按钮，选择压缩后文件的存储路径并在“文件名”文本框中输入“测试.rar”，如图 2-5-7 所示，单击“确定”按钮返回。

图 2-5-6 “压缩文件名和参数”对话框

图 2-5-7　选择存储路径及输入文件名

（6）单击“设置密码”按钮，打开“输入密码”对话框，如图 2-5-8 所示。

（7）按要求输入为压缩文件设置的密码，单击“确定”按钮完成密码设置。

（8）单击“确定”按钮，开始压缩文件。压缩结束，生成压缩文件“测试.rar”。

（9）双击“测试.rar”，在出现的页面中单击“解压到”→“确定”按钮，要求输入密码，如图 2-5-9 所示。

图 2-5-8 “输入密码”对话框

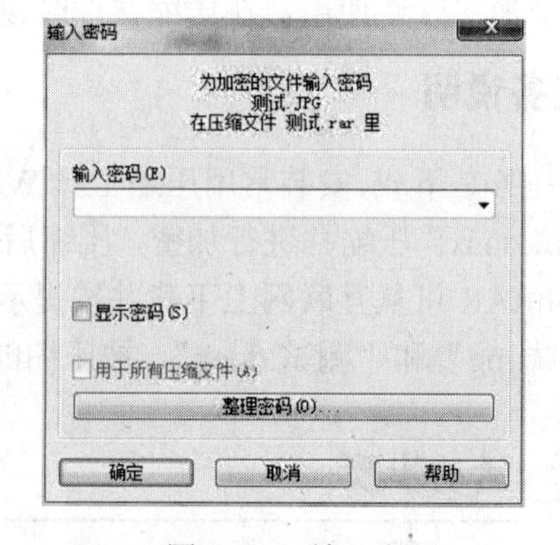

图 2-5-9　输入密码

（10）正确输入密码，单击“确定”按钮，文件开始解压缩。

（11）打开解压缩后生成的文件夹，可看到还原的文件，如图 2-5-10 所示。

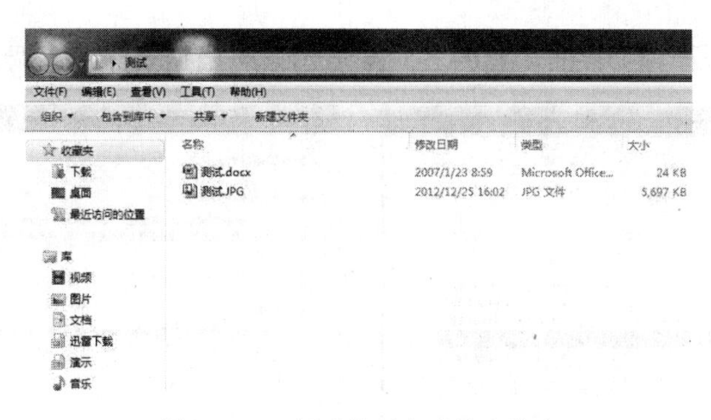

图 2-5-10 解压缩后生成的文件夹

任务 3 备份、还原文件

计算机中存放着很多重要的用户文件，这些数据一旦遭到破坏，轻则造成数据丢失，给用户带来不必要的麻烦，重则引起操作系统的崩溃。因此，对数据文件和系统文件进行备份显得尤为重要。当用户保存在计算机上的重要数据因病毒或者误操作等原因丢失时，可以使用以前的备份文件进行还原。

任务说明

为保证系统的正常运行，防止用户的重要数据丢失，可将用户名为“ceshi”的所有库中存储的文件，按计划备份到 G 盘。需要时，利用备份文件进行还原。

备份、还原文件，可以利用 Windows 7 自带的“备份和还原”工具进行，也可以使用专门的备份、还原工具。系统自带的工具操作简单，专用工具功能更强。本任务将借助系统自带的工具来完成备份、还原操作。

活动步骤 START

1．教师讲解、演示备份数据并还原操作。

2．学生上机练习备份、还原数据。

3．学生分组讨论操作中遇到的问题，教师讲评实习操作成果。

任务操作

（1）选择“开始”→“控制面板”→“备份和还原”命令，打开“备份和还原”工具。

（2）单击“设置备份”按钮，在“保存备份的位置（B）：”列表框中选择“VOL5（G:）”项，如图 2-5-11 所示。

（3）单击“下一步”按钮，打开“您希望备份哪些内容”页面，选中“让我选择”单选钮，如图 2-5-12 所示。

（4）单击“下一步”按钮，选中“ceshi 的库”复选框，如图 2-5-13 所示。如同时选中“包括驱动器 WIN7（C:）、VOL2（D:）的系统映像（S）”复选框，在进行库数据备份的同时会制作系统映像，该映像可在系统崩溃时进行系统恢复。

（5）单击“下一步”按钮，系统推荐计划每星期日的 19:00 进行数据备份。单击“更改计划”，进入“更改备份计划”界面，如图 2-5-14 所示，可根据实际情况调整计划。

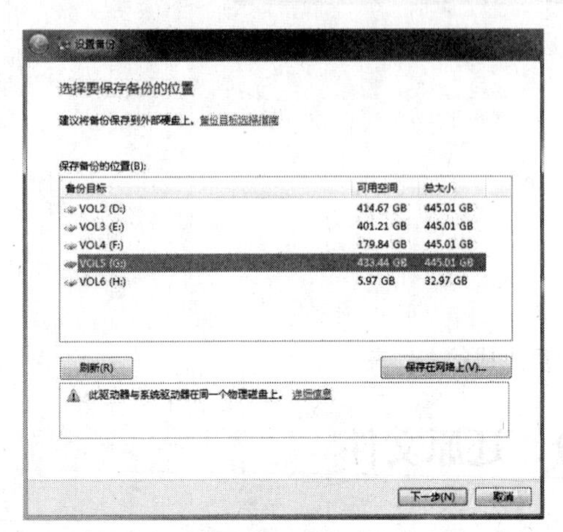

图 2-5-11　选择要保存备份的位置

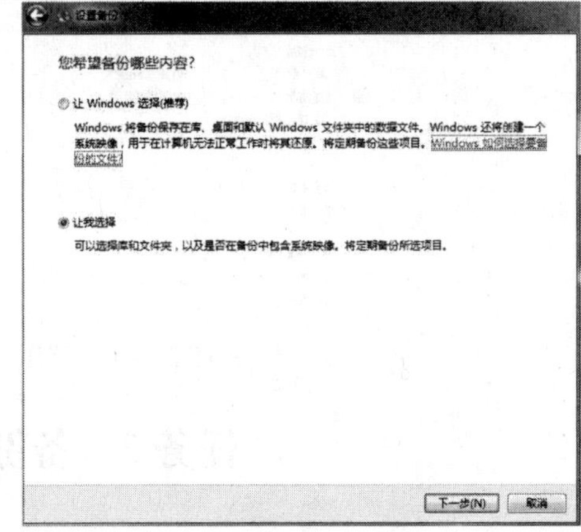

图 2-5-12　选择备份内容

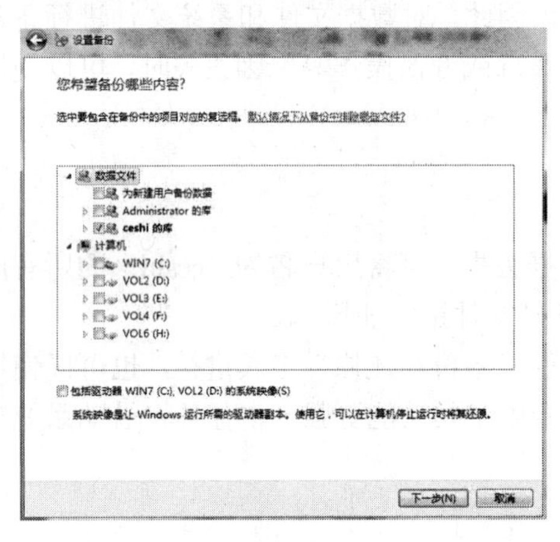

图 2-5-13　选中“ceshi 的库”复选框

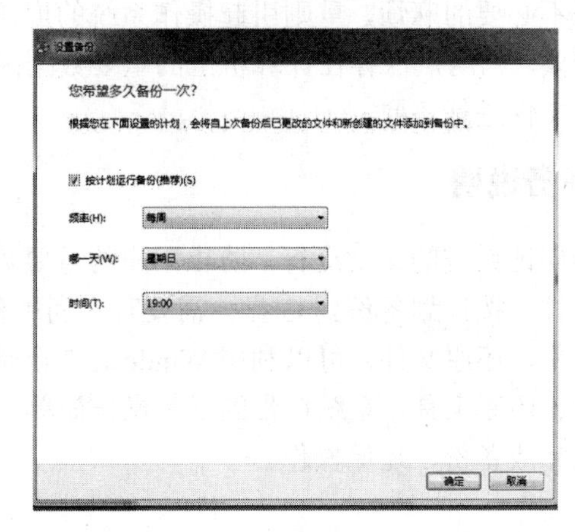

图 2-5-14　“更改备份计划”界面

（6）单击“确定”按钮返回，单击“保存设置并运行备份”按钮开始备份，如图 2-5-15 所示。

（7）备份自动完成后，备份进度指示消失，备份完成显示如图 2-5-16 所示。

图 2-5-15　正在进行备份

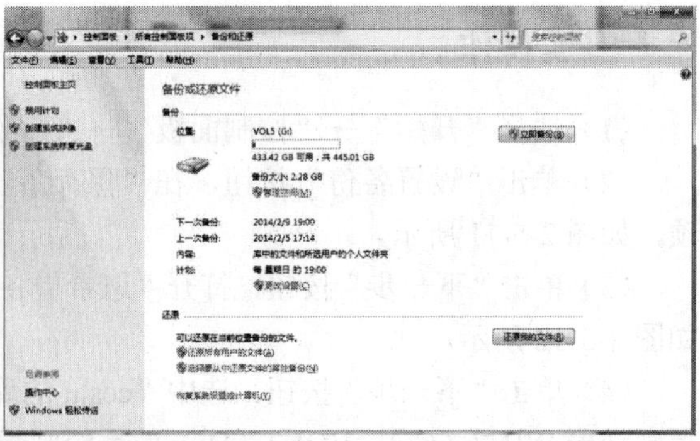

图 2-5-16　备份完成显示

（8）单击“还原我的文件”按钮，出现“还原文件”界面，如图 2-5-17 所示。

（9）单击“浏览文件夹”按钮，依次打开“VOL5（G:）上的备份”→“C:的备份”→“Users”文件夹，选中“ceshi”文件夹，如图 2-5-18 所示。

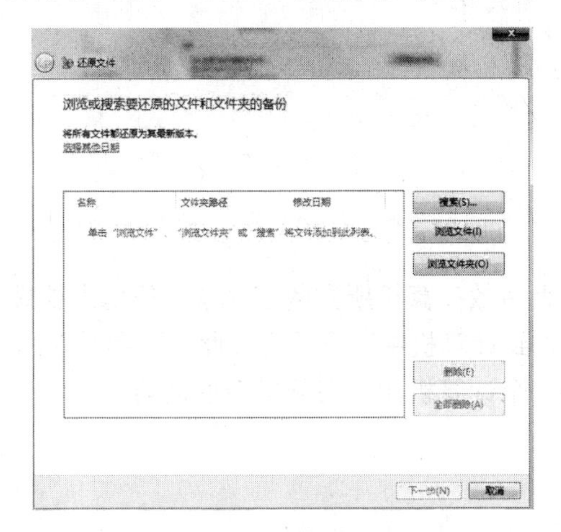

图 2-5-17 “还原文件”界面

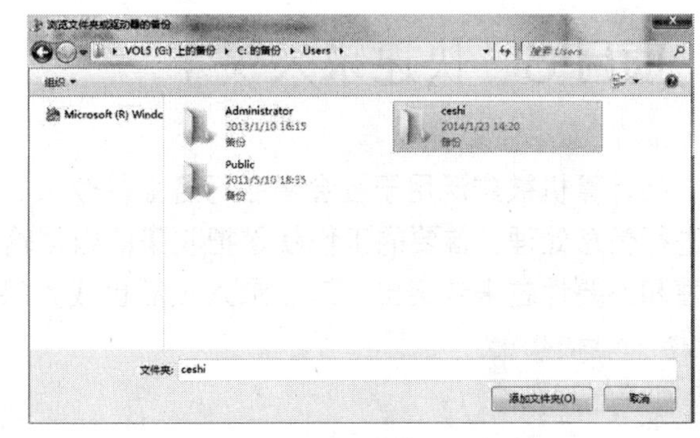

图 2-5-18 选择备份的文件夹

（10）单击“添加文件夹”按钮，返回“还原文件”界面，如图 2-5-19 所示。

（11）单击“下一步”按钮，进入“还原位置选择”界面，如图 2-5-20 所示，选中“在原始位置”单选按钮。

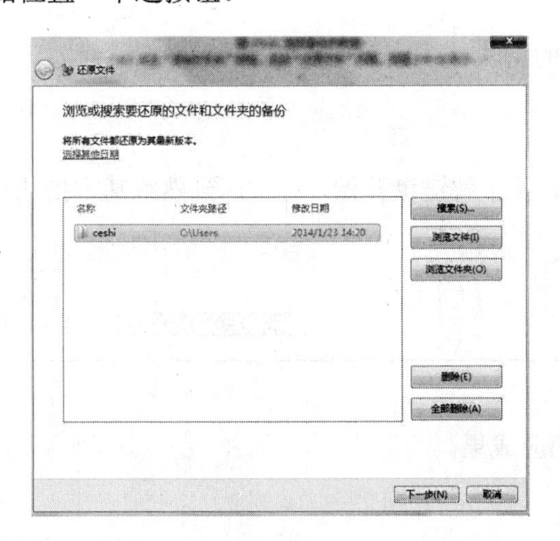

图 2-5-19 “还原文件”界面

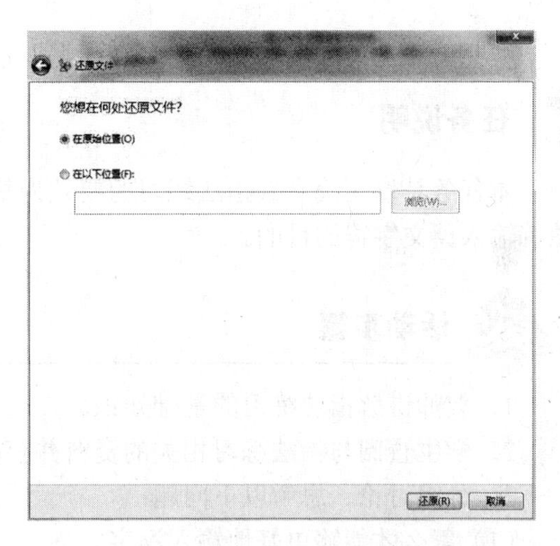

图 2-5-20 “还原位置选择”界面

（12）单击“还原”按钮，数据还原开始。由于原始位置保存有该数据，系统弹出“复制文件”对话框。选中“对于所有冲突执行此操作（D）”复选框，单击“复制，但保留这两个文件”按钮，还原开始。

（13）数据复制完毕，出现提示界面，单击“完成”按钮，还原结束。

项目考核

本项目考核评价量化标准由教师视教学组织情况，并参考第一单元项目 1 中的内容而定。考核内容也分为合作学习考核和知识、技能考核两个部分，前者考核内容参见第一单元项目 1，知识、技能考核内容如下。

（1）杀毒软件的设置和使用。
（2）压缩和解压缩文件。
（3）备份重要文件。
（4）利用备份还原文件。

项目 6　快速录入汉字

在计算机被广泛用于社会中各行各业的今天，大多数计算机所做的工作是进行信息处理。要进行信息处理，首要的工作就是把收集的数据输入到计算机中。正因为如此，汉字录入的重要性和必要性越来越突出，汉字录入技能也成为每一个计算机用户必须掌握的内容。

项目目标

掌握指法的练习方法。
掌握一种汉字拼音输入法。

任务 1　了解指法练习方法

要想又快又准确地输入汉字，必须掌握正确的指法。

任务说明

本任务是以正确掌握指法练习的要领为基础，从了解键盘开始，逐步达到熟练基本指法和熟练输入英文字符的目的。

START

1．教师讲解指法练习的基础知识。
2．学生查阅与指法练习相关的资料并获得相应成果。
3．分组讨论、思考以下问题：
（1）怎么才能够更好地输入汉字？
（2）在打字时，手指应放在哪几个键位上？

任务知识

1．键盘

键盘是汉字输入的最基本工具。键盘大体上可分为标准键盘、非标准键盘和专业键盘 3 种。其中，非标准键盘和专业键盘主要用于专用和特殊设备，很少与微型计算机配套使用。

（1）标准键盘。能够匹配微型计算机的标准键盘的种类很多，许多国家都有各自的标准键盘。这些键盘的键数、键的大小、位置都相同，但相同键位上标注的字符因国家而异。

不同国家的键盘都有自己的键盘程序，以保证键盘上的字符能正确地被读入主机。美国键盘的程序固化在 ROM 中，启动后，主机默认所带键盘为美国键盘。目前，我国的键盘也采用此类方式。

（2）键盘的键数。早期的 PC 标准键盘为 83 键，分为功能键区、打字键区和数字键区 3 个区域。随着计算机的不断发展，键盘的键数也发生着变化，出现了标准的 101 键键盘，或为配合 Windows 操作系统使用的带有 Windows 键的键盘，为减少打字疲劳而设计的人体工程学键盘等。

（3）键的分布和使用特点。在键盘的操作中，不同的键区和键具有不同的使用特点。例如，标准的键盘分为 5 个键区：主键盘区（打字键区）、功能键区、光标控制键区、小键盘区（数字键盘区）、指示灯区（状态指示区），如图 2-6-1 所示。

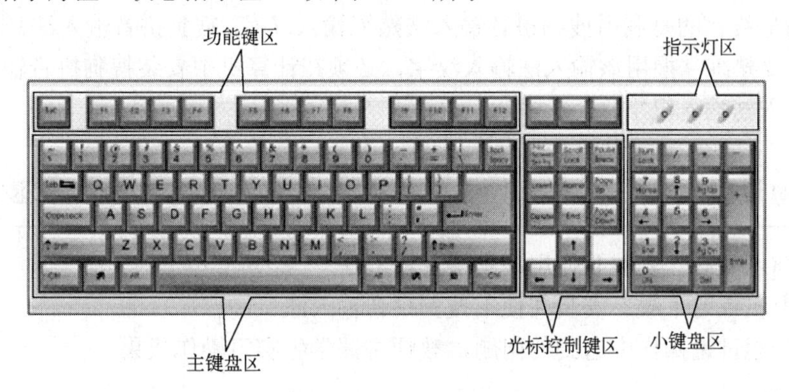

图 2-6-1 键区分布图

2．汉字输入的基本要求

（1）打字的姿势。正确的打字姿势是熟练掌握打字技术的前提。正确的打字姿势是：操作者胸部与计算机屏幕中心位置在同一水平线上，腰背挺直，身体微向前倾。眼睛与屏幕的距离应为 50～60cm，显示器屏幕位置应在视线以下 10°～20°。小臂与手腕略向上倾斜，手腕不要拱起，从手腕到指尖形成一个弧形，手指指尖要同键盘垂直。手腕与键盘下边框保持一定的距离（1cm 左右）。

（2）打字的要领。打字者在打字时，要利用心中记住的键位，用大脑指挥手指移向目标键，眼睛不要看键盘。凭手指的触觉能力准确击键，击键要准确果断，频率稳定，有节奏感，力度均匀。击键完毕后，手指迅速归位，为下次击键做好准备。无论用哪个手指击键，其他手指不要离开基本键位。

在练习打字时，打字者还应避免一些不正确的动作和方法，如口念原稿、窥视键盘及手腕处有支撑物等。应不断总结打错字的原因，并及时纠正，做到循序渐进。

3．打字的基本指法

标准的指法是根据键的使用频度，把各个键按分布情况合理地分配给双手的各个手指。在标准的指法中，键盘打字区分成 9 个区域，由 10 个手指分管，如图 2-6-2 所示。

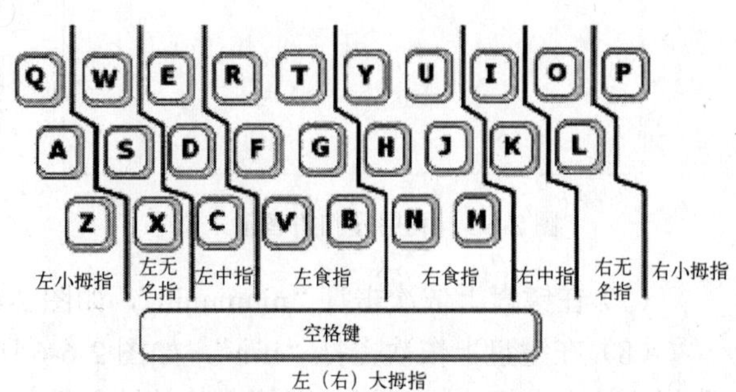

图 2-6-2 基本键位分布图

其中，“A”“S”“D”“F”“J”“K”“L”“；”称为基本键。在操作中，手指放在基本键上，击键时，每个手指只能击打自己分管的键，不能越区击键。

任务 2　使用拼音输入法输入汉字

由于我国使用的计算机键盘是美式键盘，所以往计算机中输入汉字，只有熟练的指法是不行的，还需要掌握汉字输入法。

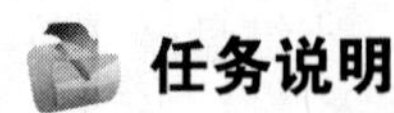

任务说明

本任务的最终目的是利用搜狗拼音输入法熟练输入汉字。搜狗拼音输入法是众多汉字输入法中的一种，要熟练掌握用该输入法输入汉字，必须在计算机中安装搜狗拼音输入法，然后使用搜狗拼音输入法输入汉字。

活动步骤

START

1．教师演示下载、安装并使用搜狗拼音输入法。
2．学生上机练习下载、安装并使用搜狗拼音输入法。
3．学生分组讨论操作中遇到的问题，教师讲评学生实习操作成果。

任务操作

（1）打开 IE 浏览器，在地址栏输入“http://pinyin.sogou.com/”，回车后进入搜狗拼音输入法的官方下载页面。单击“6.8 正式版”，下载搜狗拼音输入法 6.8 正式版并保存至本地硬盘。

（2）双击下载文件，按照提示安装搜狗拼音输入法 6.8 正式版。

（3）打开“计算机”→“D 盘”，在空白处右击，在弹出的快捷菜单中依次选择“新建”→“文本文档”选项，建立一空白文本文档。

（4）双击打开该文档，单击该文档空白处，此时，可以看到光标在编辑区左上角闪动。单击任务栏中的“语言栏”图标，在“输入法”菜单中选择“搜狗拼音输入法”。

（5）在键盘上依次击打“xhbmdjdl”，如图 2-6-3 所示。

（6）按空格键，汉字内容显示在文档中，如图 2-6-4 所示。

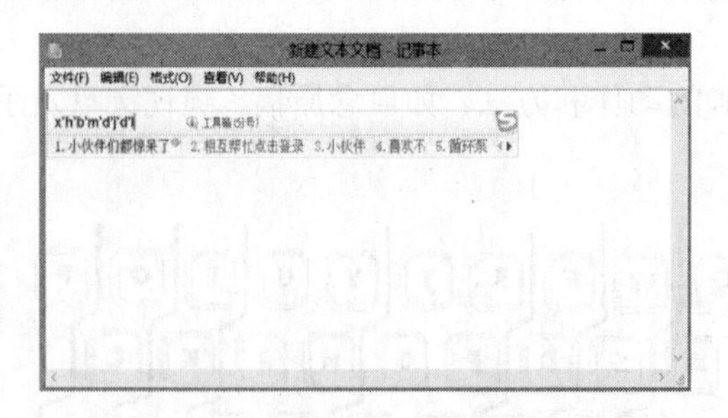

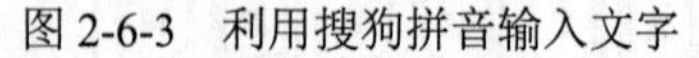

图 2-6-3　利用搜狗拼音输入文字

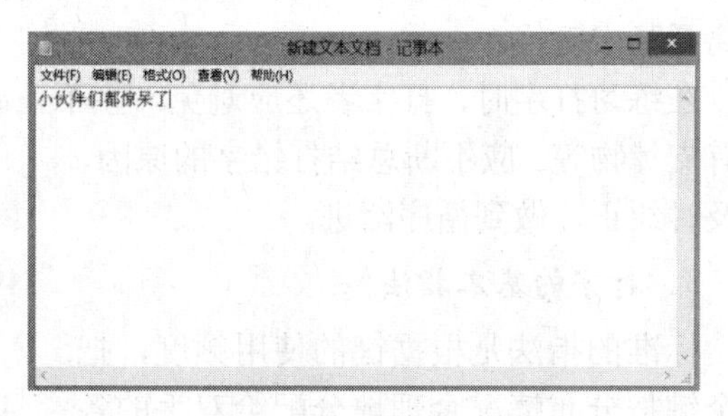

图 2-6-4　输入结果

（7）在键盘上依次击打“niuniuniu”，如图 2-6-5 所示，按数字“6”键即可输入汉字“犇”。

（8）在键盘上依次击打“lfm”，如图 2-6-6 所示，按数字“2”键即可输入符号“m^3”。搜狗拼音输入法还支持手写、表情、特效输入等。

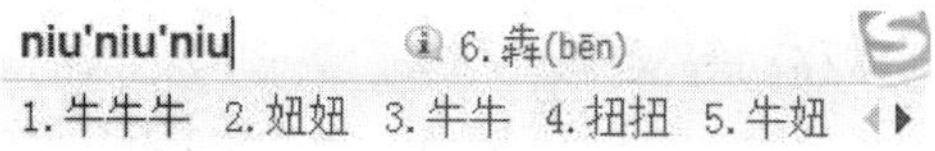

图 2-6-5 利用搜狗拼音输入特殊文字

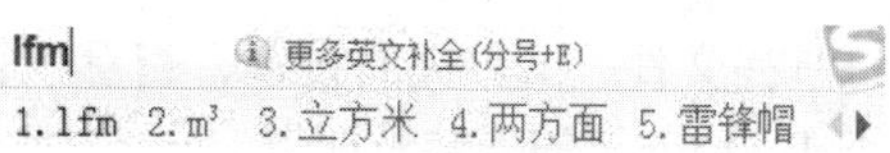

图 2-6-6 利用搜狗拼音输入符号

项目考核

本项目考核评价量化标准由教师视教学组织情况，并参考第一单元项目 1 中的内容而定。考核内容也分为合作学习考核和知识、技能考核两个部分，前者考核内容参见第一单元项目 1，知识、技能考核内容如下。

（1）键位、指法熟练程度。

（2）汉字录入熟练程度。

回顾与总结

本单元主要介绍了操作系统的相关概念，包括操作系统与计算机的关系、计算机的启动过程，以及操作系统的安装方法；介绍了图形界面（以 Windows 7 为例）的基本元素和基本操作方法；介绍了文件管理的基本方法，涉及查找、复制、删除、移动文件和文件夹等操作；介绍了使用库管理文件和文件夹的方法；介绍了 Windows 7 环境的个性化设置方法，涉及桌面、任务栏、鼠标、键盘等的具体设置操作，以及系统自带的桌面小工具的使用方法，多媒体文件的播放方法；介绍了杀毒软件新毒霸、压缩工具 WinRAR 的使用，以及如何使用系统自带的工具进行数据备份和还原；最后介绍了汉字录入的相关知识，包括指法的练习方法和目前最流行的输入法之一——搜狗拼音输入法。

通过本单元学习，学习者应掌握计算机操作系统的安装方法；掌握在图形界面下计算机的基本操作方法；掌握文件管理的方法；能够打造个性化的 Windows 7 环境；能够有效地保护系统和重要数据的安全；能够熟练地输入汉字。以上内容也是操作计算机的最基本技能。

等级考试考点

全国计算机等级考试的一级 MS Office 考纲，要求考生要了解操作系统的基本功能和作用，掌握 Windows 的基本操作和应用，二级考纲未对操作系统做明确的要求。由于操作系统是管理控制计算机的核心，也是学习计算机操作首先面对的技能，所以学习者必须给予足够的重视，以便为后续操作打下坚实的基础。

考点 1：桌面外观设置

要求考生能够根据要求设置、更换桌面外观及主题，会创建新的主题。

考点 2：熟练掌握资源管理器的操作与应用。

熟练使用资源管理器，能根据需要灵活设置资源管理器布局和界面，使显示结构清晰。

考点 3：掌握文件、磁盘、显示属性的查看和设置操作。

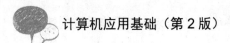

熟练掌握文件、文件夹的设置、查看、复制、移动等操作。

考点 4：输入法的安装及配置。

掌握任务栏的文本服务和输入语言的设置，能根据需要安装、使用输入法。

考点 5：掌握检索文件、查询程序的方法。

掌握搜索工具的使用方法，能够根据要求搜索出程序、文件和文件夹。

考点 6：了解设置软、硬件的基本系统工具

能够利用控制面板查看软件、硬件的状态，会根据需要进行修改和配置。

考点 7：基本的网络配置

能够打开控制面板，查看网络状态和任务，会管理无线网络、更改适配器设置、更改高级共享设置。

第二单元实训

（1）自己动手安装操作系统——Windows 7。

（2）在 D 盘根目录中新建一个名为“student.txt”的文件，并把它复制到 E 盘中，同时把 D 盘中的“student.txt”文件改为“xczzstudent.doc”。删除 D 盘中的文件 student.txt。进入“回收站”窗口，还原文件 student.txt。设置文件 xczzstudent.txt 为只读文件。熟练使用各种快捷键完成相关操作。

（3）建立以自己名字命名的库，并把自己常用的文件、文件夹包含到该库中。

（4）打造一个自己喜欢的 Windows 7 环境。

（5）在桌面添加一个小工具。

（6）使用杀毒软件新毒霸对计算机系统进行病毒杀毒。

（7）使用压缩工具 WinRAR 压缩数据并设置密码。

（8）对计算机系统中的重要数据进行备份后还原。

（9）使用搜狗拼音输入法中的各种技巧，熟练输入汉字，包括生僻字和表情符号等。

第二单元习题

1. 单项选择题

（1）（　　）的出现标志着操作系统的形成。

A. 机器语言　　B. 单道批处理程序

C. 多道批处理程序和分时系统　　D. DOS

（2）计算机的启动过程主要由（　　）控制。

A. BIOS　　B. 操作系统　　C. 用户　　D. 以上都不对

（3）若想直接删除文件，而不将其放入“回收站”中，可在将文件拖到“回收站”时按住（　　）键。

A. 【Shift】　B. 【Alt】　C. 【Ctrl】　D. 【Delete】

（4）汇编语言出现在第（　　）代计算机上。

A. 一　B. 二　C. 三　D. 四

（5）图形界面操作系统主要使用（　　）输入设备操作。

A. 键盘　B. 鼠标　C. 手写笔　D. 麦克风

2. 多项选择题

（1）鼠标常用的操作方法有（　　）。

A. 单击　B. 双击　C. 右键　D. 拖动

（2）利用 Windows 7 系统的库，可以方便地进行文件（　　）的操作。

A. 移动　B. 复制　C. 删除　D. 重命名

（3）打开“属性”对话框，在“常规”选项卡中允许设置的文件属性有（　　）。

A. 只读　B. 修改　C. 隐藏　D. 存档

（4）在“控制面板”对话框中可以设置（　　）。

A. 键盘　B. 鼠标　C. 用户账户　D. 日期和时间

（5）使用“备份和还原”工具可以对数据进行（　　）。

A. 备份　B. 还原　C. 压缩　D. 以上都正确

3. 判断题

（1）滚动条的大小是固定不变的。（　　）

（2）双击图标可以打开相应的窗口。（　　）

（3）按着【Ctrl】键可选定多个相邻的文件或文件夹。（　　）

（4）进入到“回收站”的内容都不能恢复。（　　）

（5）对文件夹可以进行复制操作。（　　）

（6）在库中可以浏览和管理文件、文件夹和磁盘。（　　）

（7）若将文件或文件夹设置为“只读”属性，则该文件或文件夹不允许被更改和删除。（　　）

（8）可以调整鼠标的左、右主键。（　　）

4. 简答题

（1）执行删除操作后，删除内容彻底丢失了吗？为什么？

（2）对话框和任务窗口有什么异同？

（3）简述“库”的作用。

（4）如何更改桌面背景？

（5）简述对压缩文件设置密码的方法。

（6）如何恢复遭到破坏后的数据？

互联网应用

互联网提供的丰富的网络资源、网络服务已经惠及人们生活、工作、学习的各个方面，它引领着科学技术的进步，也促使着生产方式和生活方式的变革。有效地使用互联网，有机地融入互联网环境，将有助于提高人们的生活水平和生活质量。

项目1　接入互联网

将计算机接入互联网是使用互联网资源的前提。本项目主要介绍接入互联网的基本方法，帮助用户将家中的计算机顺利地接入互联网。

项目目标

学会通过家庭电话线接入互联网。
掌握通过路由器组建家庭局域网并共享接入互联网的方法。
能够调试无线路由器通过WiFi接入互联网。

任务1　家庭用户通过宽带接入互联网

联通、电信、移动三大电信运营商都提供宽带接入业务。本任务以中国电信宽带接入互联网为例，介绍将家庭用户计算机接入互联网的基本方法。

任务说明

通过ADSL宽带接入互联网是家庭用户计算机连网最常用的方式。家庭用户想通过固定电话线路以ADSL方式接入互联网，首先要向ISP（互联网服务提供商，如电信、网通）申请一个ADSL账号，并准备好一台计算机（带网卡）、一个ADSL调制解调器（俗称ADSL猫）、两根两端带有RJ-11水晶头的电话线和一根两端带有RJ-45水晶头的五类双绞线（简称网线），然后再进行硬件设备连接和系统设置。

活动步骤

START

1．教师讲解、演示 ADSL 硬件连接、PPPoE 虚拟拨号配置和联网操作。
2．学生绘制 ADSL 连接示意图、练习 PPPoE 虚拟拨号配置和联网。
3．学生分组讨论操作中遇到的问题，教师讲评学生实习操作成果。

任务操作

1．ADSL 硬件连接

（1）把从外面进入家庭的电话线接到分离器的 LINE 接口。取一根两端带有 RJ-11 水晶头的电话线，将一端接到分离器的 PHONE 接口，另一端接到电话机。

（2）取另一根两端都有 RJ-11 水晶头的电话线，将一端接到分离器的 ADSL MODEM（ADSL 调制解调器）接口，另一端接到 ADSL MODEM 的 LINE 接口。

（3）将 ADSL MODEM 的网卡接口和计算机的网卡接口用一根网线相连，连接示意如图 3-1-1 所示。

2．PPPoE 虚拟拨号配置

（1）单击“控制面板”→“网络和 Internet”→“网络和共享中心”，打开“网络和共享中心”窗口，如图 3-1-2 所示。

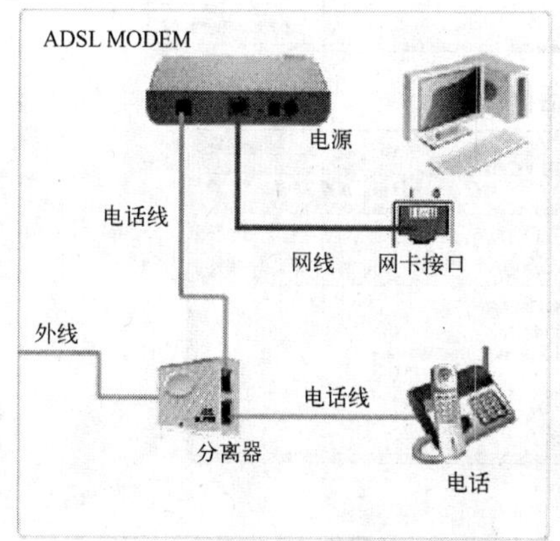

图 3-1-1 ADSL 硬件连接示意

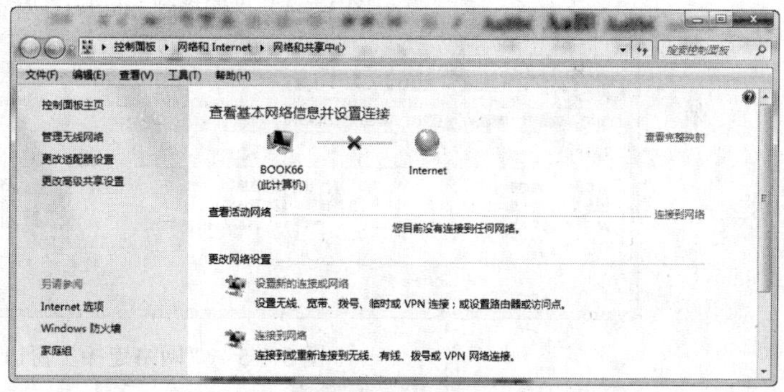

图 3-1-2 “网络和共享中心”窗口

（2）单击“设置新的连接或网络”，打开“设置连接或网络”对话框，如图 3-1-3 所示。

（3）选择“连接到 Internet”选项，单击“下一步”按钮，打开“连接到 Internet”对话框，如图 3-1-4 所示，单击“宽带（PPPoE）（R）”选项，输入申请的 ADSL 账号（用户名、密码），单击“连接”按钮，在连接过程中，单击“跳过”“关闭”按钮，完成设置。

（4）在“网络和共享中心”窗口，单击“更改适配器设置”选项，查看显示的网络连接，其中的“宽带连接”就是新建的 PPPoE 拨号连接，如图 3-1-5 所示。

（5）右击“本地连接”，选择“属性”命令，在打开的“本地连接属性”对话框中，选择“Internet 协议版本 4（TCP/IPv4）”，如图 3-1-6 所示。

（6）单击“属性”按钮，打开“Internet 协议版本 4（TCP/IPv4）属性”对话框，选中“自动获得 IP 地址”和“自动获得 DNS 服务器地址”单选钮，单击“确定”按钮，如图 3-1-7 所示。

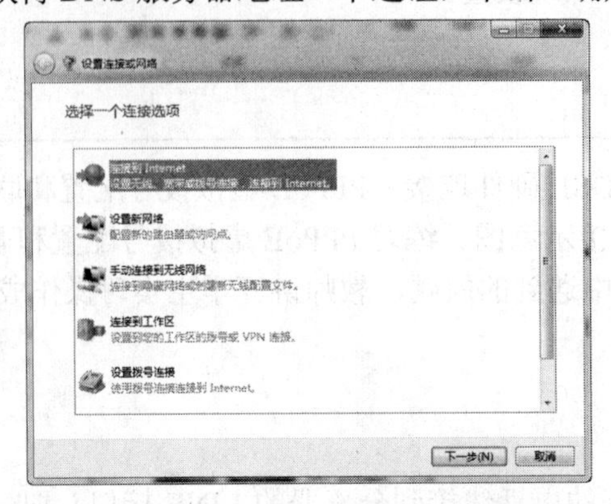

图 3-1-3 “设置连接或网络”对话框

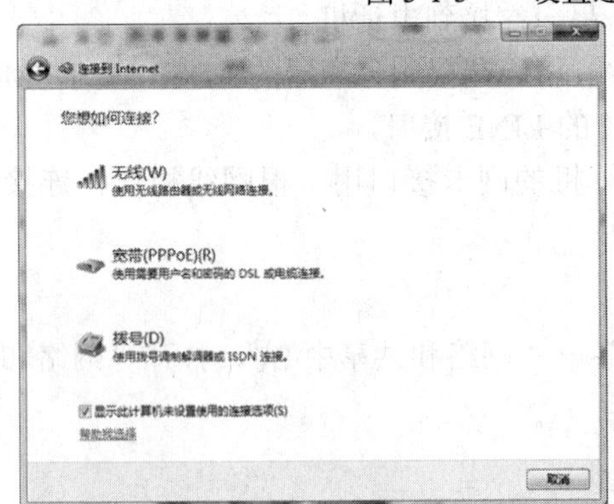

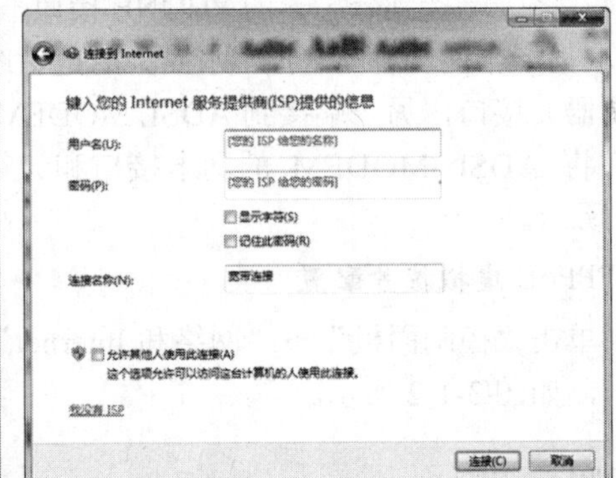

图 3-1-4 “连接到 Internet”对话框

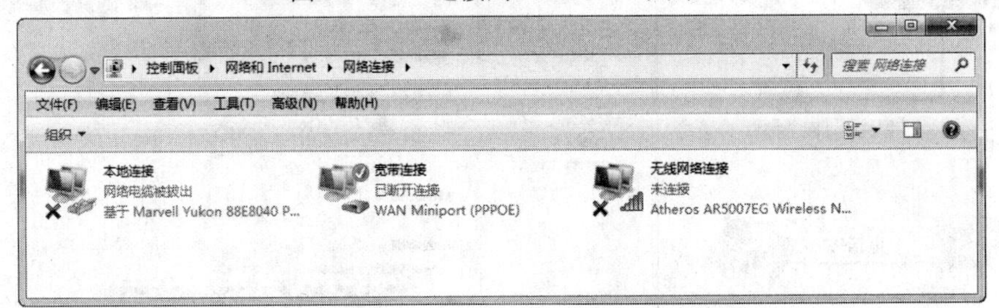

图 3-1-5 “网络连接”窗口

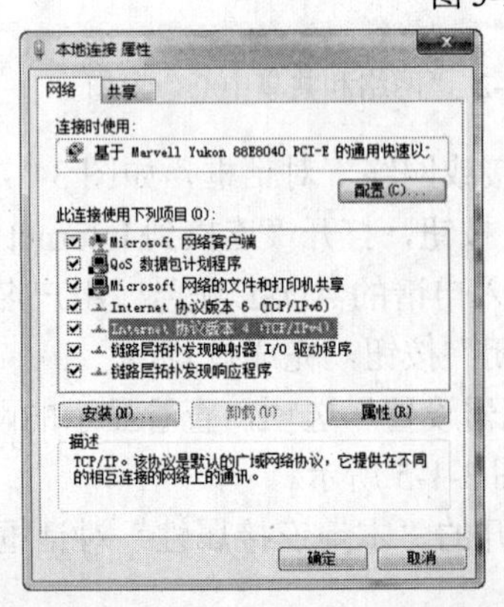

图 3-1-6 “本地连接属性”对话框

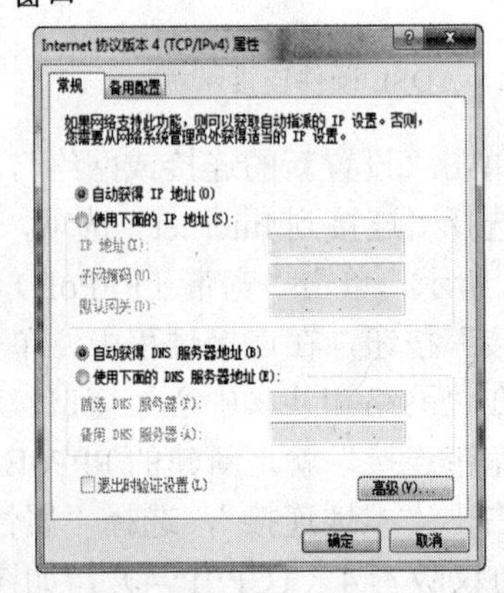

图 3-1-7 “Internet 协议版本 4（TCP/IPv4）属性”对话框

（7）在“本地连接属性”对话框中，单击“关闭”按钮，关闭“本地连接属性”对话框。

（8）在“网络连接”窗口中，双击“宽带连接”图标，打开“连接 宽带连接”对话框，如图3-1-8所示，输入用户名、密码后，单击“连接”按钮，进行连接互联网测试。

图3-1-8 “连接宽带连接”对话框

任务2 组建局域网并共享宽带上网

将多台计算机组成一个小的局域网，共享ADSL宽带上网是解决小企业或家庭多台计算机同时上网的有效办法。

任务说明

目前，许多用户拥有不止一台计算机，若要将多台计算机连成网络共享ADSL宽带上网，需要增加路由器设备。若笔记本电脑有无线上网功能，就要选择带无线功能的路由器。

路由器自带有PPPoE拨号程序，正确设置路由器并连接计算机后，不用设置PPPoE拨号，就能直接上网。本任务以TPLINK的TL-WR845n无线路由器为例，介绍组建家庭局域网和配置无线路由器。

START

1．教师讲解无线路由器、演示路由器设置和连网操作。
2．学生练习设置路由器。
3．学生分组讨论操作中遇到的问题，教师讲评学生实习操作成果。

任务操作

1．路由器与宽带上网设备连接（以常用的TL-WR845n为例）

（1）将一根网线的一端插入ADSL MODEM的LAN口，另一端插入无线路由器的WAN接口。

（2）另取一根网线，一端接到路由器的LAN接口，另一端接到计算机的网卡接口，连接示意如图3-1-9所示。

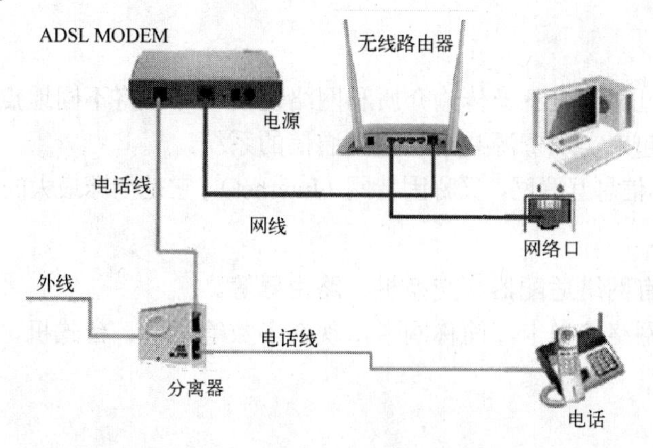

图3-1-9 路由器与ADSL的连接示意

2．**无线路由器设置**

（1）打开 IE 浏览器，在地址栏中输入“http://192.168.1.1”，按回车键，打开路由器登录界面，如图 3-1-10 所示。

（2）输入用户名 admin，密码 admin（默认），单击“确定”按钮，进入如图 3-1-11 所示的“设置向导”界面（若没有出现该界面，单击操作界面左侧菜单栏的“设置向导”）。

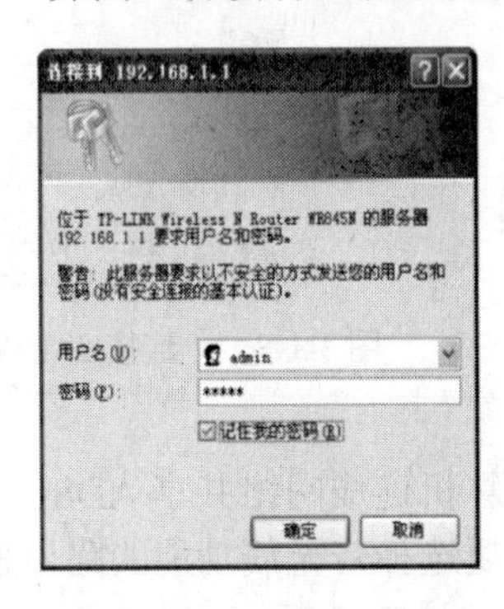

图 3-1-10　路由器登录界面

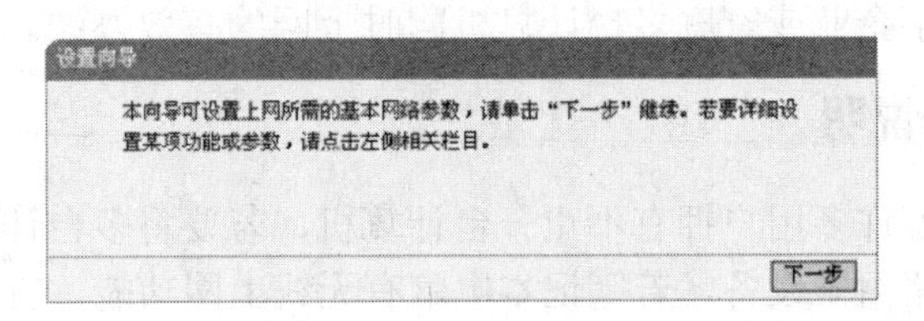

图 3-1-11　“设置向导”界面

（3）单击“下一步”按钮，选择上网方式为“PPPoE（ADSL 虚拟拨号）”。

（4）单击“下一步”按钮，在“上网账号”框中输入申请的 ADSL 账号。

（5）单击“下一步”按钮，在“SSID”框中输入无线网络 SSID，名称自定。设置的 SSID 名称在笔记本、手机进行 WiFi 搜索时可以看到。选中“WPA-PSK/WPA2-PSK”单选钮，在其后的文本框中输入 PSK 密码，密码自定。

（6）单击“下一步”按钮，显示设置操作完成。

（7）单击“重启”按钮，重启路由器，登录路由器将出现路由器操作界面。

（8）在台式机的浏览器地址栏中输入“http://www.baidu.com”，若能顺利进入百度主页，表示设置正确，否则检查设备连接、重新设置路由器。

（9）打开笔记本或手机的无线网络，搜索 SSID 设置的无线网络名称，选择网络，输入密码进行连接，测试无线上网功能。

项目知识

1．**计算机网络**

计算机网络是通过网络设备、传输介质和网络通信软件，将不同地点的具有独立功能的计算机及其设备连接起来实现资源共享和数据通信的系统。

互联网，全称国际信息互联网，又称因特网（Internet），它是全球最大的开放性的互联网络。

2．**网络互连设备**

常用的网络设备有网络适配器、交换机、路由器等。

网络适配器又称网络接口卡，简称网卡，现在多数笔记本、台式机、服务器都已将网卡集成到了主板上。

3．**WiFi 上网**

Wi-Fi 是一种能够将个人计算机、手持设备（如 Pad、手机）等终端以无线方式互相连接的技术。Wi-Fi 上网可以简单地理解为无线上网，几乎所有智能手机、平板电脑和笔记本电脑都支持 Wi-Fi 上网。

4．网络传输介质

传输介质是指在网络中传输信息的载体，常用的传输介质分为有线传输介质和无线传输介质两大类。有线传输介质是指在两个通信设备之间的物理连接部分，主要有双绞线、同轴电缆和光纤。无线传输介质是指在两个通信设备之间不使用任何物理连接，而是通过空间传输，主要指微波、红外线和激光。

传输介质的特性对网络数据通信质量和通信速度有很大影响。

双绞线是最常用的传输介质，用于计算机与网络设备、网络设备与网络设备之间的连接。双绞线内四对线的排列顺序有两个标准。

T568A 线序：绿白、绿、橙白、蓝、蓝白、橙、棕白、棕

T568B 线序：橙白、橙、绿白、蓝、蓝白、绿、棕白、棕

双绞线两头线序标准相同的为直通线。双绞线一头为 T568A 线序，另一头为 T568B 线序的是交叉线。

5．IP 地址

IP 地址由 32 位二进制数组成，用来唯一标识互联网上的计算机设备。为了便于记忆，通常将每 8 位二进制数用十进制数表示，各数之间用“.”分隔，如 202.102.224.68。

一个 IP 地址分为两部分，分别标明网络地址和主机地址，即 IP 地址由“网络地址+主机地址”组成。

项目考核

本项目考核评价量化标准由教师视教学组织情况，并参考第一单元项目 1 中的内容而定。考核内容也分为合作学习考核和知识、技能考核两个部分，前者考核内容参见第一单元项目 1，知识、技能考核内容如下。

（1）家庭 ADSL 宽带连接。

（2）家用无线路由器调试。

项目 2　获取网络信息

互联网上的大量网络资源能够满足人们各种各样的需求，而快速发现、有效使用这些资源，更能使人们的工作、生活变得快捷和方便。

项目目标

会使用浏览器浏览、收藏、保存网站信息。

会使用搜索引擎搜索网络信息。

会下载网络资源。

任务 1　浏览网络信息

利用浏览器浏览互联网上的信息，并将有用的信息保存到本地计算机硬盘中是使用互联网的基本技能。

任务说明

互联网上的信息存在于该信息所在的网站上，要浏览这些信息，最直接的办法是在浏览器的地址栏输入该网站的地址（简称“网址”）。在浏览信息的过程中，如果发现了有保存价值的信息，可将其保存到本地计算机硬盘中。

活动步骤　START

1．教师讲解、演示浏览器的使用方法。

2．学生使用浏览器收藏、保存网页内容。

任务操作

（1）单击“开始”→“所有程序”→“Internet Explore”菜单选项，启动 IE 浏览器。

（2）在地址栏输入网站的网址，如“http://www.sina.com.cn”，按回车键，进入“新浪首页”，如图 3-2-1 所示。

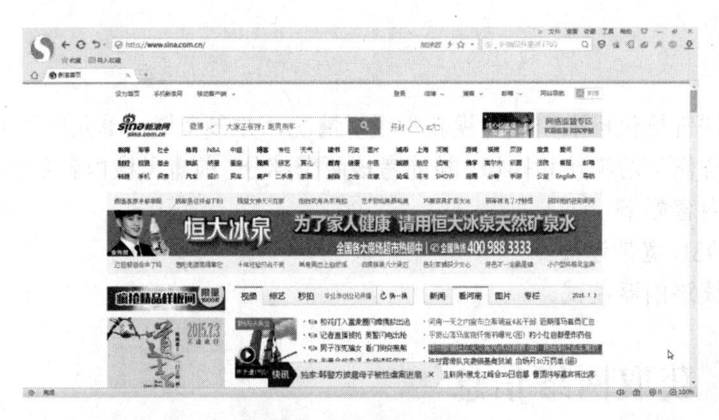

图 3-2-1　“新浪首页”

（3）在浏览器工具栏的空白处右击，在弹出的快捷菜单中选择“菜单栏”命令，将显示菜单栏，如图 3-2-2 所示。

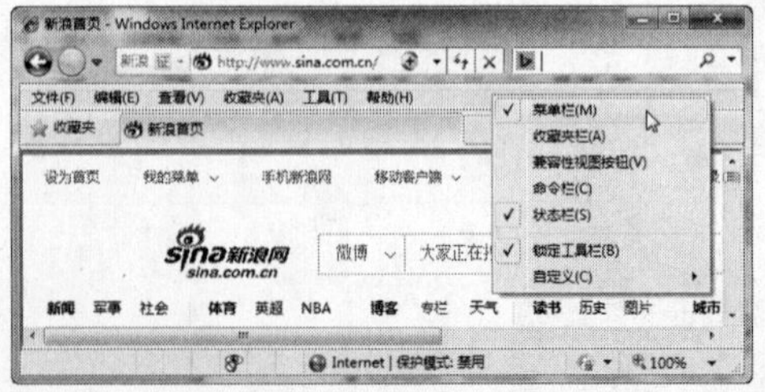

图 3-2-2　显示菜单栏

（4）单击“收藏夹”→“添加到收藏夹”命令，打开“添加收藏”对话框，如图 3-2-3 所示。

（5）单击“添加”按钮，将该网页添加到收藏夹。

（6）在“收藏夹”菜单中，单击“新浪首页”选项，可快速打开“新浪首页”。

（7）单击“文件”→“另存为”选项，打开“保存网页”窗口，选择保存位置，选择文件保存类型，输入文件名，保存网页内容到本地硬盘中，如图 3-2-4 所示。

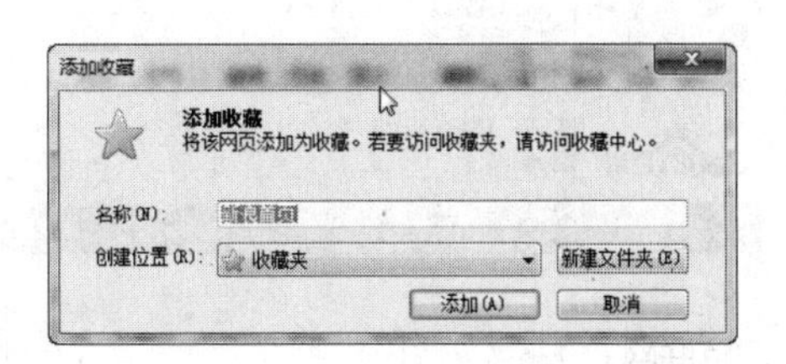

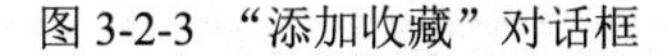

图 3-2-3 “添加收藏”对话框

图 3-2-4 保存网页

（8）在浏览的网页中，拖动鼠标选择有保存价值的文本，在选中的文本上右击，在弹出的快捷菜单中选择“复制”命令，将文本内容复制到剪贴板上，然后，打开记事本，执行“编辑”菜单中的“粘贴”命令，将复制内容保存成文本文件，供以后使用。

（9）在图片上右击，在弹出的快捷菜单中选择“图片另存为”命令，将图片保存到本机硬盘中。某些浏览器（如 360 浏览器）可将整个网页保存为一张图片。

任务 2 使用搜索引擎

使用搜索引擎能够快速、高效、准确地检索出用户需要的网络信息。

任务说明

互联网覆盖了人们日常生活、学习、工作的方方面面，网上购物、网上支付、网上交友、网上学习等新生事物不断地促使人们改变生活方式。面对浩瀚的网络信息海洋，如何快速获取信息成为人们面临的主要问题，借助搜索引擎，可以避免在网络中漫无目的地搜寻。

搜索引擎具有自动网站检索功能，是检索网络信息的利器。在使用搜索引擎时，需要输入搜索关键词。输入的关键词越具体、越有个性，搜索的范围越小，搜索的内容越准确。

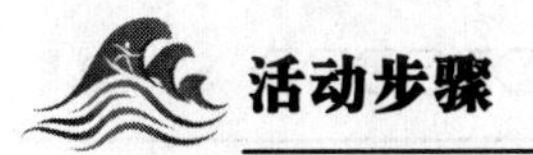

活动步骤 START

1. 教师讲解搜索引擎的使用方法。
2. 学生利用搜索引擎搜索当前社会最关注的热词。
3. 对搜索的结果进行筛选，并且保存有用的信息。

任务操作

（1）打开浏览器，在浏览器地址栏输入“http://www.baidu.com”，按回车键，进入百度搜索主页，如图 3-2-5 所示。

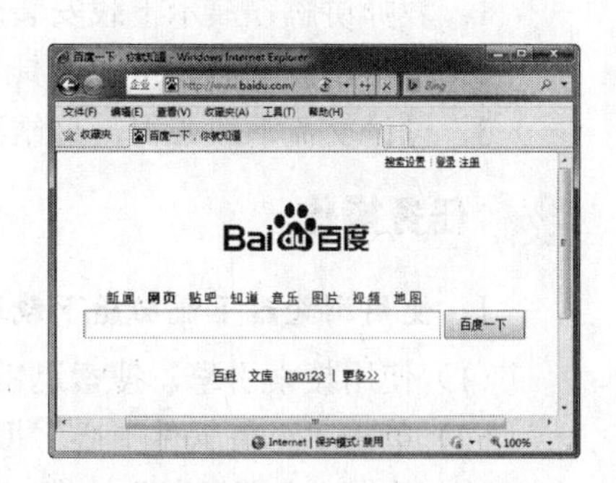

图 3-2-5 百度搜索主页

（2）选择搜索信息类型为“网页”，在文本框中输入“互

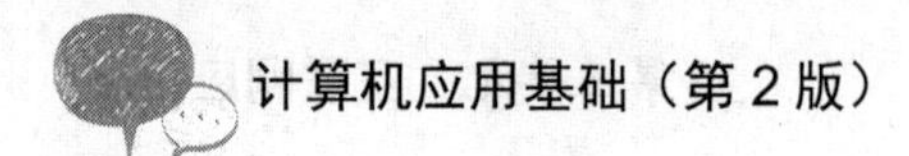

联网+”（或其他词条）。单击“百度一下”按钮或按回车键，搜索引擎开始搜索，搜索结果如图 3-2-6 所示。

（3）浏览搜索结果，从中选出与自己搜索意图最接近的条目，单击，查看详细信息，如图 3-2-7 所示。

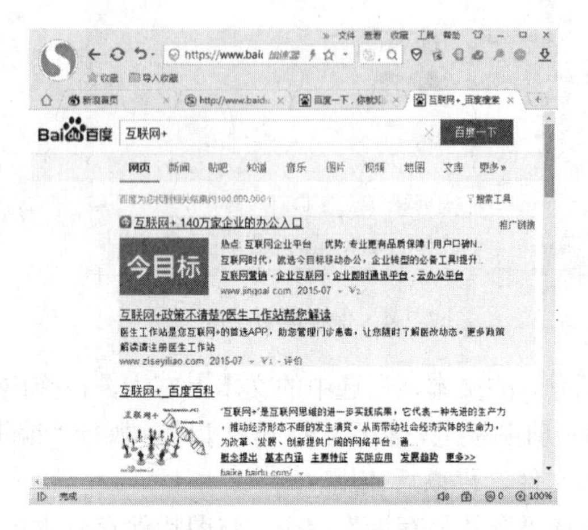

图 3-2-6　搜索结果

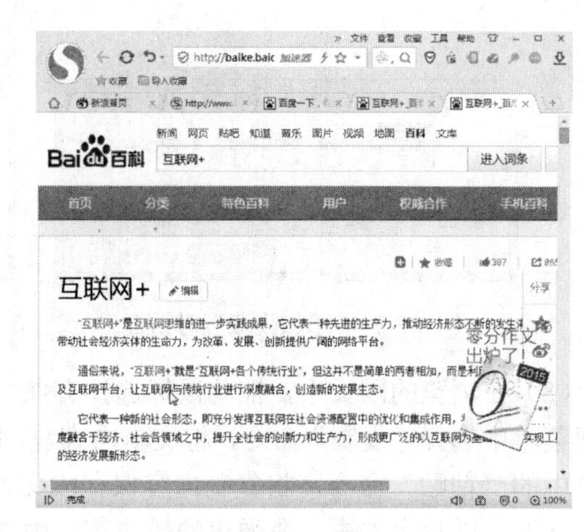

图 3-2-7　详细信息

（4）如果搜索到的信息有保存价值，可以将其保存到本地计算机中。

任务 3　下载常用软件

网络中提供大量的正版免费软件，如果需要，可以从网上下载到本地计算机中。

任务说明

互联网提供有丰富的网络资源，包括常用的各种各样的计算机软件。本任务将教会用户利用浏览器或专用下载工具，把一些常用软件下载到本地计算机中，如下载迅雷、QQ、飞信、阿里旺旺等。

常用的下载工具有迅雷、电驴、快车等。

活动步骤

START

1. 教师讲解、演示下载安装迅雷等软件。
2. 学生用浏览器、下载工具下载迅雷、QQ、飞信、阿里旺旺等软件。
3. 讨论交流下载心得，总结下载经验。

任务操作

1. 使用浏览器下载功能下载迅雷软件

（1）使用搜索引擎，搜索迅雷软件，搜索结果如图 3-2-8 所示。

（2）单击“迅雷软件中心”搜索条目，打开迅雷软件中心网页，如图 3-2-9 所示。

（3）单击“立即下载”按钮，在弹出的安全警告上单击“保存”按钮（或右击“立即下载”

按钮，选择“目标另存为”命令），在出现的“另存为”对话框中，选择保存位置后，单击“保存”按钮进行下载，下载进程显示如图 3-2-10 所示。

图 3-2-8　搜索结果

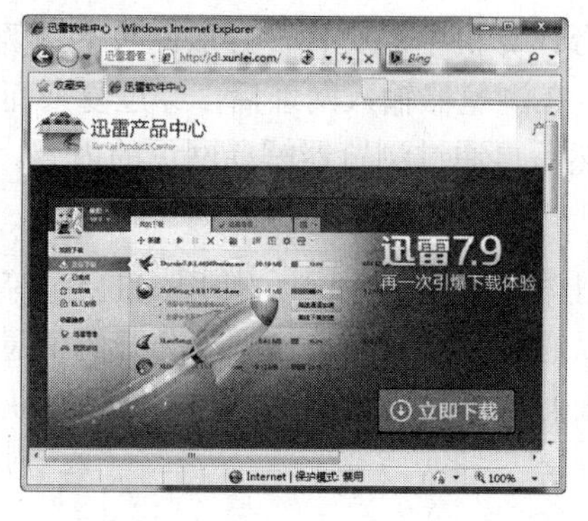

图 3-2-9　迅雷软件中心网页

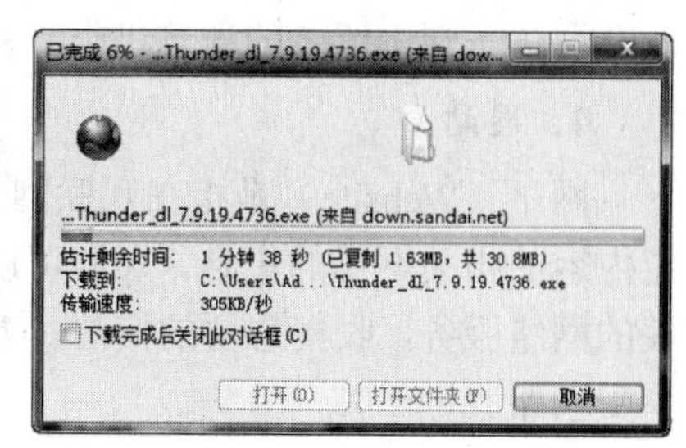

图 3-2-10　显示下载进程

（4）下载完成后，单击“关闭”按钮。

2．安装迅雷软件

双击下载的迅雷软件，运行安装程序。单击“快速安装”按钮，安装完成后，单击“立即体验”，进入迅雷主界面，并且在桌面上显示“迅雷状态球”。然后，最小化迅雷主界面。

3．用迅雷下载工具下载 QQ 聊天软件

（1）使用百度搜索到 QQ 软件下载地址，或到 QQ 官网（http://www.qq.com）找到 QQ 软件下载地址。

（2）右击下载地址，选择“使用迅雷下载”命令（安装迅雷后，单击下载地址也执行此命令），打开迅雷下载对话框，选择下载路径，单击“立即下载”按钮。

（3）在迅雷主界面和迅雷状态球中可以看到下载进度。

（4）用同样的方法下载飞信、阿里旺旺等软件和其他网络资源。

项目知识

1．域名

域名是指互联网上识别和定位计算机的层次结构式的字符标识，与该计算机的互联网协议地址相对应。

网络中的地址分为两套：IP 地址系统和域名地址系统。这两套地址系统其实是一一对应的关系。IP 地址用二进制数表示，每个 IP 地址长 32bit，由 4 个小于 256 的数字组成，数字之间用点分隔。由于 IP 地址是数字标识，使用时难以记忆和书写，因此在 IP 地址的基础上又发展出一种符号化的地址方案，来代替数字型的 IP 地址。每一个符号化的地址都与特定的 IP 地址对应，这样访问网络上的资源就容易得多了。这个与网络上的数字型 IP 地址相对应的字符型地址，就被称为域名。

2．网址

网址通常指互联网上网络资源的地址，用 URL 来标识。统一资源定位符（Uniform Resource Locator，URL）是对互联网上资源的位置和访问方法的一种简洁表示。互联网上的每个文件都

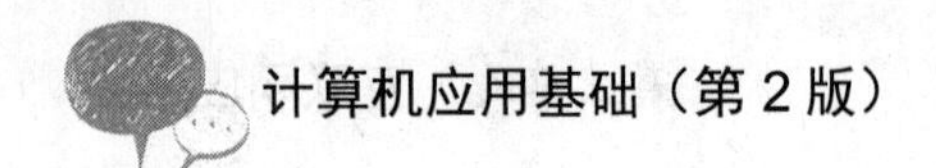

有一个唯一的 URL，它包含的信息指出文件的位置以及浏览器的处理方式。

3．网页

网页是存放在世界某个角落某台计算机中的文件，存放网页的计算机必须与互联网相连。网页经由网址（URL）识别与存取，在浏览器输入网址后，经过复杂而又快速的程序，网页文件会被传送到浏览者的计算机中，然后再通过浏览器解释网页的内容。

4．网站

网站（Website）是指在互联网上根据一定的规则，使用 HTML 等工具制作的用于展示特定内容的相关网页的集合。人们可以通过网站发布自己想要公开的信息，或者利用网站提供相关的网络服务、收集想要的信息。人们也可以通过浏览器访问网站，获取自己需要的信息或者享受网路服务。

5．浏览器

浏览器是指可以显示网页服务器或者文件系统 HTML 文件内容，并让用户与这些文件交互的一种软件。浏览器主要通过 HTTP 协议与网页服务器交互并获取网页。

6．搜索引擎

搜索引擎是指根据一定的策略、运用特定的计算机程序从互联网上搜集信息，在对信息进行组织和处理后，为用户提供检索服务，将用户检索的信息展示给用户的系统。搜索引擎包括全文索引、目录索引、元搜索、垂直搜索、集合式搜索、门户搜索与免费链接列表等。百度和谷歌是搜索引擎的代表。

7．下载

下载是指通过网络传输文件，把互联网或其他计算机上的信息保存到本地计算机上的一种网络活动。下载能以显式或隐式进行，只要是获得本地计算机上所没有的信息的活动，都可以认为是下载，如在线观看视频等。

项目考核

本项目考核评价量化标准由教师视教学组织情况，并参考第一单元项目 1 中的内容而定。考核内容也分为合作学习考核和知识、技能考核两个部分，前者考核内容参见第一单元项目 1，知识、技能考核内容如下。

（1）使用浏览器浏览、收藏、保存网站信息操作。

（2）使用搜索引擎搜索网络信息操作。

（3）下载网络资源操作。

项目 3　收发电子邮件

电子邮件（E-mail）是目前 Internet 上使用最广泛、最受欢迎的一种服务，相对于传统的邮政信件，E-mail 更加方便、快捷和廉价，用它可以发送信件、照片、贺卡、传真、语音信息等，现在 E-mail 已经成为人类工作生活中的重要通信工具。

项目目标

会申请电子邮箱。

会发送、接收电子邮件。

任务1　申请电子邮箱

传统的通信方式不但效率低，经济成本也比较大。在网络时代，利用电子邮箱不仅可以快速、大批量地传递信息，而且还能迅速接收和回复信息，这极大地提高了信息传递的速度、效率和可靠性。因此，使用电子邮箱收发邮件是目前常用的一种通信方式。

任务说明

利用互联网收发电子邮件，必须首先拥有自己的电子邮箱，申请电子邮箱是使用电子邮件的前提条件。在互联网上申请一个免费电子邮箱的操作过程包括登录到允许申请电子邮箱的网站、提交个人信息、获取信箱。

活动步骤

START

1．教师讲解、演示申请电子邮箱的操作。

2．学生上机练习申请126电子邮箱。

3．学生分组讨论操作中遇到的问题，教师讲评学生实习操作成果。

任务操作

（1）在浏览器的地址栏输入“http://www.126.com”（以申请126电子邮箱为例），按回车键，打开126网易免费邮主页，如图3-3-1所示。

（2）单击“注册”按钮，打开注册网易免费邮箱页面，如图3-3-2所示。

图3-3-1　126网易免费邮主页

图3-3-2　注册网易免费邮箱页面

（3）单击“注册字母邮箱”，输入注册信息，单击“立即注册”按钮，若邮箱地址符合要求，显示注册成功，如图3-3-3所示。

图 3-3-3　显示注册成功

（4）关闭“注册成功”对话框，安全退出注册页面。

任务 2　收发电子邮件

接收电子邮件就是登录邮箱查收邮件，发送电子邮件就是向别的邮箱传送邮件。

任务说明

本任务是利用申请好的电子邮箱向同学或教师指定的邮箱发送电子邮件，并查收同学发来的邮件。

与发送传统信件一样，发送电子邮件前需要填写收信人地址、撰写信件内容，但是发送电子邮件是在计算机网络环境中完成的，这与发送传统邮件有重大区别。

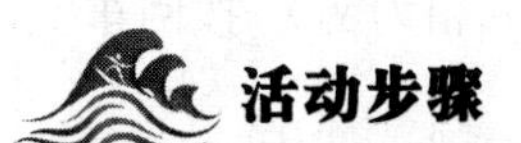

活动步骤

START

1. 教师讲解、演示发送电子邮件的操作。
2. 学生上机练习使用自己申请的 126 邮箱收发电子邮件。
3. 学生分组讨论操作中遇到的问题，教师讲评实习操作成果。

任务操作

（1）打开 126 网易免费邮主页，输入邮箱的用户名和密码，单击“登录”按钮，进入电子邮箱操作页面，如图 3-3-4 所示。

（2）单击“写信”按钮，打开邮件编辑页面，如图 3-3-5 所示。

（3）在“收件人”文本框中输入收件人的电子邮箱地址，在“主题”文本框中输入邮件的主题，在正文编辑框中输入邮件正文。

（4）若有和邮件同时发送的附件，可单击“添加附件”超链接，打开“选择文件”对话框，选择要添加的附件文件。重复上述操作，可添加多个附件文件。

（5）邮件内容编辑完成后，单击“发送”按钮，发送邮件。邮件发送成功后，显示邮件发送成功信息。

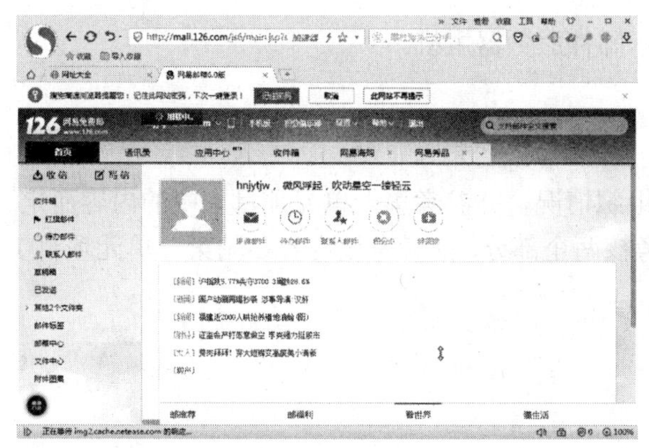

图 3-3-4 电子邮箱操作页面

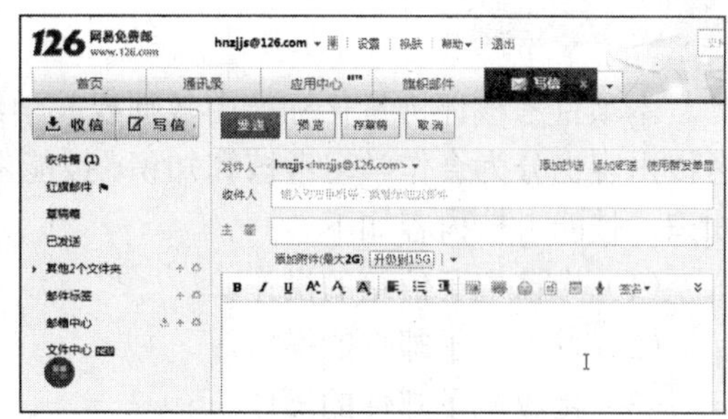

图 3-3-5 邮件编辑页面

（6）单击“收信”按钮，打开“收件箱”页面可查看是否有新邮件，如图 3-3-6 所示。

（7）单击“主题”中的超链接，可打开相应邮件内容页面，如图 3-3-7 所示。

图 3-3-6 “收件箱”页面

图 3-3-7 邮件内容页面

（8）若邮件带有附件，可单击附件的名称或“下载附件”按钮，打开“文件下载”对话框，打开该附件文件阅读或将其保存到计算机上。

（9）完成邮件阅读操作后，应退出，关闭邮箱。

项目知识

1. 电子邮件

电子邮件是以电子文件的形式从一台计算机发送到另一台计算机的信件，与传统邮政信件相比，有更方便、更快捷、更廉价等优点。

邮件服务器分为邮件接收服务器（POP 或 POP3）和邮件发送服务器（SMTP），发送和接收电子邮件通过相应的邮件服务器完成。

在电子邮件的操作窗口以列表的形式显示收件箱、草稿箱、发件箱和垃圾箱中的邮件数、新邮件以及邮箱的其他功能等。其中收件箱用于存放用户收到的电子邮件，草稿箱用于存放用户尚未写完的电子邮件，发件箱用于存放用户等待发送的电子邮件，垃圾箱用于存放用户已经删除的电子邮件。页面中还显示邮箱的容量和已使用空间。

2. 电子邮件地址的格式

电子邮件的地址格式为<账户名>@<主机域名>，例如 xuesheng01@163.com，其中“@”是电子邮件地址的标志，表示“在”（即 at），“xuesheng01”是账户名，是从 ISP 服务提供商得到的用户名称，“163.com”为主机域名，表示邮件服务器主机。

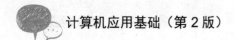

项目考核

本项目考核评价量化标准由教师视教学组织情况，并参考第一单元项目 1 中的内容而定。考核内容也分为合作学习考核和知识、技能考核两个部分，前者考核内容参见第一单元项目 1，知识、技能考核内容如下。

（1）申请电子信箱的操作。

（2）发送电子邮件的操作。

（3）接收电子邮件的操作。

项目 4　网络即时通信工具 QQ

互联网改变了传统的交流方式，利用互联网，不管在哪里，都可以方便地传递信息、交流心得、分享快乐。QQ、微信、飞信、易信、阿里旺旺已经成为网络环境下人与人交流的主要工具，微博、博客、网络空间也成为人们展现自我的重要平台。

项目目标

会利用 QQ 进行网络沟通与交流。

会利用 QQ 微博、QQ 空间展现自我，分享快乐。

任务 1　QQ 通信

QQ 是目前最常用的网络交流平台，在全体同学都拥有了自己的 QQ 号后，就可以实现全班同学间的 QQ 交流。

任务说明

QQ 是一个非常受欢迎的即时聊天软件，很多同学在上小学时就有了 QQ 号，并能用 QQ 进行聊天，本任务将采用合作学习模式，同学们要相互学习、相互帮助，共同完成任务。

活动步骤　START

1．没有 QQ 号的同学，要在同学协助下，自己完成 QQ 号的申请注册。

2．建立班群，公布 QQ 群号码，鼓励同学们加入班群，相互加为好友。

3．利用 QQ 相互交流。

任务操作

1．下载安装 QQ 软件，注册 QQ 账号

（1）下载 QQ 安装软件。

（2）双击QQ安装软件，选中“我已阅读并同意软件许可协议和青少年上网安全指引”复选框，单击“下一步”按钮，按提示安装QQ软件。

（3）打开安装好的QQ软件，显示QQ登录窗口，如图3-4-1所示。

（4）单击“注册账号”，打开注册页面，如图3-4-2所示。

图3-4-1　QQ登录窗口

图3-4-2　QQ账号注册页面

（5）输入注册信息，单击“立即注册”按钮，显示注册成功，如图3-4-3所示。

2．登录QQ，添加QQ好友

（1）在QQ登录窗口中，输入QQ账号、密码，单击“登录”按钮，进入QQ主界面，如图3-4-4所示。

图3-4-3　注册成功

（2）单击QQ主界面下方的“查找”按钮，打开如图3-4-5所示的“查找”窗口，选择“找人”选项卡，输入查找条件（如QQ号），单击“查找”按钮。若找到感兴趣的人，单击图标右边的“+好友”按钮，根据提示将他加为好友。“加好友”操作完成后，等待对方确认，只有对方确认后，才能成为对方的好友。

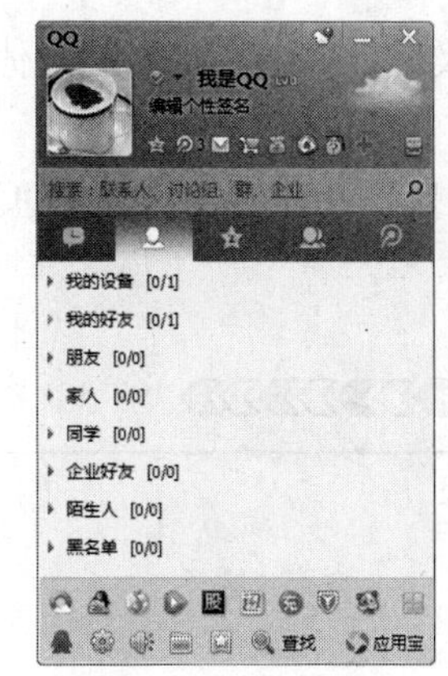

图3-4-4　QQ主界面

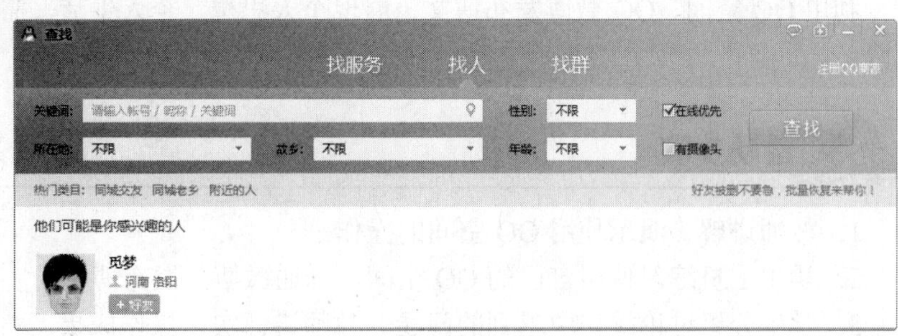

图3-4-5　“查找”窗口

3．给好友发送文本、图片、文件等信息

（1）在QQ主界面的“好友”列表中，选择好友名称，双击打开与好友交流的窗口，如图3-4-6所示。

（2）在窗口下方的编辑区中，输入文本，单击“发送”按钮，将信息发送给好友。

（3）单击编辑区上方的“发送图片”图标，在列表中选择“发送本地图片”命令，在打开的“打开图片”对话框中选择相应的图片文件发送给好友。

（4）单击编辑区上方的“屏幕截图”图标，在计算机屏幕上截取图片，发送给好友。

（5）单击显示区上方的“传送文件”图标，在列表中选择“发送文件/文件夹”命令，在打开的“选择文件/文件夹”对话框中选择文件发送给好友。

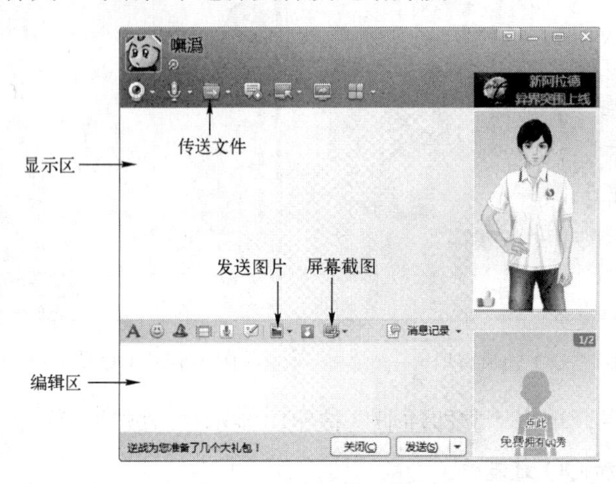

图 3-4-6　与好友交流的窗口

任务 2　使用 QQ 空间、QQ 微博发布博文

QQ 空间是自我展示的平台，QQ 微博是表述个人意见的渠道，两者都是信息社会彰显个性的主要阵地。

任务说明

博客是以网络作为载体，简易、迅速、便捷地发布自己的心得，及时、有效、轻松地与他人进行交流，是集丰富多彩的个性化展示于一体的综合性平台。

利用 QQ 空间、QQ 微博发布博文，展现个人思想、个人生活，需要先开通 QQ 空间、QQ 微博。

活动步骤　START

1. 教师讲解、演示使用 QQ 空间的操作。
2. 学生上机练习使用自己的 QQ 空间、开通微博、发布博文。
3. 学生分组讨论操作中遇到的问题、教师讲评实习操作成果。

任务操作

（1）打开 QQ 主界面，单击“QQ 空间”按钮，打开 QQ 空间。第一次打开 QQ 空间时，显示内容如图 3-3-7 所示。

（2）单击“开始了解”等一连串按钮后，试着在空间中写一些文字。

（3）单击QQ主界面中的“腾讯微博”选项卡，第一次使用微博需要单击“立即开通”按钮，开通QQ微博，试着在微博中发布消息，如图3-4-8所示。

图3-4-7 QQ空间

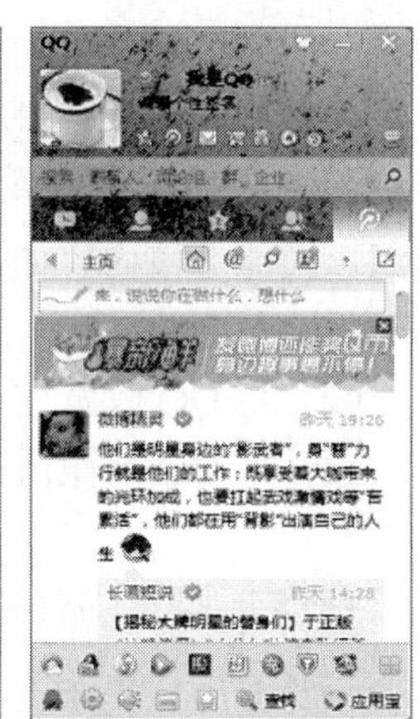

图3-4-8 QQ微博

项目知识

1．腾讯QQ

腾讯QQ（简称“QQ”）是腾讯公司开发的一款基于互联网的即时通信（IM）软件。腾讯QQ支持在线聊天、视频聊天以及语音聊天、点对点断点续传文件、共享文件、网络硬盘、自定义面板、QQ邮箱等多种功能，并可与移动通信终端等多种通信方式相连。腾讯QQ现在已有上亿用户，在线人数超过一亿，是中国目前使用最广泛的聊天软件之一。

2．微信

微信（WeChat）是腾讯公司于2011年初推出的一款快速发送文字和照片、支持多人语音对讲的手机聊天软件。用户可以通过手机或平板电脑快速发送语音、视频、图片和文字。微信提供公众平台、朋友圈、消息推送等功能，用户可以通过“摇一摇”“搜索号码”“附近的人”扫二维码方式添加好友和关注公众平台，同时微信将内容分享给好友以及将用户看到的精彩内容分享到微信朋友圈。其官方网站上的宣传语为“微信，是一个生活方式。”

3．微博

微博是一种通过关注机制分享简短实时信息的广播式社交网络平台。在这个平台，你既可以作为观众，在微博上浏览你感兴趣的信息；也可以作为发布者，在微博上发布内容供别人浏览。发布的内容一般较短，例如，140字的限制，微博由此得名。当然也可以发布图片，分享视频等。微博最大的特点是发布信息快速、信息传播快速，如果你有200万听众（粉丝），你发布的信息会在瞬间传播给200万人。

4．QQ空间

QQ空间（Qzone）是腾讯公司于2005年开发出来的一个个性空间，具有博客（Blog）的功能，自问世以来受到众多人的喜爱。在QQ空间上可以书写日记，上传用户个人的图片，听音乐，写心情，通过多种方式展现自己。除此之外，用户还可以根据个人的喜爱设定空间的背景、小挂件等，从而使每个空间都有自己的特色。当然，QQ空间还为精通网页的用户提供了高级的功能，通过编写各种各样的代码打造属于自己的空间主页。

项目考核

本项目考核评价量化标准由教师视教学组织情况，并参考第一单元项目 1 中的内容而定。考核内容也分为合作学习考核和知识、技能考核两个部分，前者考核内容参见第一单元项目 1，知识、技能考核内容如下。

（1）对 QQ、微信、微博、QQ 空间相关知识的理解。

（2）用 QQ 收发信息。

（3）用 QQ 写微博。

项目 5　淘宝网购物

网络技术发展和网络应用普及，促生了一种全新的购物消费方式——网上购物。网上购物是指顾客在互联网上浏览、选择商品，下订单确定购买，通过个人银行账户支付或货到付款给商家，商家通过物流公司将商品送货上门的购物方式。

项目目标

学会申请淘宝、支付宝账号。

能够在网上搜索商品、进行在线交易。

任务 1　准备网上购物的基本条件

注册淘宝账号、支付宝账号、安装阿里旺旺软件，是开始网上购物的基础。

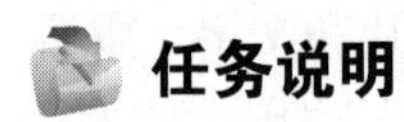

任务说明

在淘宝网上购物，要先申请淘宝网账号、开通支付宝、开通网上银行和安装阿里旺旺软件。其中，开通网上银行业务需要到银行办理。

活动步骤　START

1．教师讲解、演示注册淘宝账号、开通支付宝服务的过程。

2．学生注册淘宝账号，开通支付宝服务。

3．下载、安装阿里旺旺软件。

任务操作

（1）在浏览器的地址栏输入淘宝网网址“http://www.taobao.com”，按回车键，打开淘宝网主页，如图 3-5-1 所示。

（2）单击“免费注册”链接，打开“注册”窗口（如图 3-5-2 所示），输入注册信息，单击“同意协议并注册”按钮，进入“手机号验证”窗口（如图 3-5-3 所示），输入手机号，选中“同意支付宝协议并开通支付宝服务”复选框，进行身份验证（也可单击“使用邮箱验证”，在如图 3-5-4 所示的窗口中进行邮箱验证），完成注册过程。

（3）下载并安装阿里旺旺软件。

图 3-5-1 淘宝网主页

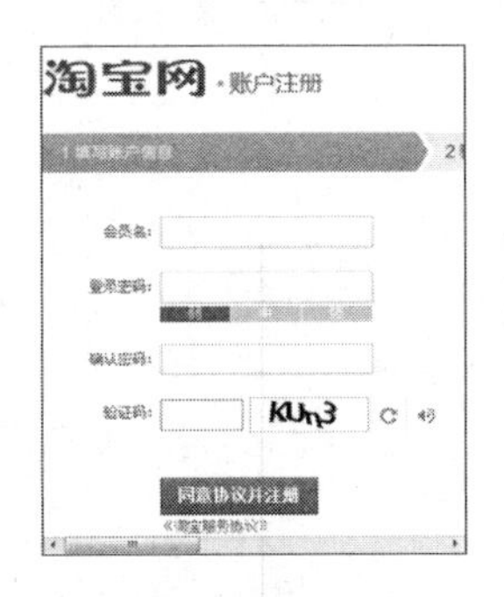

图 3-5-2 “注册”窗口

图 3-5-3 “手机号验证”窗口

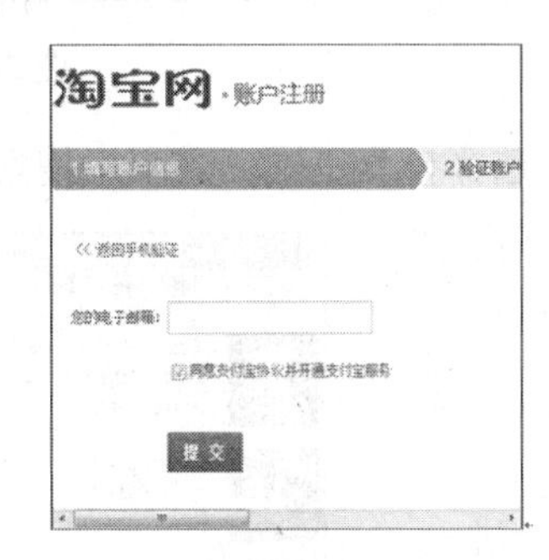

图 3-5-4 “邮箱验证”窗口

（4）打开阿里旺旺软件，用淘宝账号登录，进入阿里旺旺主界面，如图 3-5-5 所示。

（5）单击主界面中的“淘宝网”图标，打开淘宝网主页，从主页上可以看到淘宝账号已经处于登录状态。也可以在淘宝网上直接用淘宝号登录。建议在淘宝购物过程中，一直打开阿里旺旺软件，以便和商家及时沟通。

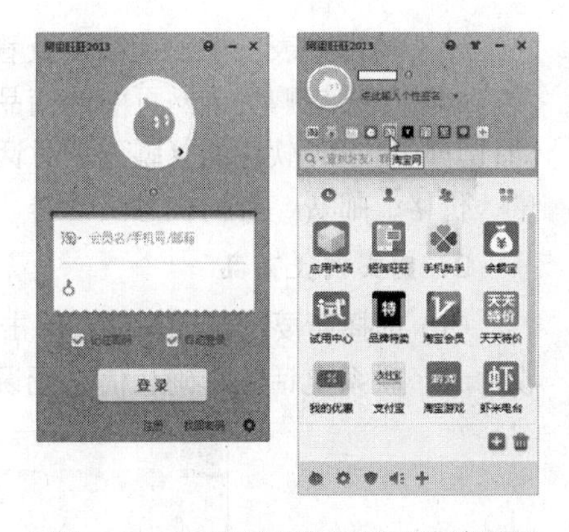

图 3-5-5 阿里旺旺登录界面及主界面

任务 2 网上浏览与购买商品

在淘宝网上浏览、购买商品与传统购物方式有许多不同点，商品质量的可靠性、交易资金的安全性尤其值得关注。

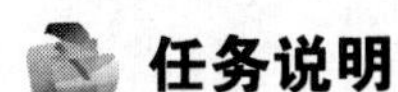

任务说明

在淘宝网上购买商品，需要经过搜索商品、联系卖家、出价、下订单、在线支付、卖家发货、买家收货、确认付款、双方互评等一系列环节，才能完成整个网络交易。

活动步骤

START

1. 教师演示在淘宝网上搜索商品、购买商品、下订单的过程。
2. 学生练习搜索商品、下订单，讨论、交流交易过程中的各种问题。
3. 课后完成收货与评价。

任务操作

1．网上搜索商品

（1）登录淘宝网，在如图 3-5-6 所示的“搜索”文本框中输入要搜索的商品名称，例如“手机”。单击“搜索”按钮。

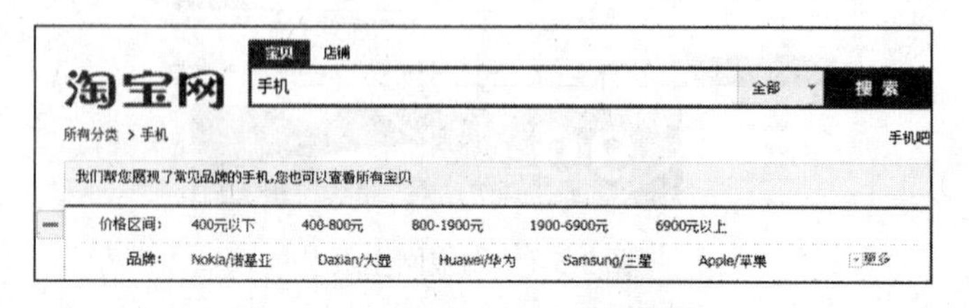

图 3-5-6　输入要搜索的商品名称

（2）选择搜索范围，进一步搜索，结果如图 3-5-7 所示。

图 3-5-7　商品列表

（3）单击列表项中的商品，查看商品详细信息。

（4）如果想购买该网页中的商品，在该网页中找到“和我联系”按钮，单击该按钮，将自动打开阿里旺旺软件的“聊天”对话框，在“聊天”对话框中与卖家沟通，确认是否有货、质量、价格、邮费、有何优惠活动等，最后确认购买。

2．购买网上商品

（1）选择所要购买的商品，单击“立即购买”按钮，填写所需数量、邮寄方式、收货地址、收件人、联系电话等，确认信息无误后，单击“提交订单”按钮，如图 3-5-8 所示。

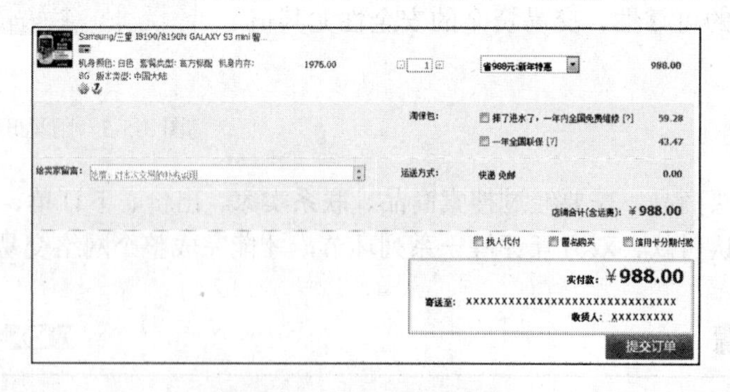

图 3-5-8　填写订单并提交

（2）若订单中的实付款数与卖家承诺的不一致，在提交订单后，先不要支付货款，应先联系卖家，等待卖家修改后，再通过支付宝支付。

（3）单击“刷新”按钮，确认支付金额与卖家承诺的价格一致，选择相应的网上银行，单击“下一步”按钮，通过支付宝支付，支付流程如图3-5-9所示。

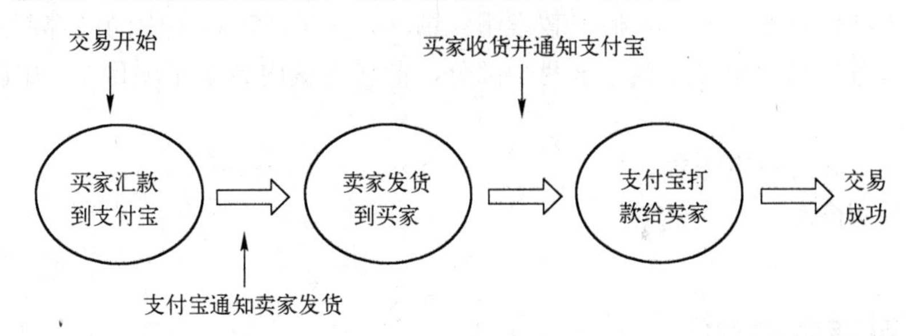

图3-5-9 支付流程

（4）收货后，查看是否与网上宣传一致，若满意，再去网上确认收货和付款。

（5）拿到商品之后，可以对卖家服务进行评价。如果商品与描述不符或存在质量问题，可以申请退货或换货。如果卖家拒绝退换，可以向支付宝举报，支付宝会合理处理，把钱退还给买家。

项目知识

1．网上商城

网上商城是以电子商务平台为依托，将现实世界中大型商城的功能完全搬到了网上。健全的网上商城经营种类繁多，销售中间环节少，价格低廉，售后服务到位，和实体商城相比最大的好处是消费者可以足不出户，购物者在家里就能检索到大量的商品信息，在最短时间内找到质量、性能与价格最为合适的商品，从而大大降低了消费成本。

网店是一种能够让人们在浏览商品的同时进行商品购买，并且通过各种在线支付手段支付货款完成交易全过程的网站。网店大多数都是使用淘宝、当当、阿里巴巴等大型网络贸易平台完成交易。

2．支付宝

支付宝（alipay）最初作为淘宝网公司为了解决网络交易安全所设的一个功能出现，该功能为“第三方担保交易模式”。首先由买家将货款打到支付宝账户，由支付宝通知卖家发货，买家收到商品确认后，指令支付宝将货款支付卖家，至此完成一笔网络交易。现在已成为一种在线支付工具。

3．网购流程（如图3-5-10所示）

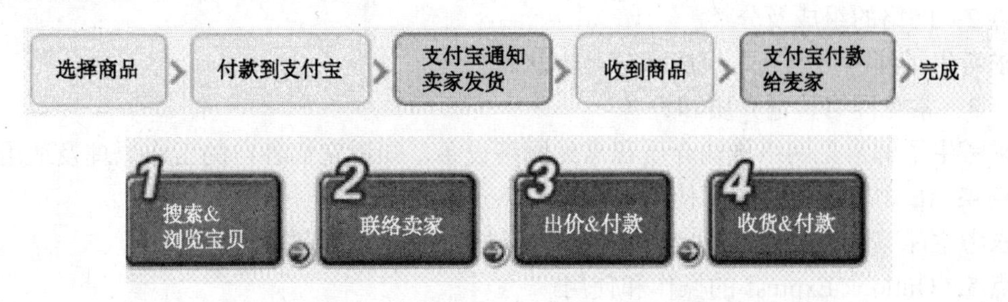

图3-5-10

项目考核

本项目考核评价量化标准由教师视教学组织情况，并参考项目 1 中的内容而定。考核内容也分为合作学习考核和知识、技能考核两个部分，前者考核内容参见项目 1，知识、技能考核内容如下。

（1）申请淘宝和支付宝账号。

（2）网上购买商品。

回顾与总结

计算机网络是通过网络设备、传输介质和网络通信软件，将不同地点的具有独立功能的计算机及其设备连接起来实现资源共享和数据通信的系统。

常用的网络设备有网络适配器、交换机、路由器等。

因特网（Internet）是世界上最大的互联网，是计算机网络技术发展的最重要的成果。互联网的应用包括资源共享、数据传输、网上交流、网上购物、网上银行、网上订餐、订票、缴费等，网络环境不仅改变了人们的生活、工作方式，也给社会带来了巨大进步。融入信息时代，走进现代生活，要从学习互联网应用开始。

将家庭网络连接到互联网，给人们的生活方式带来了巨大的变化。正确地连接和配置家庭网络是将家庭网络接入互联网的基础。

本单元还讲述了互联网的其他应用，如网络信息资源的浏览、搜索和下载，收发电子邮件，网上交流，网上购物等。

等级考试考点

了解网络基本概念及互联网基础知识，是对每一位计算机学习者的基本要求，也是全国计算机等级考试 MS Office 一级、二级共同要求的考试内容。掌握 IE 浏览器和 Outlook Express 的操作和使用是全国计算机等级考试 MS Office 一级所要求的操作技能。以上知识和操作技能是每一位学习计算机的人都必须全面了解和掌握的内容。

考点 1：网络的基本概念及因特网基础知识

要求考生了解计算机网络的定义、作用和因特网的用途。

考点 2：网络的组成及分类

要求考生了解网络的基本组成和分类方法。

考点 3：常见网络传输介质和设备

要求考生了解常见网络传输介质和常见网络设备，知道它们各自的工作原理及适用场合。

考点 4：IE 浏览器的操作和使用

要求考生能够熟练掌握 IE 浏览器的操作方法，能按要求浏览网络信息。

考点 5：Outlook Express 的操作和使用

要求考生能够熟练掌握 Outlook Express 的设置操作，会收发邮件。

第三单元实训

（1）利用搜索引擎搜索网络信息。
（2）利用下载工具下载常用软件。
（3）利用电子邮箱给同学和老师发送电子邮件。
（4）申请、注册自己的 QQ 号码。
（5）同学之间利用 QQ 聊天，传递图文信息。
（6）在 QQ 空间、QQ 微博中撰写博文。

第三单元习题

1．单项选择题

（1）WWW 浏览器与服务器之间传输数据主要遵循的协议是（　　）。
A．HTTP　　B．FTP　　C．Telnet　　D．SMTP

（2）打开电子邮箱，单击“（　　）”可以查看邮件。
A．收件箱　　B．草稿箱　　C．发件箱　　D．垃圾箱

（3）撰写电子邮件时，必须填写的项目有（　　）。
A．收件人　　B．主题　　C．正文　　D．附件

（4）在电子邮件到达时，你的计算机没有开启，电子邮件将会（　　）。
A．永远不再发送　　B．需要对方再次发送
C．保存在服务器上　　D．退回发信人

（5）要在浏览器中访问新浪主页，正确的 URL 地址是（　　）。
A．http://www.sina.com.cn　　B．http:www.sina.com.cn
C．http//www.sina.com.cn　　D．http:/www.sina.com.cn

2．多项选择题

（1）有线传输介质主要有（　　）。
A．双绞线　　B．光纤　　C．同轴电缆　　D．红外线

（2）网页中可以包含的内容有（　　）。
A．文本　　B．图片　　C．声音　　D．视频

（3）下列关于电子邮件的说法中，正确的是（　　）。
A．电子邮件可以进行转发
B．电子邮件可以发给多个邮件地址
C．能够通过 Web 方式接收电子邮件
D．不能给自己的电子邮箱发送电子邮件

（4）最新的 QQ 软件能够（　　）。
A．收发文本信息　　B．发送图片

C．语音聊天　　D．给手机发短信

（5）网上购物必要的准备包括（　　）。

A．开通网上银行　　B．开通支付宝账号

C．注册网上商城账号　　D．计算机能上互联网

3．判断题

（1）网页中的图片越大，其浏览速度越快。（　　）

（2）WWW 的工作模式是客户机/服务器。（　　）

（3）在互联网上，如果不知道某网站的网址，则无法访问这个网站。（　　）

（4）电子邮件的地址格式是账户名@主机域名。（　　）

（5）使用 QQ 聊天时，可以及时传送文本文件，但不能传送语音。（　　）

（6）在网上购物时，不需要第三方。（　　）

4．简答题

（1）什么是计算机网络？

（2）什么是电子邮件？其地址格式怎样写？

（3）使用 QQ 软件，能做哪些事情？

（4）简述网上购物的流程。

（5）简述支付宝在网上购物中的作用。

5．操作题

（1）绘制家庭宽带设备连接示意图，正确连接家庭宽带设备。

（2）打开路由器设置界面，正确设置内网、外网参数，更改无线上网密码。

（3）在 126 网易免费邮网站申请自己的免费电子邮箱。

（4）同学之间利用 QQ 聊天，传递图文信息。

（5）在 QQ 空间、QQ 微博中撰写博文。

（6）在淘宝网购买所需物品。

文字处理软件 Word 2010 应用

Office 是目前最常用的一类办公软件，利用它可以解决日常工作环境中遇到的许多问题，熟练掌握 Office 的操作技巧是对计算机用户的基本要求。Word 是 Office 的重要组件之一，是目前世界上最流行的文字编辑软件。使用它可以编排出多种精美的文档，不仅能够制作常用的文本、信函、备忘录，还能利用定制的应用模板，如公文模板、书稿模板和档案模板等，快速制作专业、标准的文档。正是因为如此，Word 也成为了必须掌握的重要办公工具之一。在全国计算机等级考试的 MS Office 项目中，Word 操作是占据分值比重最大的内容。

项目目标

掌握 Word 2010 启动和退出的方法。
熟悉 Word 2010 操作窗口和各项功能。
掌握新建文档的方法。
能够对简单的文档进行编辑排版。
会制作电子信封。

项目 1　制作文档

Word 2010 是办公集成套装软件 Office 2010 中重要的应用程序之一，是功能十分完善的文字处理软件。它具有强大的字、图、表处理功能，使用它能排出版面精美的文档。

任务 1　启动、退出 Word 2010

使用 Word 2010 进行文档编辑，首先要学会正确启动和退出 Word 2010 应用程序，启动 Word 2010 是编辑工作的开始，退出 Word 2010 是编辑工作的结束。

任务说明

启动 Word 进入编辑操作环境是制作文档的开始，退出 Word 标志着工作结束。本任务将帮助学习者掌握正确启动和退出 Word 2010 的方法。

启动和退出 Word 2010 的方法有很多种，在不同的情况下有不同的启动和退出方法，最常用的启动方法是利用“开始”菜单中的命令启动。

活动步骤

START

1．教师讲解、演示 Word 2010 启动和退出的操作方法。

2．学生上机练习 Word 2010 启动和退出。

3．学生讨论操作中出现的各种问题，提出解决方法。

任务操作

（1）单击“开始”→“所有程序”→“Microsoft Office”→“Microsoft Word 2010”选项，即可启动 Word 2010。启动操作过程如图 4-1-1 所示，启动后的操作窗口如图 4-1-2 所示。

图 4-1-1　利用“开始”菜单启动 Word 2010

图 4-1-2　启动 Word 2010 后的操作窗口

（2）单击窗口右上角的“关闭”按钮，可退出 Word 2010。

任务 2　认识 Word 2010 操作窗口

Word 2010 操作窗口与过去版本相比有了很大的改变，不但新增了“文件”按钮，还增添了很多新功能，使整个操作界面更加人性化，用户操作也更加方便。

任务说明

熟练使用 Word 2010 的前提是了解操作窗口的所有元素，掌握具体的操作方法，只有这样才能高效地完成各种编辑操作，所以认识 Word 2010 操作窗口是深入学习的基础。

活动步骤

START

1．教师讲解操作窗口的基本组成。

2．学生练习 Word 2010 窗口基本操作。

3．学生讨论操作时遇到的各种问题，提出解决方法。

任务知识

Word 2010 操作窗口包括快速访问工具栏、标题栏、功能区、文档编辑区和状态栏等，如图 4-1-3 所示。

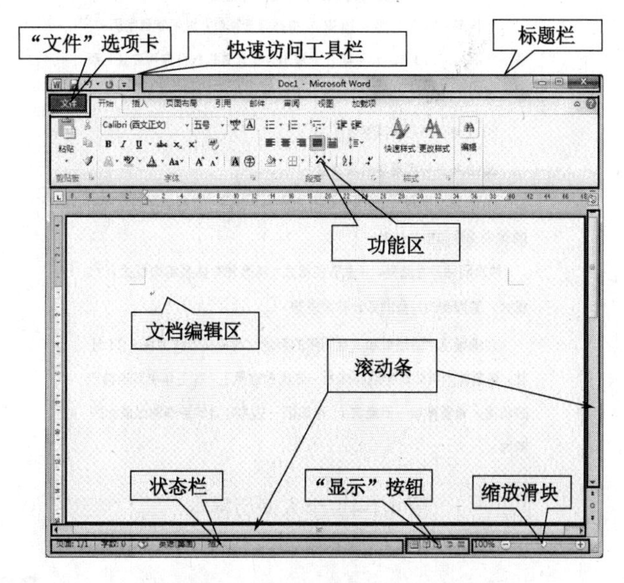

图 4-1-3 Word 2010 窗口界面

（1）快速访问工具栏。其中包括一些常用命令按钮，如"Word""保存""撤销"和"恢复"等。快速访问工具栏右端有一个下拉按钮，单击此按钮，在弹出的下拉列表中可以添加其他常用命令按钮或自己需要的命令按钮。

（2）标题栏。主要用于显示当前正在编辑的文档名称。如果是新建文档，系统自动给出文件名"文档 1"，以后再创建的文档的文件名依次是"文档 2"，"文档 3"，…，如果装入磁盘已有的文档或改过名的文档，该处显示实际的文件名。另外还包括标准的"最大化/最小化""还原"和"关闭"按钮。

（3）功能区。主要包括"开始""插入""页面布局""引用""邮件""审阅""视图"等选项卡。

（4）水平标尺和垂直标尺。用来设置或查看段落缩进、制表位、页面边界和栏宽等信息。

（5）文档编辑区。主要用于编辑和显示文档的内容。

（6）状态栏。主要用于显示正在编辑的信息。

（7）视图切换区。可用于更改正在编辑的文档的显示模式，以便符合用户的要求。

（8）比例缩放区。可用于更改正在编辑的文档的显示比例。

任务 3 制作个人简历

了解了 Word 2010 操作窗口元素，熟悉了 Word 2010 操作窗口的基本操作之后，就可以试着制作一个简单文档了。

任务说明

要想利用 Word 2010 制作一份电子文件，需要进行新建文档、输入文本、编辑文本等操作。本任务是制作一份个人简历，最终完成的文档效果如图 4-1-4 所示。

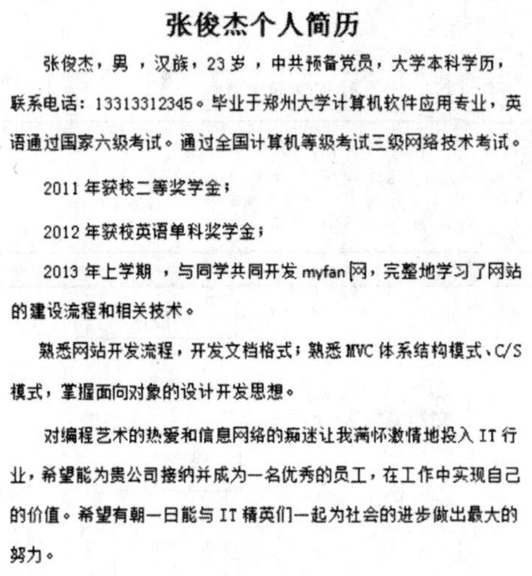

张俊杰个人简历

张俊杰，男，汉族，23 岁，中共预备党员，大学本科学历，联系电话：13313312345。毕业于郑州大学计算机软件应用专业，英语通过国家六级考试。通过全国计算机等级考试三级网络技术考试。

2011 年获校二等奖学金；

2012 年获校英语单科奖学金；

2013 年上学期，与同学共同开发 myfan 网，完整地学习了网站的建设流程和相关技术。

熟悉网站开发流程，开发文档格式；熟悉 MVC 体系结构模式、C/S 模式，掌握面向对象的设计开发思想。

对编程艺术的热爱和信息网络的痴迷让我满怀激情地投入 IT 行业，希望能为贵公司接纳并成为一名优秀的员工，在工作中实现自己的价值。希望有朝一日能与 IT 精英们一起为社会的进步做出最大的努力。

图 4-1-4　个人简历样本

活动步骤

START

1．教师讲解、演示创建及编辑样本文档。
2．学生练习编辑样本文档。
3．讨论操作练习中存在的问题及解决方法。

任务操作

（1）单击“文件”→“新建”→“空白文档”→“创建”命令，创建一个新的文档，如图 4-1-5 所示。

图 4-1-5　利用“文件”菜单新建 Word 文档

（2）单击任务栏右侧的“语言栏”图标，打开“输入法选择”菜单，选择自己需要的输入法，如图 4-1-6 所示。

（3）输入“张俊杰个人简历”后，按回车键，将光标移到下一行。

（4）依次输入样例中剩余的所有文本内容，每段结束后按回车键。

（5）将鼠标指针移动到第一行的左侧，当鼠标指针变成一个指向右上方的空心箭头时，单击选中第一行，操作结果如图 4-1-7 所示。

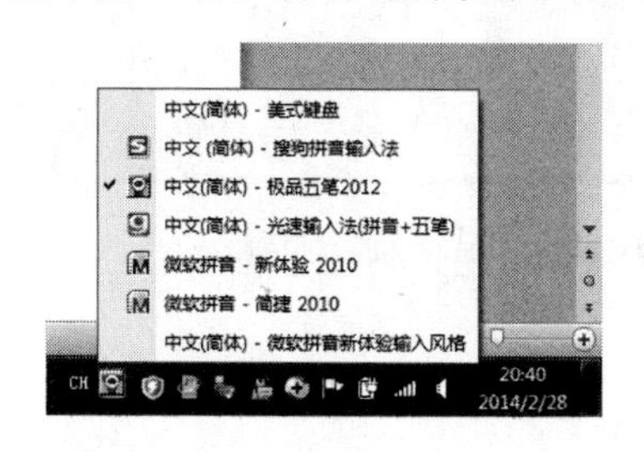

图 4-1-6　选择输入法

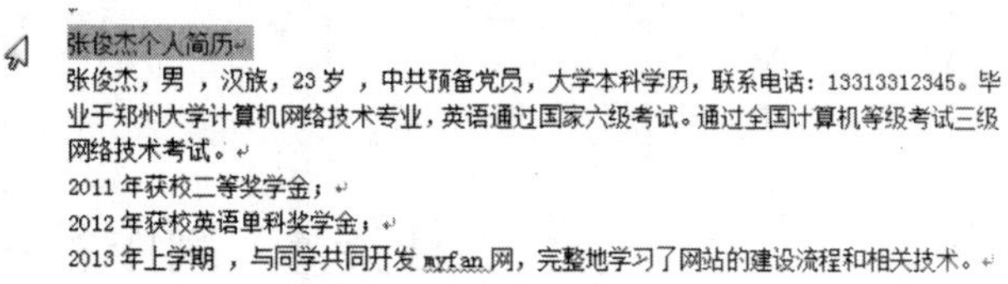

张俊杰个人简历
张俊杰，男，汉族，23 岁，中共预备党员，大学本科学历，联系电话：13313312345。毕业于郑州大学计算机网络技术专业，英语通过国家六级考试。通过全国计算机等级考试三级网络技术考试。
2011 年获校二等奖学金；
2012 年获校英语单科奖学金；
2013 年上学期，与同学共同开发 myfan 网，完整地学习了网站的建设流程和相关技术。

图 4-1-7　利用鼠标选中第一行

（6）单击“段落”组中的“居中”按钮，使选中的文字居中对齐，在“字体”下拉列表中选择“宋体”，在“字号”下拉列表中选择“二号”，单击“加粗”按钮使文本加粗显示，效果如图 4-1-8 所示。

（7）选中除第一行以外的所有文本，单击“段落”组右下角的“对话框启动器”按钮，如图 4-1-9 所示。在弹出的“段落”对话框（如图 4-1-10 所示）中单击“特殊格式”文本框右边的下拉箭头，在下拉列表中选择“首行缩进”，“磅值”设置为 2 字符。

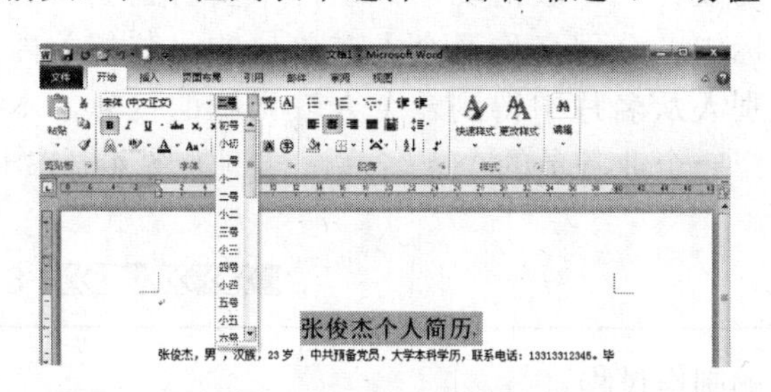

图 4-1-8　文本格式设置

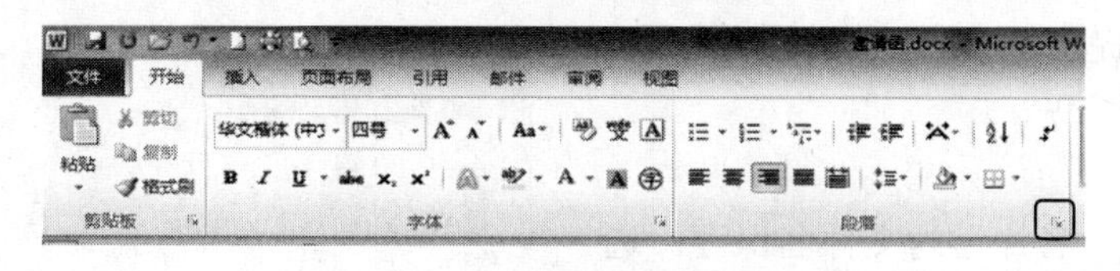

图 4-1-9　“对话框启动器”按钮

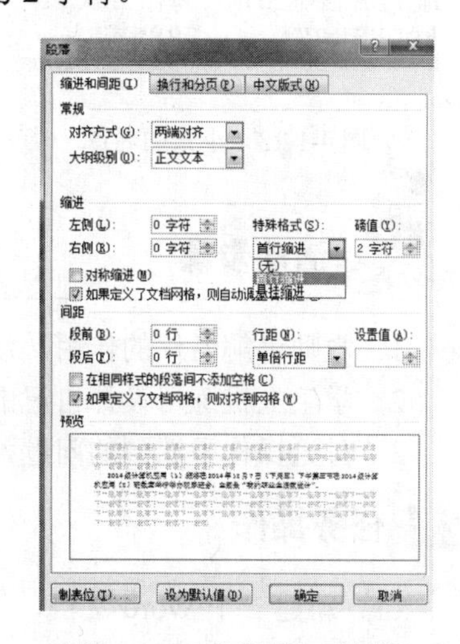

图 4-1-10　“段落”对话框

（8）单击“字体”组中的“字号”文本框的下拉箭头，选择“四号”字，此时个人简历制作完成。

（9）单击“快速访问工具栏”中的“保存”按钮，如图 4-1-11 所示，打开“另存为”对话框（如图 4-1-12 所示），在“保存位置”下拉列表中找到要保存文件的位置，在“文件名”文本框中输入“个人简历”。单击“保存”按钮，文件将保存在指定的位置。

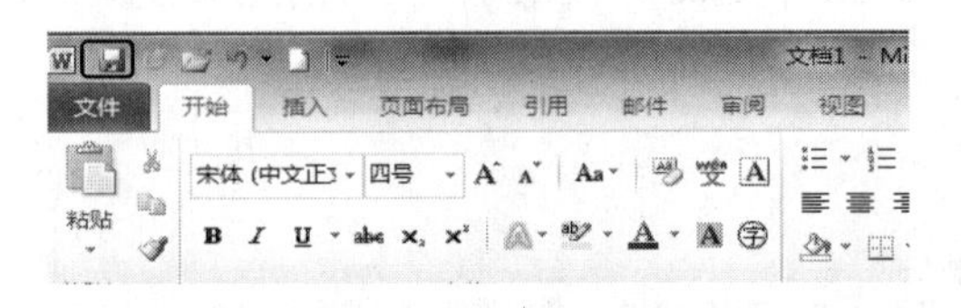

图 4-1-11 “保存”按钮

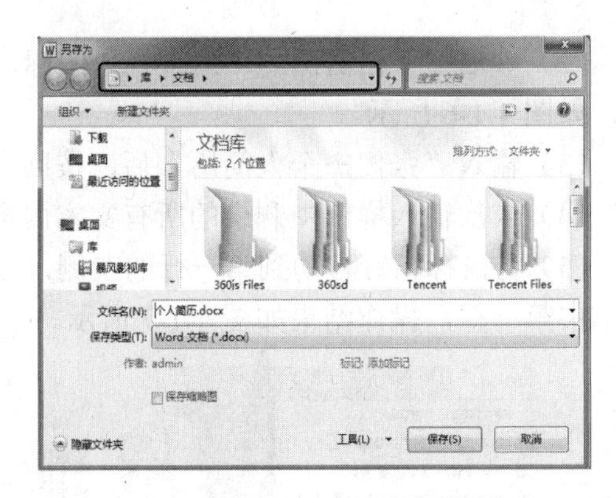

图 4-1-12 “另存为”对话框

任务 4　制作名片

Word 2010 提供了创建多种特定文档的功能，这些功能不但拓展了 Word 的应用环境，同时也简化了某些操作，给用户完成特定任务提供了便利，例如，用户可以用 Word 2010 设计个性化名片。

图 4-1-13 小张的名片

任务说明

想要制作一张属于自己的名片，首先要进行名片版面的设计，一般情况下，名片中要有企业（或单位）的标志、公司名称及个人或单位的一些相关内容，能让别人从名片中得到一个人较详细的信息，本任务要制作一个业务员的个人名片，样例如图 4-1-13 所示。

活动步骤

START

1．教师讲解名片的作用，演示名片的制作过程。
2．学生上机练习设计自己的名片。
3．讨论操作中遇到的问题，提出解决方法。

任务操作

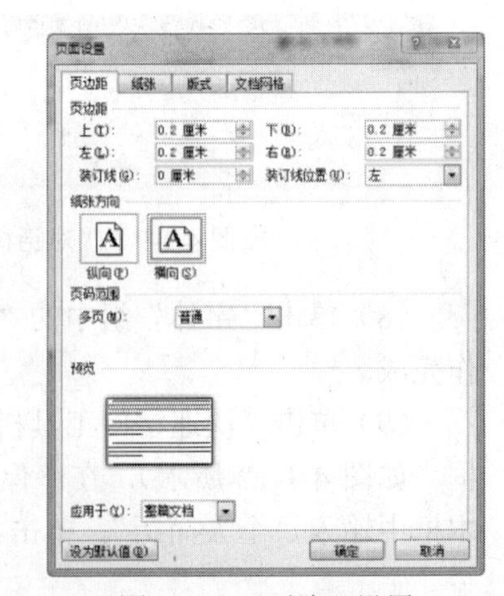

图 4-1-14 页边距设置

（1）新建一个 Word 文档，以“名片”为文件名保存。选择“页面布局”选项卡，单击“页面设置”组中右下角的“对话框启动器”按钮，在弹出的“页面设置”对话框中选择“页边距”选项卡，设置页边距，参数设置如图 4-1-14 所示，“纸张方向”选择“横向”。

（2）单击“纸张”选项卡，在“纸张大小”下拉列表中选择“自定义大小”选项，然后按如图 4-1-15 所示的“宽度”和“高度”参数值进行设置，单击“确定”按钮完成设置。设置后的效果如图 4-1-16 所示。

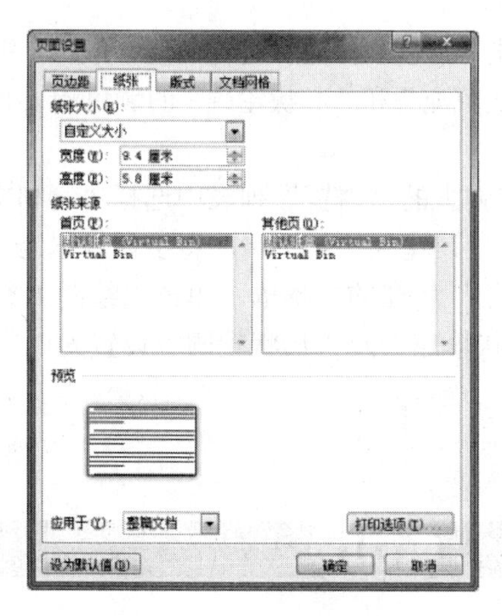

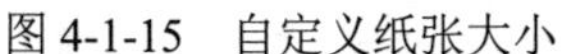

图 4-1-15　自定义纸张大小

图 4-1-16　设置纸张大小后的效果

（3）选择“插入”选项卡，单击“插图”组中的“形状”按钮，选择“矩形”工具组中的“直角矩形”，如图 4-1-17 所示。

（4）为了方便查看，在“比例缩放区”将文档放大到 150%。在名片中间靠上的地方画一矩形，宽度与名片的宽度相同，如图 4-1-18 所示。

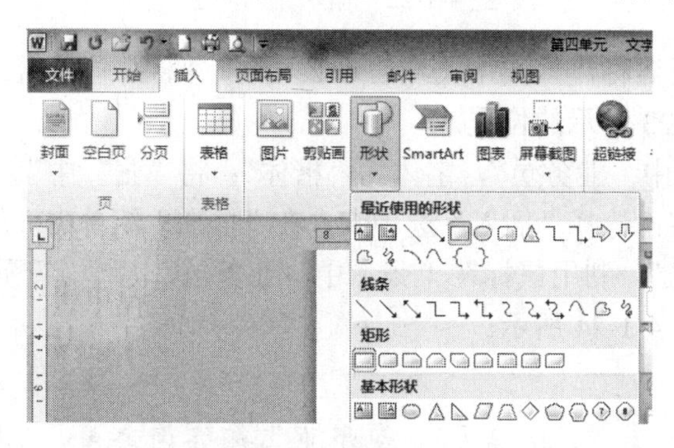

图 4-1-17　直角矩形

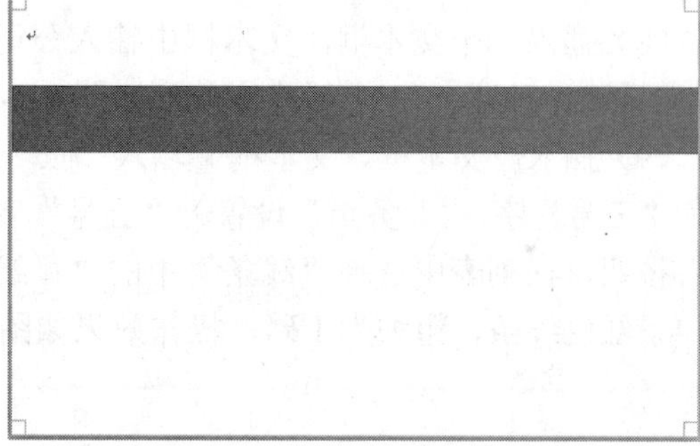

图 4-1-18　绘制矩形

（5）调整好矩形的大小后，设置矩形的边线和填充颜色。单击“形状填充”下拉箭头，在弹出的“主题颜色”中选择“深色文字 2，深色 25%”，如图 4-1-19 所示。单击“形状轮廓”下拉箭头，在弹出的“主题颜色”中选择“深色文字 2，深色 50%”，如图 4-1-20 所示。

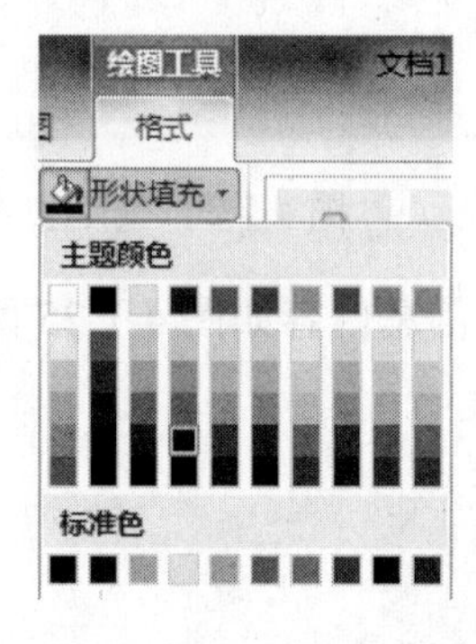

图 4-1-19　形状填充

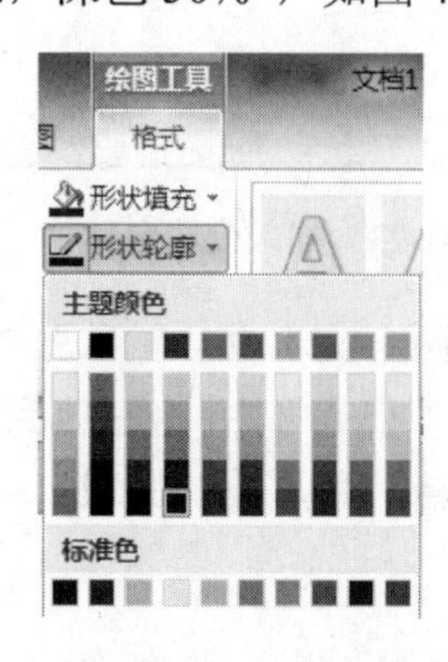

图 4-1-20　形状轮廓

（6）选择“插入”选项卡，在“插图”组中单击“形状”按钮，选择“基本形状”中的“椭圆”工具，在名片上绘制一个椭圆，将椭圆的“形状填充”和“形状轮廓”的颜色均设置为“白色”，将它放到如图 4-1-21 所示的位置。

（7）单击“文本”组中的“文本框”按钮，在弹出的“内置”列表中选择“绘制文本框”选项，在文档中拖动鼠标绘制出一个“文本框”区域，输入“创”字，将字体设置为“隶书、初号、深红色”，将它放到椭圆中心位置。选中“创”所在的文本框，单击“绘图工具格式”按钮，参照第（6）步中的操作，将文本框的“形状填充”及“形状轮廓”设置为“无填充颜色”和“无轮廓”，效果如图 4-1-22 所示。

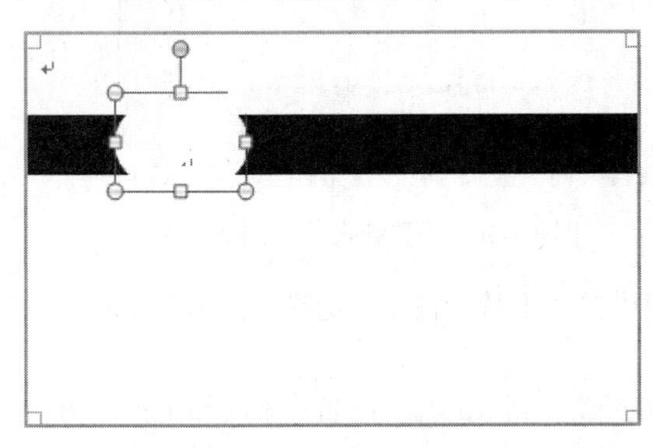

图 4-1-21　绘制白色椭圆

图 4-1-22　输入“创”字

（8）插入一个文本框，文本框中输入公司名称“郑州市飞翔咨询公司”，并将字体设置为“华文新魏、三号字”，之后将它放到如图 4-1-23 所示的位置。

（9）插入一文本框，文本框中输入“张　中　业务员”，字体为“楷体”；将“张　中”设置为“三号”字，“业务员”设置为“五号”字；选择“插入”选项卡，在“插图”组单击“形状”按钮，在列表中选择“线条”中的“直线”，利用鼠标在“张　中　业务员”几个字下面画一条红色线条，粗细为 1 磅，操作效果如图 4-1-24 所示。

图 4-1-23　插入公司名称

图 4-1-24　编辑姓名

（10）再插入两个文本框，输入张中的其他信息，信息内容如图 4-1-25 所示，字体为“宋体”，字号设置为“小五”，并将它放到图中所示位置。

（11）保存文档，名片设计完成。

任务 5　制作信封

随着现代社会的发展，网络越来越普及，电子书信也越来越受到广大用户的喜爱，制作信封也成了经常性的任务。使用 Word 2010 可以制作各种各样的信封，能够满足日常生活和工作的需要，用户还可以快速制作批量信封，以简化繁杂的重复操作。

图 4-1-25　插入业务员信息

任务说明

利用 Word 文档制作的信封主要有两种，一种是邮件信封，另一种是普通信封。本任务主要学习制作信封的方法，使用户能够制作出满足自己需要的信封。

活动步骤　START

1．教师讲解、演示制作信封的操作。
2．学生上机练习制作信封。
3．讨论操作中遇到的问题，提出解决方法。

任务操作

1．制作普通信封

（1）新建一个 Word 文档，以“普通信封”为文件名保存。选择“邮件”选项卡，单击“创建”组中的“信封”按钮，弹出“信封和标签”对话框，在“收信人地址”列表中输入“上海市黄浦区北京东路***号（上海龙腾咨询公司） 李成 先生（收）”，在“寄信人地址”列表框中输入“郑州市管城区西大街***号”，如图 4-1-26 所示。

（2）单击对话框中“选项”按钮，弹出“信封选项”对话框，设置收信人和寄信人地址距信封边界的距离，如图 4-1-27 所示。

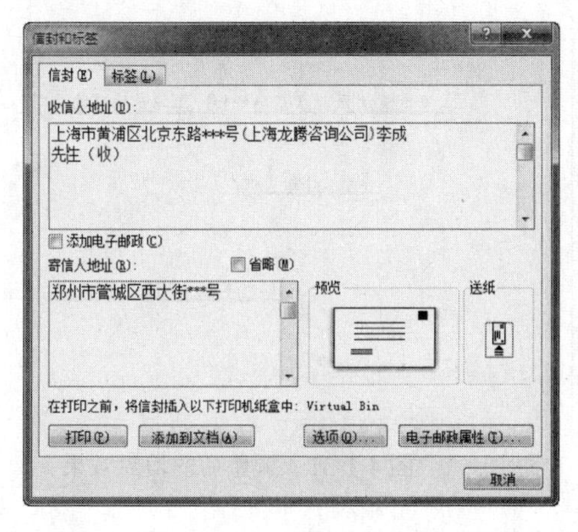

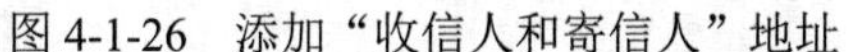
图 4-1-26　添加“收信人和寄信人”地址

图 4-1-27　设置边距

（3）单击“收信人地址”下面的“字体”按钮，弹出“收信人地址”对话框，在“中文字体”下拉列表中选择“楷体”，“字形”列表框中选择“常规”，“字号”列表框中选择“三号”，“下画线线形”下拉列表中选择“双下画线”，如图 4-1-28 所示。

（4）单击“确定”按钮，返回“信封选项”对话框，按照相同的方法设置寄信人地址的字体格式。切换到“打印选项”选项卡，选中“顺时针旋转”复选框，如图 4-1-29 所示。

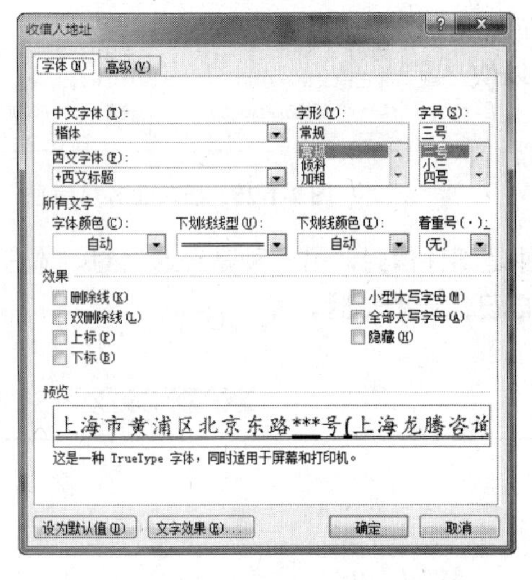

图 4-1-28　设置“收信人地址”字体格式

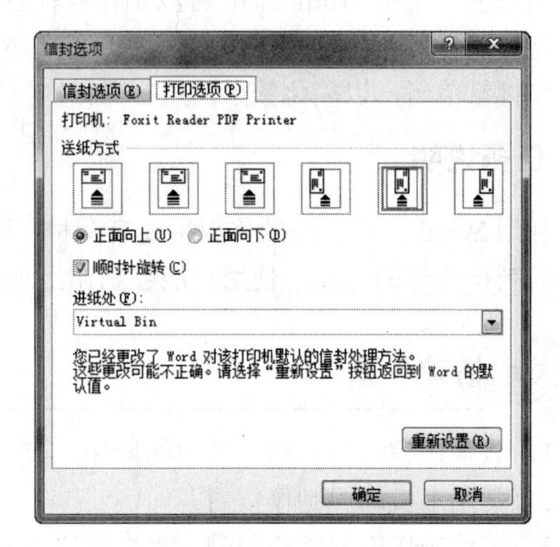

图 4-1-29　打印选项设置

（5）单击“确定”按钮，返回“信封和标签”对话框，切换到“信封”选项卡，单击“添加到文档”按钮，将前面的设置都添加到文档中。此时系统会弹出一个“Microsoft Word”提示框，询问是否将新的寄件人地址保存为默认的寄件人地址，此时单击“是”或“否”都可以完成信封模型的制作工作，结果如图 4-1-30 所示。

（6）调整“收信人地址”和“收信人姓名”位置。“收信人和寄信人”地址都是以文本框形式呈现。将鼠标定位在“李”字前面，按回车键，让“收信人姓名”单独占一行（可以多按几个回车拉开“收信人地址”与姓名的距离）；选中“收信人地址”所在文本框，将文本框拉长，使“收信人地址”在一行上出现，再调整寄信人地址位置，最后效果如图 4-1-31 所示。

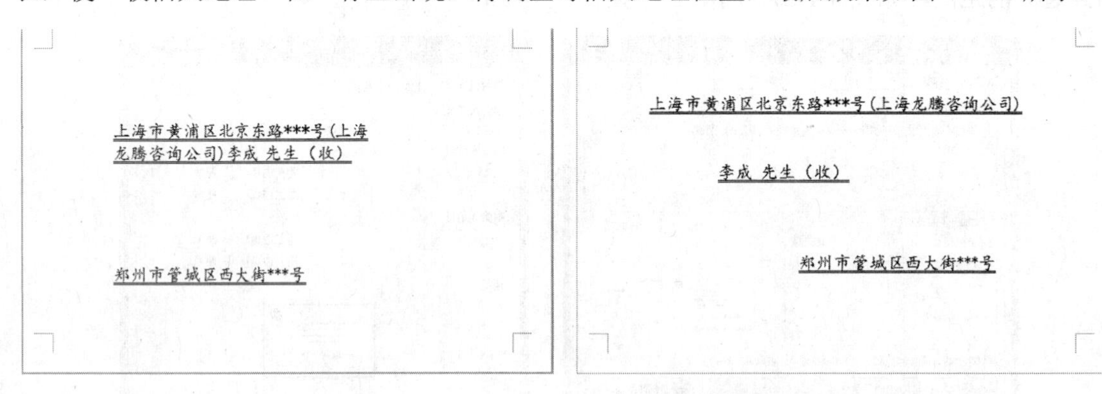

图 4-1-30　信封模型

图 4-1-31　调整后的信封效果

（7）保存文件。

2．制作邮件信封

（1）新建一个 Word 文档，以“邮件信封”为文件名保存。切换到“邮件”选项卡，在“创建”组中，单击“中文信封”按钮，弹出“信封制作向导”对话框，如图 4-1-32 所示。

（2）单击“下一步”按钮，在“信封样式”下拉列表中选择一种合适的信封样式，例如，选择“国内信封 ZL230×120，如图 4-1-33 所示。

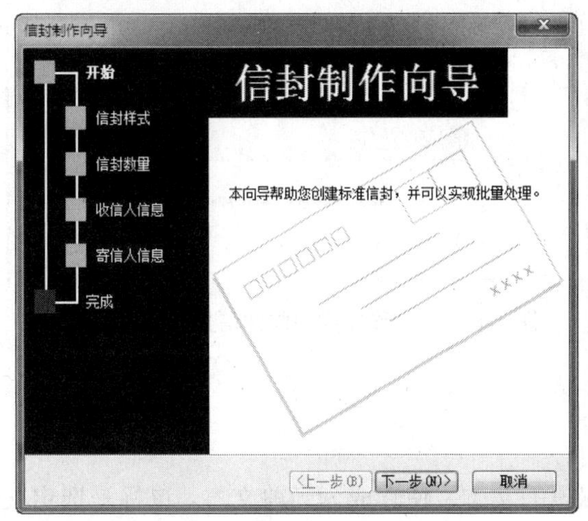

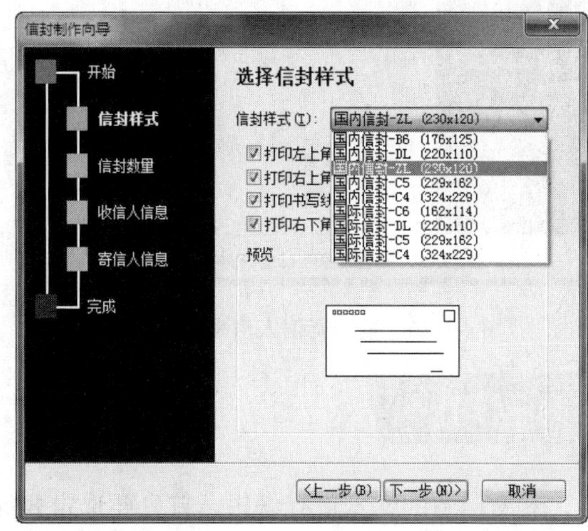

图 4-1-32 “信封制作向导”对话框

图 4-1-33 选择信封样式

（3）单击“下一步”按钮，选中“键入收件人信息，生成单个信封”单选按钮，如图 4-1-34 所示。

（4）单击“下一步”按钮，进入“输入收件人信息”页面，输入收件人信息，内容如图 4-1-35 所示。

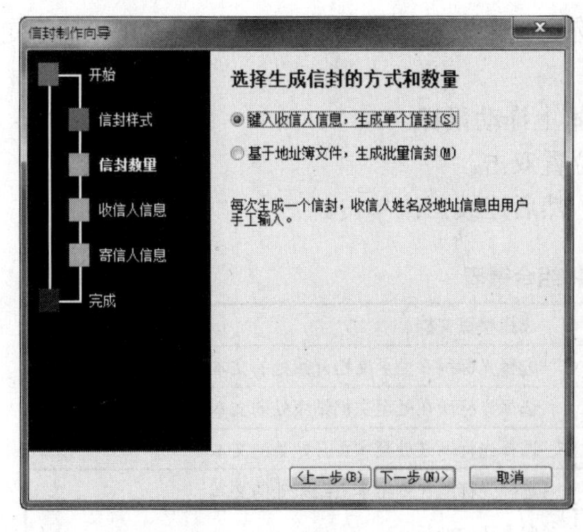

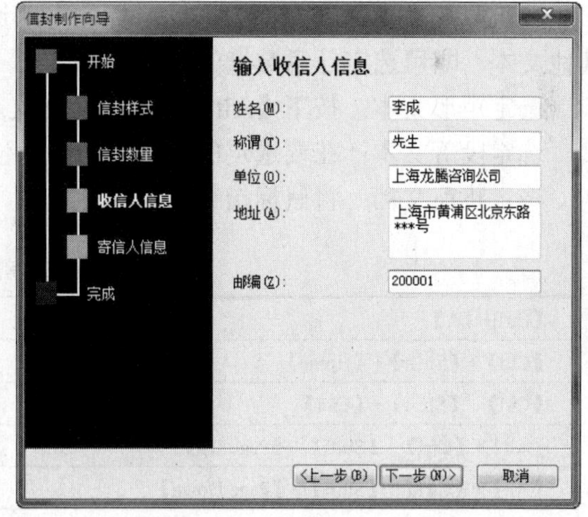

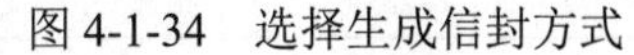

图 4-1-34 选择生成信封方式

图 4-1-35 输入收信人信息

（5）单击“下一步”按钮，进入“输入寄件人信息”页面，输入寄信人信息，如图 4-1-36 所示。

（6）单击“下一步”按钮，进入“完成”页面，单击“完成”按钮，此时，系统会自动生成一个新的文档，前面设置的信息已经插入文档中，如图 4-1-37 所示，保存文档。

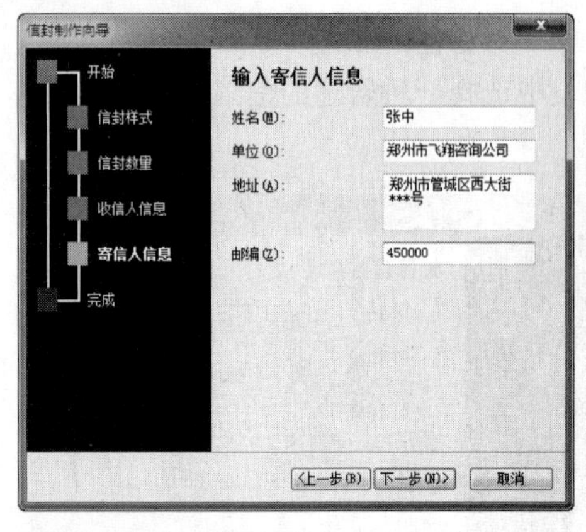

图 4-1-36　输入寄信人信息

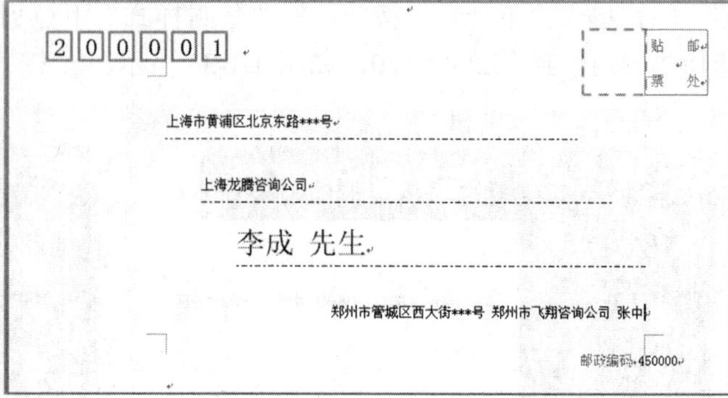

图 4-1-37　制作完成的邮件信封

项目知识

对文档中的文本进行编辑，首先要选定要编辑的文本，使它成为当前文本。鼠标是选定文本最常用的工具，用户可以使用它选定单个字词、连续文本、分散文本、矩形文本、段落文本和整个文档等。

选定单个字词：将光标定位在需要选定字词的开始位置，然后按住鼠标左键拖至需要选定字词的结束位置，释放鼠标。

选定连续文本：将光标定位在需要选定文本的开始位置，然后按住鼠标左键拖至需要选定文本的结束位置释放鼠标。

选定分散文本：首先使用拖动鼠标的方法选定一个文本，然后按下【Ctrl】键，依次选定其他文本，即可选定任意数量的分散文本。

选定矩形文本：按下【Alt】键，同时在文本上拖动鼠标。

选定段落文本：在要选定的段落中的任意位置双击。

选定整篇文档：将鼠标指针移至选中栏中，然后连续三次单击。

选取文本的常用组合键表

【Ctrl]+【A】	选择整篇文档
【Ctrl】+【Shift】+【Home】	选择光标所在处至文档开始处的文本
【Ctrl】+【Shift】+【End】	选择光标所在处至文档结束处的文本
【Alt】+【Ctrl】+【Shift】+【Page Up】	选择光标所在处至本页开始处的文本
【Alt】+【Ctrl】+【Shift】+【Page Down】	选择光标所在处至本页结束处的文本
【Shift】+【↑】	向上选中一行
【Shift】+【↓】	向下选中一行
【Shift】+【←】	向左选中一个字符
【Shift】+【→】	向右选中一个字符
【Ctrl】+【Shift】+【←】	选择光标所在处左侧的词语
【Ctrl】+【Shift】+【→】	选择光标所在处右侧的词语

项目考核

本项目考核评价量化标准由教师视学生完成作业情况而定，本项考核内容也分为合作学习考核和知识、技能考核两个部分，前者考核内容参见第一单元项目 1，知识、技能考核内容如下。

（1）设置文本格式（字体、字形、字号等）操作。

（2）设置文档页面属性操作。

（3）对文档内容编辑排版操作。

（4）在文档中插入形状操作。

项目 2　美化文档页面

在完成文档的基本编辑后，应考虑对文档的整体效果进行处理，使文档图文并茂、层次分明、版面美观、修饰恰到好处。改变文档的页面外观或制作、添加特殊页面效果是文档处理过程经常遇到的任务，如论文中添加的注释、书中的页眉等，其中有些内容不仅是美化版面和突出主题的需要，也是文档要求的必备项目。因此，掌握文档页面的处理技术也是学习 Word 2010 的最基本要求。

项目目标

掌握添加页眉、页脚的方法。

会给文档添加注释。

掌握页面布局中纸张大小、方向、页边距等的设置方法。

会给文档分栏、设置首字下沉、插入文本框等。

任务 1　制作书稿页面

在文档页面中添加页眉或页脚不但可以美化页面，使原本单调呆板的版面变得丰富多彩，而且更能突出内容主题，强化阅读效果，因此，多数文档都包含页眉或页脚。

任务说明

本任务的重点是在页面的页眉、页脚处添加修饰的内容，对文本中的特殊内容进行注释，所有操作是对已经存在的文档进行处理，具体操作可以分解成以下几个过程。

（1）打开需要添加页眉、页脚的文档。

（2）添加页眉、页脚。

（3）添加页码。

（4）给文档注释。

活动步骤

START

1．教师讲解、演示在文档中添加页眉、页脚的操作方法。

2．学生上机练习在文档中添加页眉、页脚。

3．讨论操作中出现的问题，提出解决问题的方法。

任务操作

（1）打开素材“公司介绍”文档，选择“插入”选项卡，单击“页眉和页脚”组中的“页眉”按钮，打开 Word 内置的页眉样式列表，如图 4-2-1 所示。

（2）选择第一个“空白”样式，进入页眉编辑状态，如图 4-2-2 所示。

图 4-2-1　内置的页眉样式列表

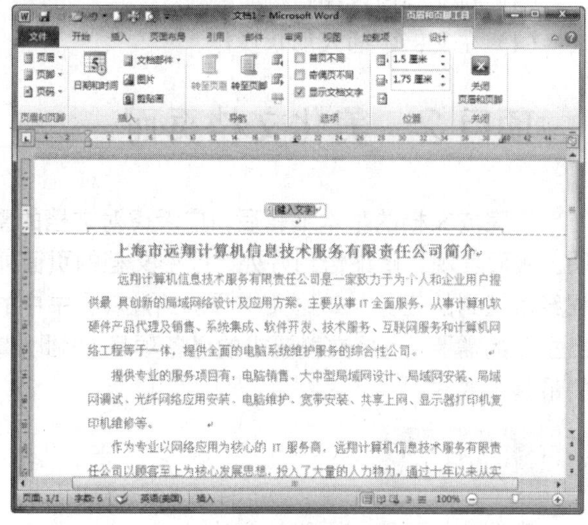

图 4-2-2　页眉编辑状态

（3）在“输入文字”处输入“上海市远翔计算机信息技术服务有限责任公司”，效果如图 4-2-3 所示。

（4）单击“导航组”的“转至页脚”按钮，退出页眉编辑状态，进入页脚编辑状态。在页脚编辑区输入“公司总部地址：上海市永泰商贸城 008 号　咨询热线：（021）2523911；8810186；842120”，如图 4-2-4 所示。

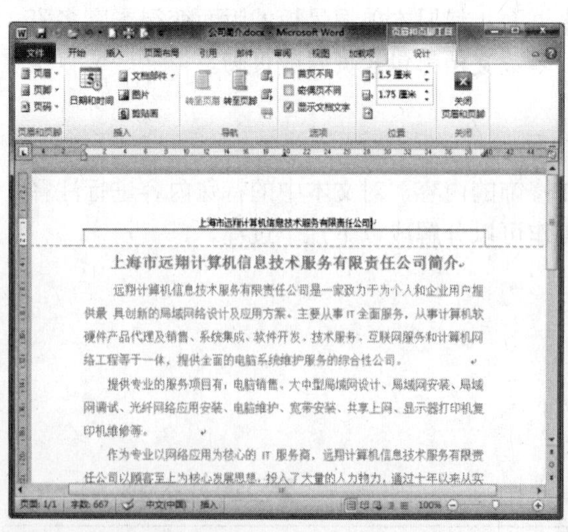

图 4-2-3　添加页眉后的效果

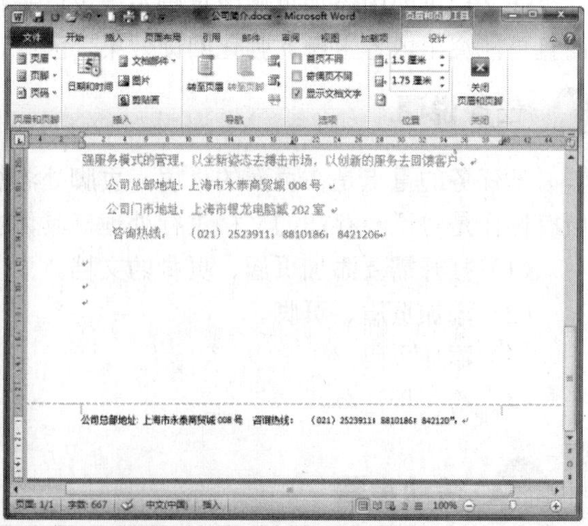

图 4-2-4　插入页脚后的效果

（5）单击“页码”按钮，在弹出的下拉列表中选择“当前位置”选项，在下级列表中选择“普通数字”样式，操作如图 4-2-5 所示。

（6）单击“关闭组”的“关闭页眉和页脚”按钮，退出页眉和页脚编辑状态，完成页眉和页脚编辑，可以看到页眉、页脚、页码呈灰色显示，此时不可再编辑，效果如图 4-2-6 所示。

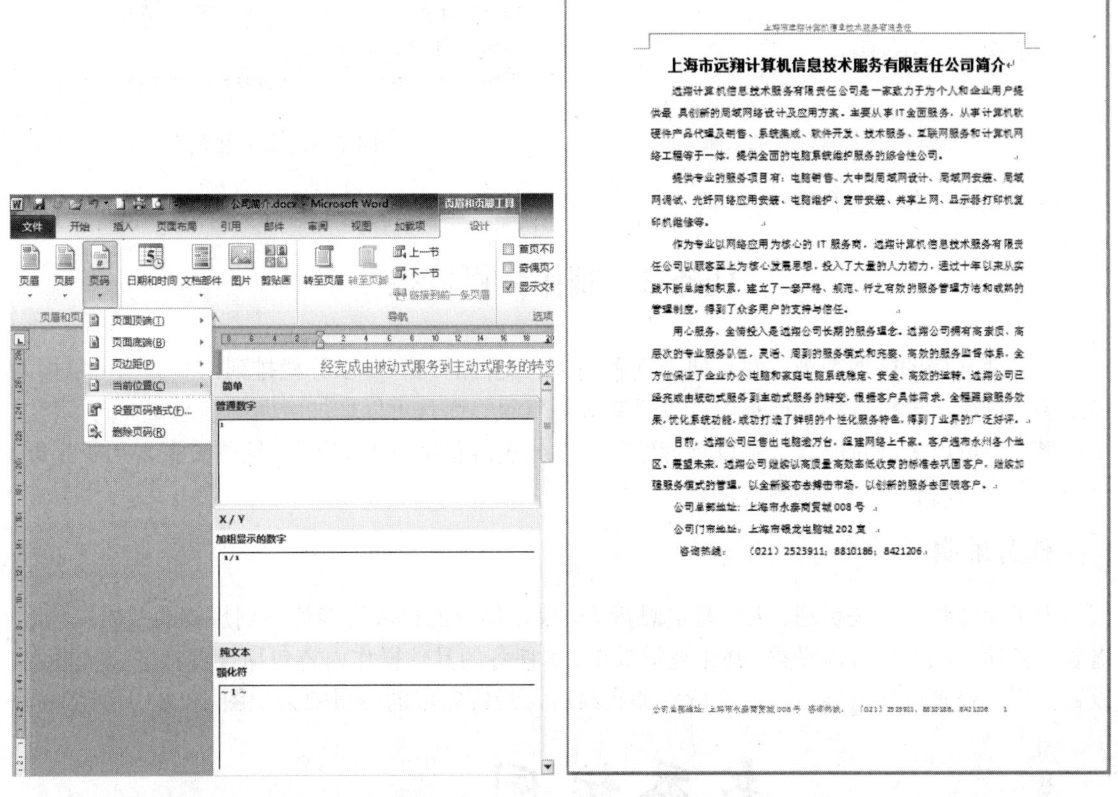

图 4-2-5　在当前位置插入页码　　　　图 4-2-6　插入页眉、页脚和页码的文档

（7）将光标移到文档标题的末尾，给文档标题添加脚注。选择“引用”选项卡，单击“脚注组”的“插入脚注”按钮，进入“脚注”编辑状态，在光标处输入“上海远翔计算机公司原名为上海东远计算机公司”，添加脚注后的效果如图 4-2-7 所示。此时文档标题后面有一个“1”标号，将鼠标移到“1”上面，会自动显示脚注的内容，如图 4-2-8 所示。

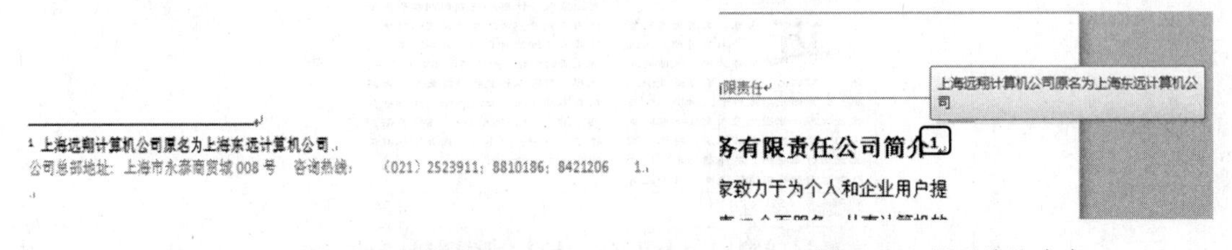

图 4-2-7　添加脚注后的效果　　　　图 4-2-8　显示脚注内容

（8）将光标移到文档第 4 段末尾，单击“脚注组”的“插入尾注”按钮，进入“尾注”编辑状态，在光标处输入：公司服务宗旨是“以优质的服务赢得顾客的满意，以优质的产品争取最高的信誉”，脚注效果如图 4-2-9 所示。此时，第 4 段文档后面出现一个“i”标号，将鼠标移到“i”上面，会自动显示尾注的内容，如图 4-2-10 所示。

公司总部地址：上海市永泰商贸城008号
公司门市地址：上海市银龙电脑城202室
咨询热线：（021）2523911；8810186；8421206

公司服务宗旨是"以优质的服务赢得顾客的满意，以优质的产品争取最高的信誉"

上海远翔计算机公司原名为上海东远计算机公司
公司总部地址：上海市永泰商贸城008号　咨询热线：（021）2523911；8810186；8421206　1

图4-2-9　加尾注后的效果

用心服务，全情投入是远翔公司长期的服务理念。远翔公司拥有高素质、高层
队伍，灵活、周到的服务模式和完整、高效的服务监督体系，全方位保证了企
家庭电脑系统稳定、安全、高效的……
变，根据客户具体需求，全程跟踪……
特色，得到了业界的广泛好评。
目前，远翔公司已售出电脑逾万台，组建网络上千家。客户遍布永州各个地区

公司服务宗旨是"以优质的服务赢得顾客的满意，以优质的产品争取最高的信誉"

图4-2-10　显示尾注内容

（9）以原文件名保存文档。

任务2　制作分栏校报

为了使文档的版面美观，并且便于读者阅读，文档的内容可以分栏排列，即文档可以按两栏或多栏排列。多栏排列文档不但可以活跃版面气氛，而且可以增加版面的信息量。为了使文字醒目，还可以考虑对段落文字进行特殊处理（如段落首字符下沉等），这些设置多用于报纸、板报、杂志、宣传海报等编辑环境。

任务说明

为了使校报看起来美观、大方且信息量大，仅用简单的排版可能达不到想要的效果，因此，需要用其他方法改变版面设置、强化视觉效果。本任务的具体操作内容包括设置特殊文本格式、设置分栏、设置段落首字下沉、给段落加底纹等，最终完成的校报效果如图4-2-11所示。

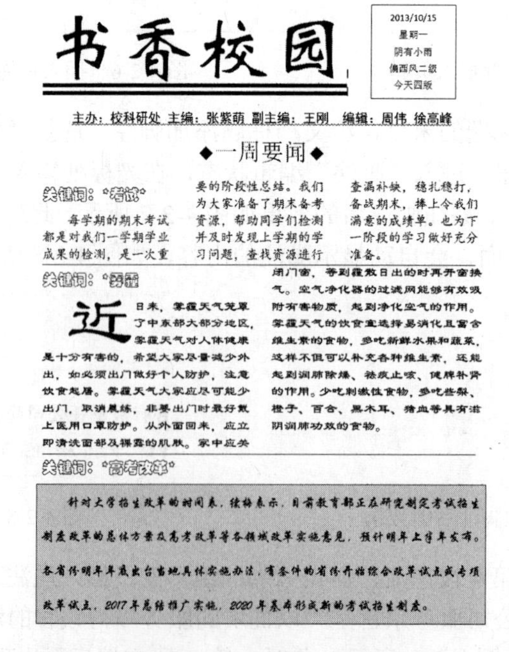

书香校园

2013/10/15
星期一
阴有小雨
偏西风二级
今天四版

主办：校科研处 主编：张紫萌 副主编：王刚 编辑：周伟 徐高峰

◆一周要闻◆

关键词："考试"

每学期的期末考试都是对我们一学期学业成果的检测，是一次重要的阶段性总结。我们为大家准备了期末备考资源，帮助同学们检测并及时发现上学期的学习问题，查找资源进行查漏补缺，稳扎稳打，备战期末，捧上令我们满意的成绩单。也为下一阶段的学习做好充分准备。

关键词："雾霾"

近日来，雾霾天气笼罩了中东部大部分地区，雾霾天气对人体健康是十分有害的，希望大家尽量减少外出，如必须出门做好个人防护，注意饮食起居。雾霾天气大家应尽可能少出门，取消晨练，非要出门时最好戴上医用口罩防护。从外面回来，应立即清洗面部及裸露的肌肤。家中应关闭门窗，等到霾散日出的时再开窗换气。空气净化器的过滤网能够有效吸附有害物质，起到净化空气的作用。雾霾天气的饮食宜选择易消化且富含维生素的食物，多吃新鲜水果和蔬菜，这样不但可以补充各种维生素，还能起到润肺除燥、祛痰止咳、健脾补肾的作用。少吃刺激性食物，多吃些梨、橙子、百合、黑木耳、猪血等具有滋阴润肺功效的食物。

关键词："高考改革"

针对大学招生改革的时间表，徐梅表示，目前教育部正在研究制定考试招生制度改革的总体方案及高考改革等各领域改革实施意见，预计明年上半年发布。各省份明年年底出台当地具体实施办法，有条件的省份开始综合改革试点或专项改革试点，2017年总结推广实施，2020年基本形成新的考试招生制度。

图4-2-11　分栏校报样例

活动步骤

START

1．教师讲解并演示分栏、首字下沉、加底纹等操作。

2．学生上机练习制作校报。

3．讨论操作练习中的问题，提出解决方法。

任务操作

（1）打开素材“团委校报.docx”。

（2）选中第一行“书香校园”，将字体设置为“华文新魏，72 号”，单击“字体”组的“下画线”按钮，在弹出的下拉列表中选择“双下画线”选项，效果如图 4-2-12 所示。

（3）选择“插入”选项卡，单击“文本”组的“文本框”按钮，选择“绘制文本框”选项，拖动鼠标，在文档中绘制一个横排文本框。将正文第一行的有关时间和天气的内容按图中格式放入绘制出的文本框中，将文本框放置到“书香校园”右边合适位置，效果如图 4-2-13 所示。

书香校园

2013/10/15 星期一 阴有小雨 偏西风二级 今天四版

主办：校科研处 主编：张紫萌 副主编：王刚 编辑：周伟 徐高峰

一周要闻

图 4-2-12　设置“书香校园”格式

书香校园

2013/10/15

星期一

阴有小雨

偏西风二级

今天四版

主办：校科研处 主编：张紫萌 副主编：王刚 编辑：周伟 徐高峰

图 4-2-13　添加天气文本框

（4）选中“主办：校科研处”所在的行，将文本格式设置为“黑体、小四、 居中”，加“波浪形”下画线。

（5）选中“一周要闻”，将格式设置为“宋体、二号、居中”。

（6）将鼠标移动到“一周要闻”前，选择“插入”选项卡，单击“符号组”的“符号”按钮，选择“其他符号”，在弹出的“符号”对话框中选择一个“实心菱形”符号，用相同的方法在“一周要闻”后面也插入一个相同的符号，效果如图 4-2-14 所示。

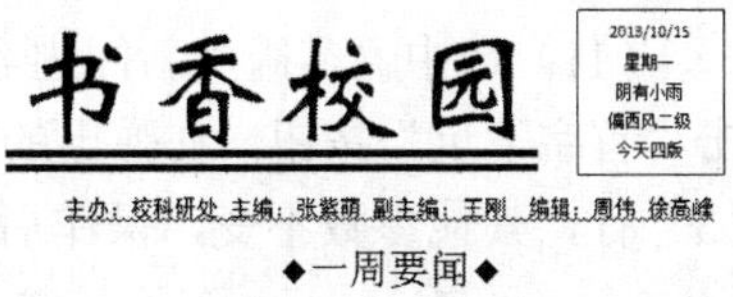

主办：校科研处 主编：张紫萌 副主编：王刚 编辑：周伟 徐高峰

◆一周要闻◆

图 4-2-14　插入符号

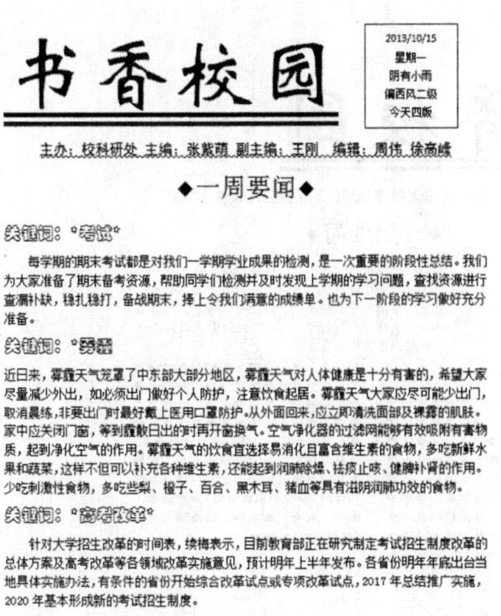

书香校园

2013/10/15

星期一

阴有小雨

偏西风二级

今天四版

主办：校科研处 主编：张紫萌 副主编：王刚 编辑：周伟 徐高峰

◆一周要闻◆

关键词：*考试*

每学期的期末考试都是对我们一学期学业成果的检测，是一次重要的阶段性总结。我们为大家准备了期末备考资源，帮助同学们检测并及时发现上学期的学习问题，查找资源进行查漏补缺，稳扎稳打，备战期末，捧上令我们满意的成绩单。也为下一阶段的学习做好充分准备。

关键词：*雾霾

近日来，雾霾天气笼罩了中东部大部分地区，雾霾天气对人体健康是十分有害的，希望大家尽量减少外出，如必须出门做好个人防护，注意饮食起居。雾霾天气大家应尽可能少出门，取消晨练，非要出门时最好戴上医用口罩防护。从外面回来，应立即清洗面部及裸露的肌肤。家中应关闭门窗，等到霾散日出的时再开窗换气。空气净化器的过滤网能够有效吸附有害物质，起到净化空气的作用。雾霾天气的饮食宜选择易消化且富含维生素的食物，多吃新鲜水果和蔬菜，这样不但可以补充各种维生素，还能起到润肺除燥、祛痰止咳、健脾补肾的作用。少吃刺激性食物，多吃些梨、橙子、百合、黑木耳、猪血等具有滋阴润肺功效的食物。

关键词：*高考改革*

针对大学招生改革的时间表，续梅表示，目前教育部正在研究制定考试招生制度改革的总体方案及高考改革等各领域改革实施意见，预计明年上半年发布。各省份明年年底出台当地具体实施办法，有条件的省份开始综合改革试点或专项改革试点，2017 年总结推广实施，2020 年基本形成新的考试招生制度。

图 4-2-15　设置三个“关键词”的格式

（7）将鼠标指向“关键词：*考试*”所在行前面，当指针变为空心箭头时单击，“关键词：*考试*”所在行被选中。按住【Ctrl】键不放，再用同样的方法选中其他两个“关键词”所在的行，将这三行的文本字体设置为“华文彩云，四号”，效果如图 4-2-15 所示。

（8）将鼠标指向“关键词：*考试*”下面一段文字的左侧，当鼠标指针变为空心箭头时双击，将“考试”新闻内容选中，并将文本格式设置为“楷体，小四”。用同样的方法选中“雾霾”新闻内容，字体为“隶书，小四”；选中“高考改革”新闻内容，字体为“华文行楷，小四”。设置后的效果如图 4-2-16 所示。

（9）选择“插入”选项卡，在“插图”组中单击“形状”按钮，选中“线条”中的“直线”样式，在“关键词：*雾霾*”一行上面插入一条直线将上下两段内容分隔开。再用同样的方法在“关键词：*高考改革*”一行上面插入一条直线，将其与上一段内容分隔开，使各栏目边界清晰，便于阅读。效果如图 4-2-17 所示。

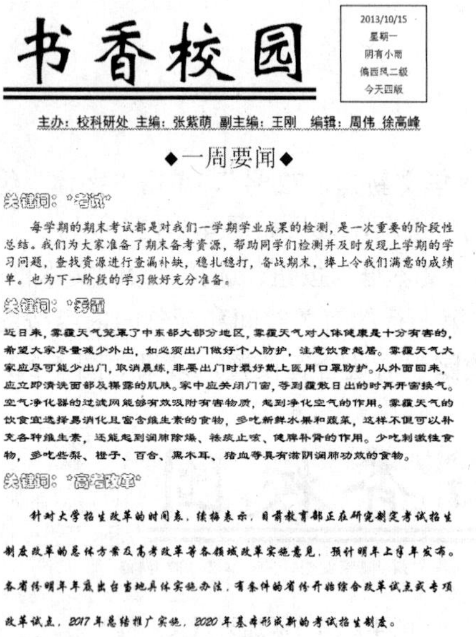

书香校园

2013/10/15
星期一
阴有小雨
偏西风二级
今天四版

主办：校科研处 主编：张紫萌 副主编：王刚 编辑：周伟 徐高峰

◆一周要闻◆

关键词：*考试*

每学期的期末考试都是对我们一学期学业成果的检测，是一次重要的阶段性总结。我们为大家准备了期末备考资源，帮助同学们检测并及时发现上学期的学习问题，查找资源进行查漏补缺，稳扎稳打，备战期末，捧上令我们满意的成绩单。也为下一阶段的学习做好充分准备。

关键词：*雾霾*

近日来，雾霾天气笼罩了中东部大部分地区，雾霾天气对人体健康是十分有害的，希望大家尽量减少外出，如必须出门做好个人防护，注意饮食起居。雾霾天气大家应尽可能少出门，取消晨练，非要出门时最好戴上医用口罩防护。从外面回来，应立即清洗面部及裸露的肌肤。家中应关闭门窗，等到霾散日出的时再开窗换气。空气净化器的过滤网能够有效吸附有害物质，起到净化空气的作用。雾霾天气的饮食宜选择易消化且富含维生素的食物，多吃新鲜水果和蔬菜，这样不但可以补充各种维生素，还能起到润肺除燥、祛痰止咳、健脾补肾的作用。少吃刺激性食物，多吃些梨、橙子、百合、黑木耳、猪血等具有滋阴润肺功效的食物。

关键词：*高考改革*

针对大学招生改革的时间表，续梅表示，目前教育部正在研究制定考试招生制度改革的总体方案及高考改革等各领域改革实施意见，预计明年上半年发布。各省份明年年底出台当地具体实施办法，有条件的省份开始综合改革试点或专项改革试点，2017 年总结推广实施，2020 年基本形成新的考试招生制度。

图 4-2-16　设置三段内容的格式

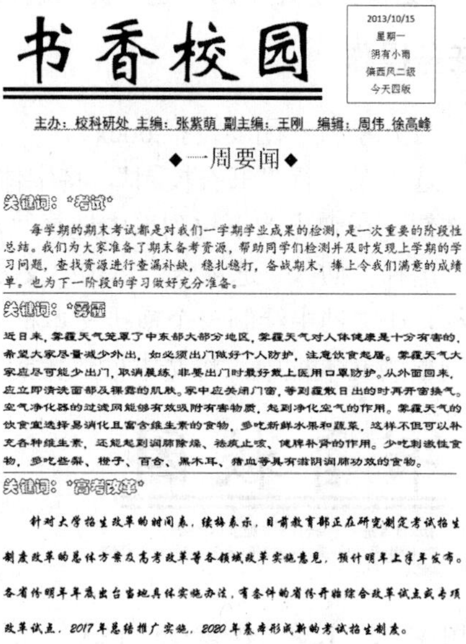

书香校园

2013/10/15
星期一
阴有小雨
偏西风二级
今天四版

主办：校科研处 主编：张紫萌 副主编：王刚 编辑：周伟 徐高峰

◆一周要闻◆

关键词：*考试*

每学期的期末考试都是对我们一学期学业成果的检测，是一次重要的阶段性总结。我们为大家准备了期末备考资源，帮助同学们检测并及时发现上学期的学习问题，查找资源进行查漏补缺，稳扎稳打，备战期末，捧上令我们满意的成绩单。也为下一阶段的学习做好充分准备。

关键词：*雾霾*

近日来，雾霾天气笼罩了中东部大部分地区，雾霾天气对人体健康是十分有害的，希望大家尽量减少外出，如必须出门做好个人防护，注意饮食起居。雾霾天气大家应尽可能少出门，取消晨练，非要出门时最好戴上医用口罩防护。从外面回来，应立即清洗面部及裸露的肌肤。家中应关闭门窗，等到霾散日出的时再开窗换气。空气净化器的过滤网能够有效吸附有害物质，起到净化空气的作用。雾霾天气的饮食宜选择易消化且富含维生素的食物，多吃新鲜水果和蔬菜，这样不但可以补充各种维生素，还能起到润肺除燥、祛痰止咳、健脾补肾的作用。少吃刺激性食物，多吃些梨、橙子、百合、黑木耳、猪血等具有滋阴润肺功效的食物。

关键词：*高考改革*

针对大学招生改革的时间表，续梅表示，目前教育部正在研究制定考试招生制度改革的总体方案及高考改革等各领域改革实施意见，预计明年上半年发布。各省份明年年底出台当地具体实施办法，有条件的省份开始综合改革试点或专项改革试点，2017 年总结推广实施，2020 年基本形成新的考试招生制度。

图 4-2-17　插入横线的效果

（10）选中“关键词：*考试*”行及其新闻内容段，选择“页面布局”选项卡，在“页面设置”组中单击“分栏”按钮，在弹出的下拉列表中选择“三栏”样式；用同样的方法将“关键词：*雾霾*”及其新闻内容段设置成“两栏”格式，分栏后的效果如图 4-2-18 所示。

（11）选中“雾霾”新闻内容的第一个字“近”，选择“插入”选项卡，在“文本”组中单击“首字下沉”按钮，在弹出的下拉列表中选择“首字下沉选项”，选择“下沉”，下沉行数为“3”行，其他参数不变，操作后的效果如图 4-2-19 所示。

书香校园

2013/10/15
星期一
阴有小雨
偏西风二级
今天四版

主办：校科研处 主编：张紫萌 副主编：王刚 编辑：周伟 徐高峰

◆一周要闻◆

关键词：*考试*

每学期的期末考试都是对我们一学期学业成果的检测，是一次重要的阶段性总结。我们为大家准备了期末备考资源，帮助同学们检测并及时发现上学期的学习问题，查找资源进行查漏补缺，稳扎稳打，备战期末，捧上令我们满意的成绩单。也为下一阶段的学习做好充分准备。

关键词：*雾霾*

近日来，雾霾天气笼罩了中东部大部分地区，雾霾天气对人体健康是十分有害的，希望大家尽量减少外出，如必须出门做好个人防护，注意饮食起居。雾霾天气大家应尽可能少出门，取消晨练，非要出门时最好戴上医用口罩防护。从外面回来，应立即清洗面部及裸露的肌肤。家中应关闭门窗，等到霾散日出的时再开窗换气。空气净化器的过滤网能够有效吸附有害物质，起到净化空气的作用。雾霾天气的饮食宜选择易消化且富含维生素的食物，多吃新鲜水果和蔬菜，这样不但可以补充各种维生素，还能起到润肺除燥、祛痰止咳、健脾补肾的作用。少吃刺激性食物，多吃些梨、橙子、百合、黑木耳、猪血等具有滋阴润肺功效的食物。

关键词：*高考改革*

图 4-2-18　设置分栏

书香校园

2013/10/15
星期一
阴有小雨
偏西风二级
今天四版

主办：校科研处 主编：张紫萌 副主编：王刚 编辑：周伟 徐高峰

◆一周要闻◆

关键词：*考试*

每学期的期末考试都是对我们一学期学业成果的检测，是一次重要的阶段性总结。我们为大家准备了期末备考资源，帮助同学们检测并及时发现上学期的学习问题，查找资源进行查漏补缺，稳扎稳打，备战期末，捧上令我们满意的成绩单。也为下一阶段的学习做好充分准备。

关键词：*雾霾*

近日来，雾霾天气笼罩了中东部大部分地区，雾霾天气对人体健康是十分有害的，希望大家尽量减少外出，如必须出门做好个人防护，注意饮食起居。雾霾天气大家应尽可能少出门，取消晨练，非要出门时最好戴上医用口罩防护。从外面回来，应立即清洗面部及裸露的肌肤。家中应关闭门窗，等到霾散日出的时再开窗换气。空气净化器的过滤网能够有效吸附有害物质，起到净化空气的作用。雾霾天气的饮食宜选择易消化且富含维生素的食物，多吃新鲜水果和蔬菜，这样不但可以补充各种维生素，还能起到润肺除燥、祛痰止咳、健脾补肾的作用。少吃刺激性食物，多吃些梨、橙子、百合、黑木耳、猪血等具有滋阴润肺功效的食物。

关键词：*高考改革*

图 4-2-19　设置首字下沉

（12）选中最后一段，选择“页面布局”选项卡，在“页面背景”组中单击“页面边框”按钮，弹出“边框和底纹”对话框，选择“边框”选项卡，在“设置”中选择“方框”样式；选择“底纹”选项卡，单击“填充”下面的颜色下拉箭头，在弹出的“主题颜色”中选择左边第 3 个色块（白色，背景 1，深色 15%），如图 4-2-20 所示。操作后的效果如样例所示。

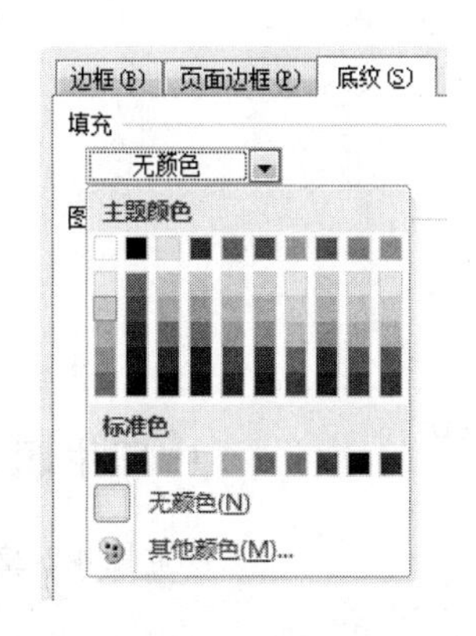

图 4-2-20　设置段落底纹颜色

（13）以“分栏校报”为文件名保存文档。

任务 3　页面设置

页面设置是版面设计的基本操作，主要是指对纸张、版式、页边距等进行设置，这些设置既决定文档的基本版面属性，也影响显示和打印效果。因此，掌握页面设置技巧是编辑文档的基本要求。

任务说明

设置页面是改变页面外观的基本操作，可以通过“页面设置”对话框进行设置，操作内容主要包含设置页边距、设置纸张大小和方向、设置文字方向、设置页面的字数。

活动步骤

START

1. 教师讲解并演示设置纸张的方向、大小、页面边距、文字方向等操作。
2. 学生上机练习页面设置。
3. 讨论操作练习出现的问题，提出解决方法。

任务操作

（1）打开“职业生涯规划书”文档素材。

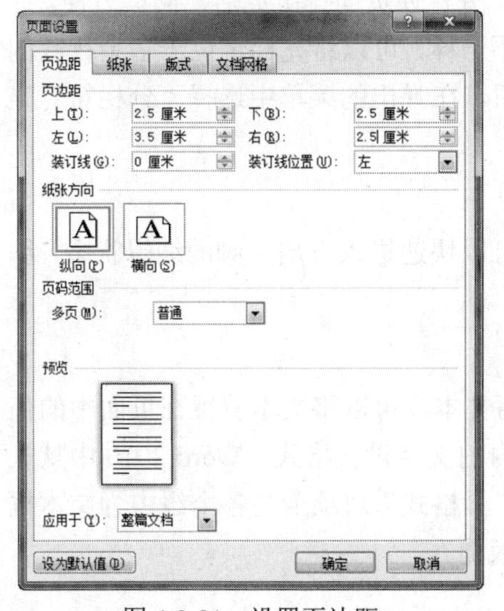

图 4-2-21　设置页边距

（2）选择“页面布局”选项卡，打开“页面设置”对话框，切换到“页边距”选项卡，按对话框中的内容进行设置，如图 4-2-21 所示。

（3）选择“版式”选项卡，选中“奇偶页不同”复选框，给文档添加奇偶页不同的页眉，奇数页眉为“天行健，君子以自强不息；地势坤，君子以厚德载物”，偶数页页眉为“天生我才必有用”。完成设置后奇数页页眉如图 4-2-22 所示，偶数页页眉如图 4-2-23 所示。

（4）选择“文档网格”选项卡，在“网格”组中选择“指定行和字符网格”，将每行的字数设置为 40，跨度会自动调整；行数每页为 45（如图 4-2-24 所示），跨度也会自动调整，单击“确定”按钮后，文档中的行、页字符数将自动按设置进行调整。

（5）以原文件名保存文档。

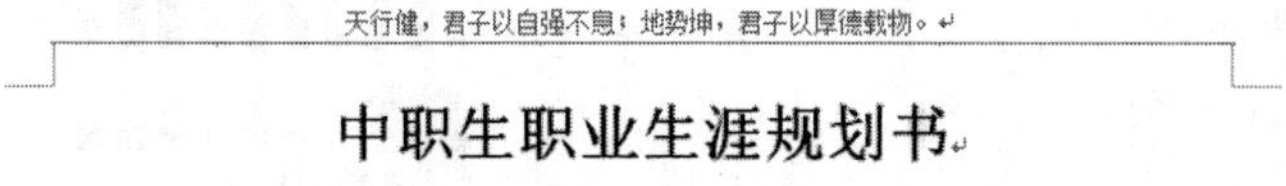

天行健，君子以自强不息；地势坤，君子以厚德载物。

中职生职业生涯规划书

图 4-2-22　奇数页页眉

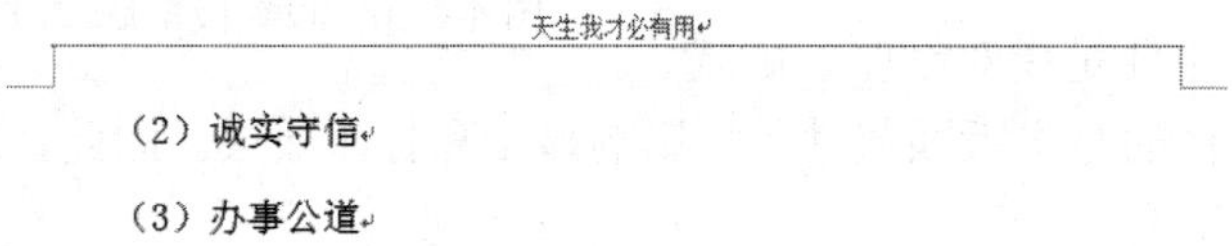

天生我才必有用

（2）诚实守信

（3）办事公道

图 4-2-23　偶数页页眉

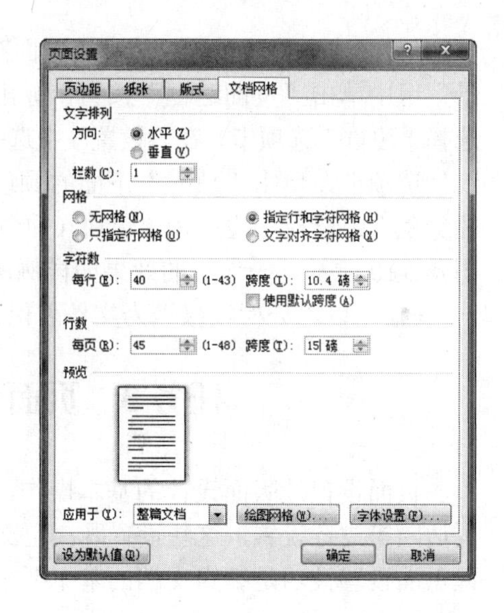

图 4-2-24　对“文档网格”选项卡的设置

项目知识

1．脚注和尾注

在文档中，有时要为某些文本内容添加注解以说明该文本的含义和来源，这种注解说明在 Word 2010 中就称为脚注和尾注。脚注一般位于每一页文档的底部，可以用于对本页的内容进行解释，适用于对文档中的难点进行说明；而尾注一般位于整个文档的末尾，常用来列出文章或书籍的参考文献等。

2．文本分栏

分栏是 Word 2010 中常用的一种格式，多见于各种报纸和杂志。它使页面在水平方向上分为几个栏，文字逐栏排列，一栏填满后方可转到下一栏，分栏使页面排版灵活，阅读方便。

如果对文本进行分栏操作后，发现两栏文本的长度不一样，可以将光标定位于多余行数的中间位置，单击“页面布局”选项卡中的“分隔符”按钮，在弹出的菜单中选择“分栏符”菜单项即可将两栏调整为相同的长度。

3．进入编辑页眉和页脚状态

在文档顶部的页眉位置或底部的页脚位置处双击，可以快速进入页眉页脚的编辑状态，编辑完页眉页脚后，在文档中双击可返回文本的编辑状态。

4．文本框

文本框是 Word 2010 中放置文本或图形的容器，使用文本框可以将文本放置在页面中的任意位置，文本框可以设置为任意大小，还可以为文本框内的文字设置格式。Word 2010 中默认绘制的文本框为白底黑边并浮于文字上方，可在“绘图工具格式”选项卡的各个组中为文本框设置各种效果，使绘制的文本框呈现出各种样式以美化版面。

项目考核

本项目考核评价量化标准由教师视学生完成作业情况而定，本项考核内容也分为合作学习考核和知识、技能考核两个部分，前者考核内容参见第一单元项目 1，知识、技能考核内容如下。

（1）添加页眉和页脚、脚注和尾注操作。

（2）分栏、添加底纹、添加页面边框的操作。

（3）插入文本框并设置文本框的操作。

（4）设置文档的行、页字数的操作。

项目 3 编制表格

在办公环境中，人们经常需要与表格打交道，如制作上课用的课程表、统计学习成绩的学生成绩表、管理工资的财务报表等。有时，为了强化表格数据的展示结果，还需要修饰表格。掌握表格处理的基本方法和技巧也是学习 Word 2010 的基本要求之一。

项目目标

掌握插入表格的方法。

掌握表格中文本对齐方式的设置。

掌握单元格合并、拆分的方法。

掌握表格边框和底纹的设置方法。

任务 1 制作产品销售统计表

Word 2010 提供了多种绘制表格的方法。手工绘制表格、插入表格是常用的基本方法，此外还有将“文本转换成表格”、插入“Excel 电子表格”等。由于每种方法都有其优点或不足，所以选择哪种方法应视具体情况而定。

 **任务说明**

制作该表格有很多种方法，利用“插入”选项卡的插入表格功能，可以完成制作表格的任务。具体操作内容包括插入表格、编辑表格、输入文字和设置单元格的对齐方式。“××商场部分电器一季度销售数量统计表”如图 4-3-1 所示。

××商场部分电器一季度销售数量统计表

	电器		燃具		灯具		
	空调	冰箱	燃气灶	油烟机	台灯	吊灯	壁灯
1月							
2月							
3月							

图 4-3-1 销售数量统计表

活动步骤

START

1. 教师讲解在 Word 中插入表格、编辑表格的方法。
2. 学生上机练习制作表格。
3. 学生讨论操作中的问题，提出解决方法。

任务操作

（1）新建一个 Word 文档，以“销售数量统计表”为文件名保存。

（2）输入标题“××商场部分电器一季度销售数量统计表”，设置格式为“黑体、三号字、居中”。

（3）切换到“插入”选项卡，单击“表格”组中的“表格”按钮，在弹出的下拉列表中选择“插入表格”项，如图 4-3-2 所示。

（4）在弹出的“插入表格”对话框中，在“列数”文本框中输入“8”，在“行数”文本框中输入“5”，单击“确定”按钮，插入 5 行 8 列的表格，如图 4-3-3 所示。

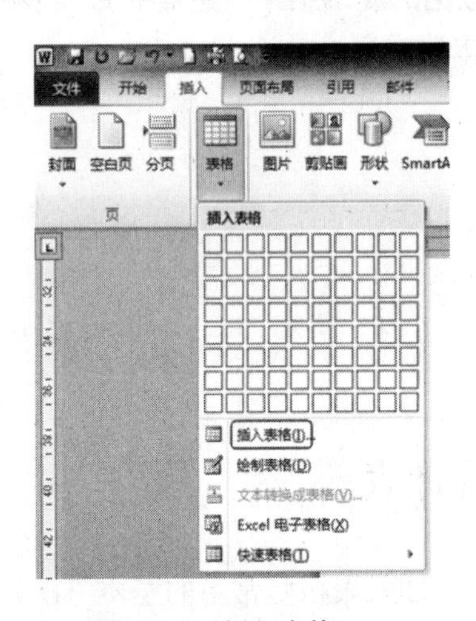

图 4-3-2　插入表格

图 4-3-3　插入 5 行 8 列的表格

（5）选择“设计”选项卡，在“绘图边框”组中单击“擦除”按钮，此时鼠标变为“橡皮”形状。把鼠标放置在第 1 列第 1、2 单元格中间的线上单击，擦除线条，两个单元格合并为一个单元格，如图 4-3-4 所示。

（6）用同样的方法将第 1 行的第 2、3 单元格合并，将第 4、5 单元格合并，第 6、7、8 单元格合并，得到如图 4-3-5 所示的效果。

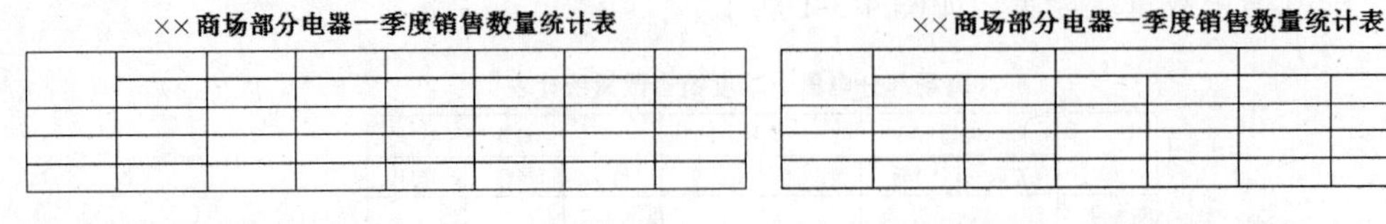

图 4-3-4　合并第 1 列第 1、2 单元格　　　图 4-3-5　合并其他单元格

（7）参照样例输入文字。

（8）保存文档。

任务 2 制作课程表

插入固定行、列的表格，然后利用“橡皮”擦除线段，合并单元格只是制作表格的一种方法，使用“铅笔”绘制表格也能达到创建表格的目的，若要绘制斜线表头则需要使用特殊的制作技巧。

课 程 表

计算机 1 班

星期 课程 节次	星期一	星期二	星期三	星期四	星期五
第一节	语文	网页	数学	语文	英语
第二节	英语	网页	语文	英语	礼仪
课 间 操					
第三节	数学	德育	普通话	数学	美术
第四节	体育	书法	体育	德育	美术
下 午					
第五节	计算机	美术	计算机	网页	音乐
第六节	计算机	美术	计算机	网页	班会
第七节	自习	自习	自习	自习	

图 4-3-6 课程表样例

任务说明

课程表包括节次、时间和课程等内容，如图 4-3-6 所示是一个典型的课程表样例。制作该课程表需要进行绘制表格、设置表格边线、绘制斜线表头、输入文字、设置表格对齐方式、给单元格添加底纹等操作。

活动步骤

START

1．教师讲解、演示制作课程表。

2．学生上机练习制作课程表。

3．讨论上机练习遇到的问题及解决办法。

任务操作

（1）新建一个 Word 文档，以“课程表”为文件名保存。

（2）输入“课程表”三个字，将其格式设置为“黑体、二号字、居中对齐”，在第 2 行输入“计算机 1 班”，将其格式设置为“黑体、四号字、右对齐”。

（3）插入一个 10 行 6 列的表格。选中第 1 行，选择“表格工具”中的“布局”选项卡，在“单元格大小”组中，将“表格行高”文本框中的数据调整到 2 厘米；选中第 1 列，利用同样的方法将“表格列宽”文本框中的数据调整到 3.5 厘米。

（4）把鼠标放至第 2 列最上面，当鼠标变为向下的箭头时向右拖动鼠标选中第 2～6 列。选择“布局”选项卡，单击“单元格大小”组中的“分布列”按钮，将第 2～6 列列宽平均分布。

（5）在单元格内输入相应的文字，将输入的文字格式设置为“宋体、四号字、加粗”。

（6）选中整个表格，选择“布局”选项卡，在“对齐方式”组中选择“水平居中”按钮，使各个单元格中的文本在水平和垂直方向都居中对齐。

（7）将鼠标定位在第 4 行第 1 个单元格中，按住鼠标左键拖至第 4～6 个单元格。单击“合并”组中的“合并单元格”按钮，将 6 个单元格合并为一个（这也是一种合并单元格的方法）。用同样的方法将第 7 行的 6 个单元格合并。

（8）选择“插入”选项卡，单击“形状”按钮，选择“线条”形状中的“直线”样式，将鼠标定位在第 1 单元格的左上角，向下拖动鼠标，绘制出第 1 条斜线。

（9）利用同样的方法绘制第 2 条斜线。

（10）插入三个文本框，分别输入“星期”“课程”和“节次”，文本框格式全部设置为“无填充色、无边线”，将这三个文本框分别放到如图 4-3-7 所示的位置。

（11）在第 4 行内输入“课间操”，在第 7 行中输入“下午”，分别调整字的间距，效果如图 4-3-8 所示。

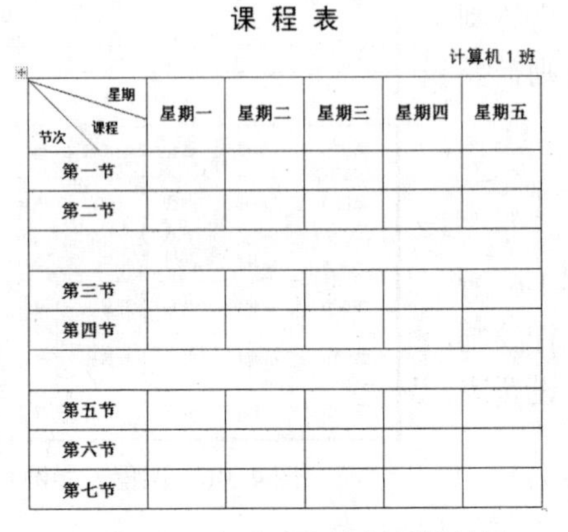

课 程 表

计算机 1 班

星期 课程 节次	星期一	星期二	星期三	星期四	星期五
第一节					
第二节					
第三节					
第四节					
第五节					
第六节					
第七节					

图 4-3-7　添加三个文本框后的效果

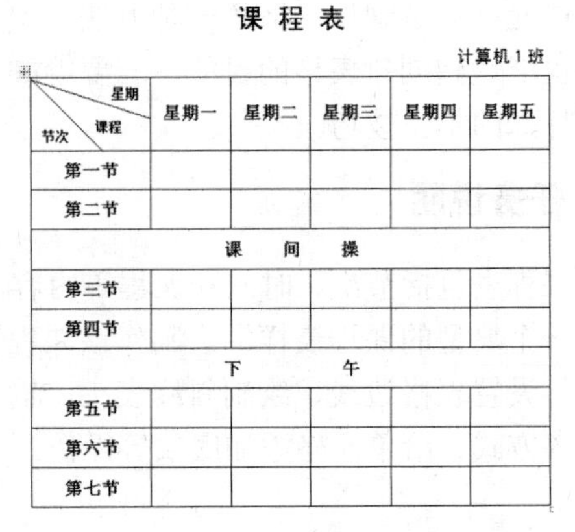

课 程 表

计算机 1 班

星期 课程 节次	星期一	星期二	星期三	星期四	星期五
第一节					
第二节					
课　间　操					
第三节					
第四节					
下　午					
第五节					
第六节					
第七节					

图 4-3-8　输入“课间操”和“下午”

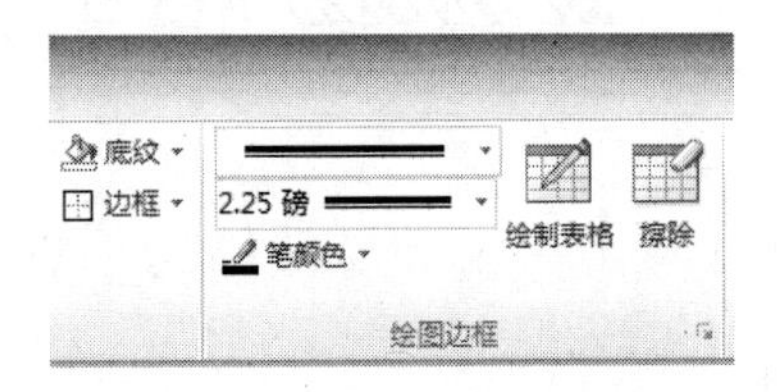

图 4-3-9　表格边框线的设置

（12）选择“设计”选项卡，设置“绘图边框”组中的“笔样式”和“笔划粗细”，改变表格边框线，如图 4-3-9 所示。

（13）选中整个表格，单击“表格样式”组中的“边框”按钮，在弹出的下拉列表中选择“外侧框线”样式，改变表格的外边框线。

（14）在“绘图边框”组中将“笔样式”选择为“直线”，“笔划粗细”为“1.5 磅”，单击“绘制表格”按钮，当鼠标变为“笔”的形状时，把鼠标放在表格第 1 行的下边线，沿线走向拖动鼠标，将下边线修改为 1.5 磅粗细的直线，效果如图 4-3-10 所示。

（15）选中表格中“课间操”所在行，在“绘图边框”组中将“笔样式”选择为“双直线”，“笔划粗细”为“0.5 磅”。单击“表格样式”组中的“边框”按钮，在弹出的下拉列表中选择“上框线”，再一次单击“边框”按钮，选择“下框线”，效果如图 4-3-11 所示。

课 程 表

计算机 1 班

星期 课程 节次	星期一	星期二	星期三	星期四	星期五
第一节					
第二节					
课　间　操					
第三节					
第四节					
下　午					
第五节					
第六节					
第七节					

图 4-3-10　修改第 1 行下边线

课 程 表

计算机 1 班

星期 课程 节次	星期一	星期二	星期三	星期四	星期五
第一节					
第二节					
课　间　操					
第三节					
第四节					
下　午					
第五节					
第六节					
第七节					

图 4-3-11　修改为双直线后的效果

（16）选中“下午”所在行，单击“表格样式”组中的“底纹”按钮，在弹出的“主题颜色”列表中选择“白色，背景 1，深色 15%”，效果如图 4-3-12 所示。

（17）在表格中填入“课程表样例”中的课程后，保存文档。

课 程 表

计算机 1 班

星期/课程/节次	星期一	星期二	星期三	星期四	星期五
第一节					
第二节					
课　间　操					
第三节					
第四节					
下　午					
第五节					
第六节					
第七节					

图 4-3-12　在“下午”行添加底纹

任务 3　制作个人简历表

在实际生活中遇到的表格种类、式样很多，有些比较规则（整行整列存在），有些表格的行高或列宽需要根据内容进行调整，有的还需要进行单元格的合并或单元格拆分。

任务说明

绘制个人简历表的关键是画出基本表格、编辑表格，使之达到实际应用的要求，具体操作就是对基本表格的单元格进行调整，改变单元格的大小。最终完成的个人简历如图 4-3-13 所示。

个人简历

姓名		性别		籍贯		照片
专业				民族		
学历		毕业学校				
政治面貌		健康状况		身高		
电子邮箱				职务		
联系电话						
家庭住址						
身份证号						
个人简历						
特长						

图 4-3-13　个人简历样例

活动步骤

START

1．教师讲解、演示制作个人简历表格。

2．学生上机练习制作个人简历表。

3．讨论操作中遇到的问题，提出解决方法。

任务操作

（1）新建一个 Word 文档，以“个人简历”为文件名保存。

（2）输入“个人简历”文字，将字体格式设置为“黑体、三号字、加粗、居中”。

（3）将光标置于第 2 行第 1 列的位置，利用“插入表格”的方法插入一个 10 行 8 列的表格。

（4）在单元格中依次输入简历中的文本，结果如图 4-3-14 所示。

（5）向左拖动第 6 列左侧边线，使之紧贴文字。用同样的方法向左拖动第 7、8 列左侧边线，以便给照片所在单元格留出足够大的空间。

（6）选中第 2 行第 2～4 单元格，合并。

（7）用同样的方法合并第 1 行的第 6、7 列；第 2 行的第 6、7 列；第 3 行的第 4～7 列；第 4 行的第 4、5 列；第 5 行的第 2～5 列以及第 7、8 列；从第 6 行开始，分别将以下 5 行的第 2～8 列合并。合并单元格后的效果如图 4-3-15 所示。

个人简历

姓名		性别		籍贯			照片
专业				民族			
学历		毕业学校					
政治面貌		健康状况			身高		
电子邮箱					职务		
联系电话							
家庭住址							
身份证号							
个人简历							
特长							

图 4-3-14　输入文字后的表格

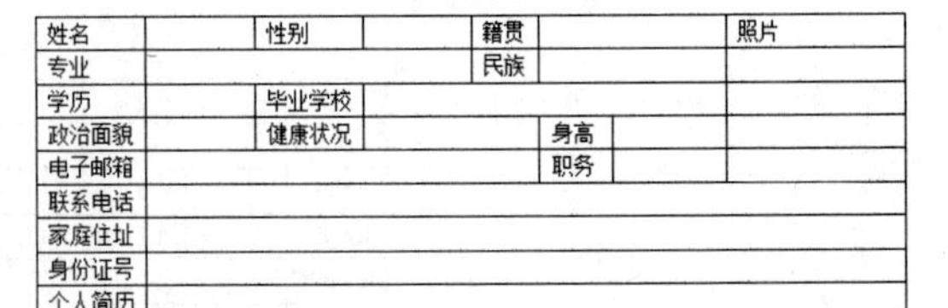

个人简历

姓名		性别		籍贯		照片
专业				民族		
学历		毕业学校				
政治面貌		健康状况		身高		
电子邮箱				职务		
联系电话						
家庭住址						
身份证号						
个人简历						
特长						

图 4-3-15　合并单元格后的效果

（8）将鼠标定位在“身份证号”所在行的第 2 列，选择“布局”选项卡，单击“合并”组中的“拆分单元格”按钮，打开如图 4-3-16 所示的“拆分单元格”对话框，在“列数”文本框输入“18”，在“行数”文本框输入“1”，将单元格拆分为 1 行 18 列。

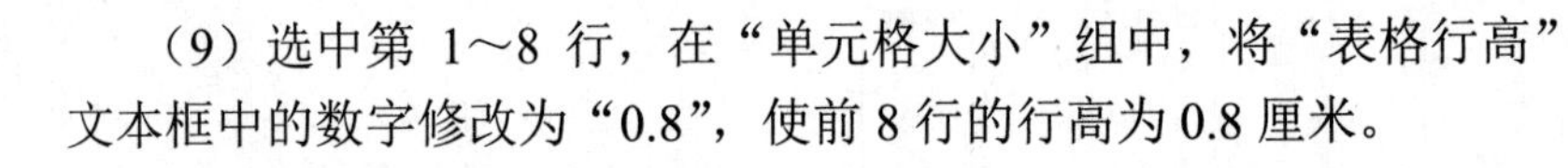

图 4-3-16　拆分单元格

（9）选中第 1～8 行，在“单元格大小”组中，将“表格行高”文本框中的数字修改为“0.8”，使前 8 行的行高为 0.8 厘米。

（10）将鼠标定位在“个人简历”所在行，将行高设置为“10”；用同样的方法将“特长”所在行的行高设置为“5”。

（11）选中整个表格，单击“对齐方式”组中的“水平居中”按钮，使表格中的文本在水平和垂直方向上都居中对齐。

（12）完成“个人简历”表格后，保存文档。

项目知识

1．快速创建表格（可以创建 8 行 10 列的表格）

（1）单击“插入”选项卡“表格”组中的“表格”按钮，出现插入表格示例框，如图 4-3-17 所示。

（2）在插入表格示例框中拖动鼠标，直至出现所需要的表格行、列数，松开鼠标，则在插入点位置创建一个相应行列数的规范表格。

2. 绘制表格

如果需要的表格不是很规则，可用“绘制表格”的方法创建。这种方法是在“表格”组中单击“表格”按钮，在弹出的下拉列表框中选择“绘制表格”选项，当鼠标指针成为笔形时，在文档中拖动鼠标可以绘制表格外框线，然后在表格中拖动鼠标绘制表格中的横线、竖线以及斜线。

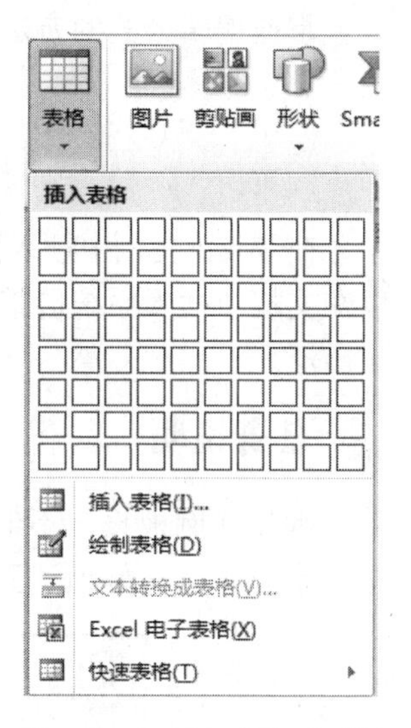

图 4-3-17　插入表格示例框

3. 将文字转换成表格

Word 2010 提供有将文字转换成表格的功能，但文字必须具备下列条件：每一行之间用回车符分开；每一列之间用分隔符（空格、西文逗号、制表符等）分开。转换操作的方法如下。

（1）在要转换的文字中加入分隔符。

（2）选择要转换成表格的所有文本。

（3）选择“插入”选项卡“表格”组中的“表格”按钮，在弹出的下拉列表中选择“文本转换成表格”项，打开如图 4-3-18 所示的对话框，输入表格的列数，选择文字分隔符的位置，单击“确定”按钮。

图 4-3-18　“将文字转换成表格”对话框

项目考核

本项目考核评价量化标准由教师视学生完成作业情况而定，本项考核内容也分为合作学习考核和知识、技能考核两个部分，前者考核内容参见第一单元项目 1，知识、技能考核内容如下。

（1）插入表格的操作。

（2）修饰表格的操作。

（3）对齐表格内容的操作。

（4）单元格合并、拆分的操作。

项目 4　编排图文表混合文档

利用插图和图表可以进一步强化文字说明的效果，使文档的版面图文并茂、形象生动，也能增强文档的说服力、感染力和吸引力。本项目将帮助用户掌握使用 Word 2010 混合排版的技巧，学会把各种图片、表格插入到文档中，制作出满足需要的精美文档。

项目目标

掌握插入图片、剪贴画的方法。

掌握插入艺术字的方法。

掌握插入表格的方法。

会对含有图、文、表的文档进行排版设计。

掌握编辑公式的方法。

任务 1　制作含有图文表的板报

在 Word 文档中插入图片，形成图文混合编排的版面是渲染文档效果的重要举措。用户可以在文档中插入系统自带的图片，也可以插入利用外部设备获取的图片或艺术字，选择范围相当广泛。

任务说明

制作样例板报，不但要考虑文本信息，还要添加图片、艺术字和表格等内容，综合运用这些素材才能更好地达到宣传的基本目的。板报样例如图 4-4-1 所示。

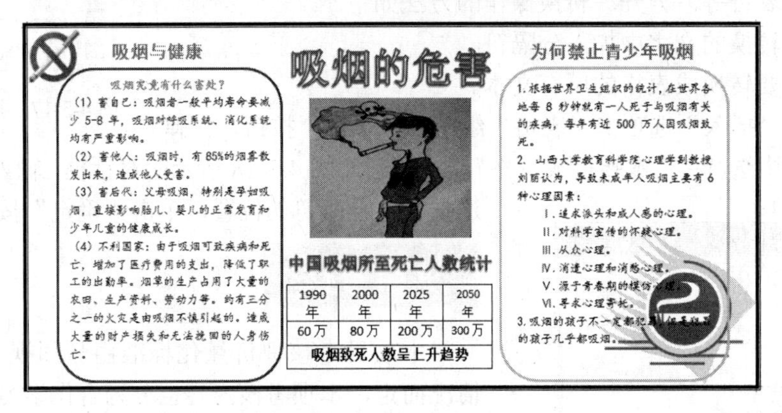

图 4-4-1　板报样例

活动步骤

START

1. 老师讲解、演示板报的制作过程。
2. 学生上机练习制作包含图文表的板报。
3. 教师讲评学生上机练习的成果。

任务操作

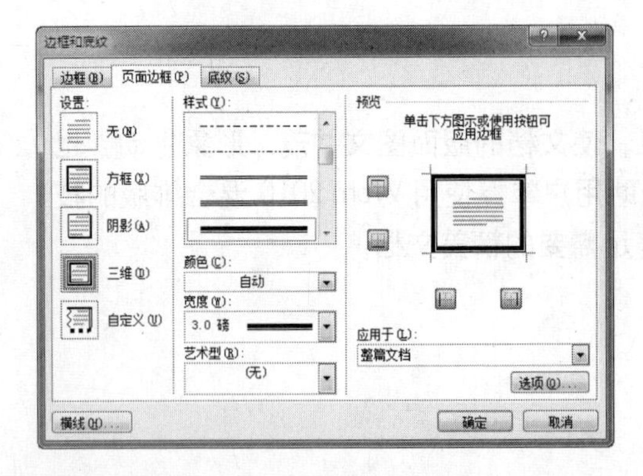

图 4-4-2　页面边框设置

（1）新建一个 Word 文档，纸张格式设置为“横向、宽 25 厘米、高 13 厘米”，页边距上、下、左、右均为 1 厘米，以“板报”为文件名保存。

（2）为文档添加页面边框，在“边框和底纹”对话框中的设置如图 4-4-2 所示。

（3）选择“插入”选项卡，单击“文本”组中的“艺术字”按钮，在弹出的“艺术字”下拉列表中选择第 1 行第 2 列样式，如图 4-4-3 所示。在文本框中输入“吸烟的危害”，对齐方式设置为“居中对齐”，效果如图 4-4-4 所示。

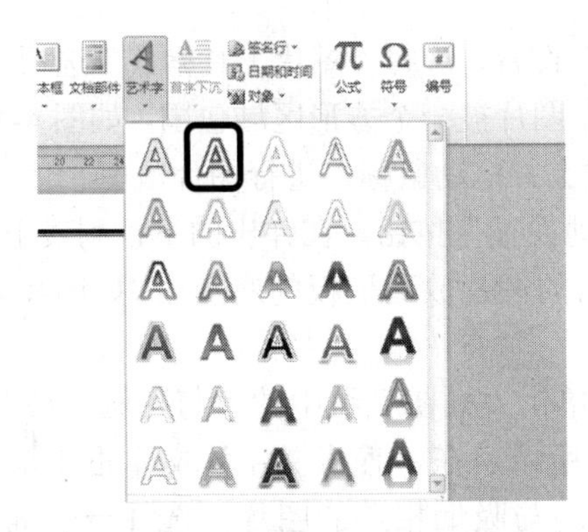

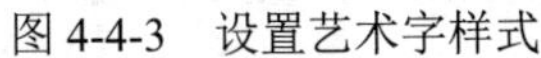
图 4-4-3 设置艺术字样式

图 4-4-4 艺术字“吸烟的危害”的效果

（4）插入一个文本框，输入“吸烟与健康”，格式设置为“黑体、三号字、加粗、蓝色”，将其放至黑板的左上方。

（5）插入第 2 个文本框，将文本框格式设置为“形状填充：无填充颜色；形状轮廓：无轮廓”。输入内容如图 4-4-5 所示，文本格式设置为“楷体、五号字”，将第 1 行标题的字体设置为“绿色、加粗”。

（6）插入第 3 个文本框，输入“为何禁止青少年吸烟”，并将其格式设置为“黑体、三号字、加粗”，放至黑板的右上方。

（7）插入第 4 个文本框，将文本框格式设置为“形状填充：无填充颜色；形状轮廓：无轮廓”。输入内容如图 4-4-6 所示，文本格式设置为“楷体、五号字”。

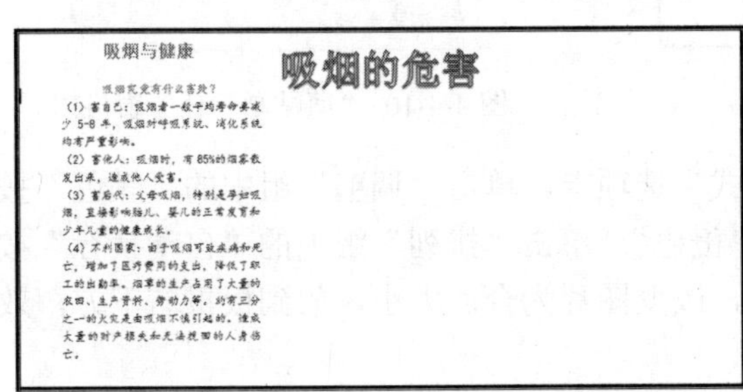

图 4-4-5 在左边插入两个文本框后的效果

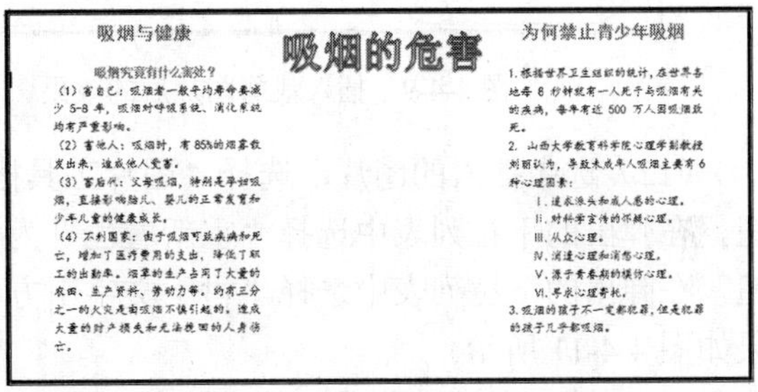

图 4-4-6 在右边插入两个文本框后的效果

（8）插入一个圆角矩形，格式设置为“形状填充：无填充颜色；形状轮廓：实线、2.25 磅；标准色：红色”。复制此“圆角矩形”，将第 2 个圆角矩形的颜色改为黄色，其他设置不变，这两个圆角矩形大小和放置的位置如图 4-4-7 所示。

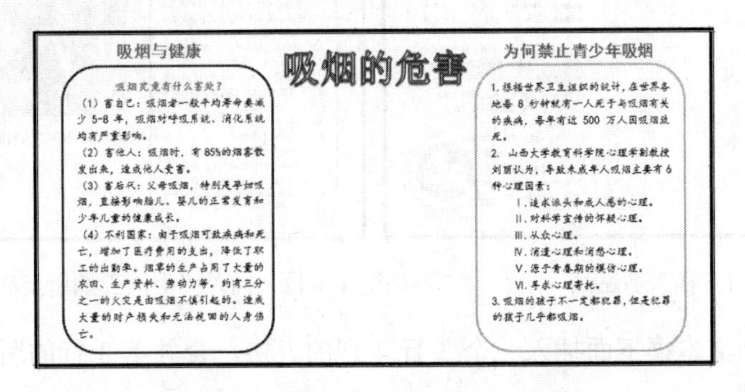

图 4-4-7 插入两个圆角矩形的效果

图 4-4-8 裁剪图片

（9）插入素材“禁止吸烟.png”图片，选择“图片工具格式”选项卡，单击“大小”组中的“裁剪”按钮，图片被一个方形区域包围，如图 4-4-8 所示。将鼠标放至图片黑色区域线上并拖动鼠标，进行图片裁剪。

（10）单击“排列”组的“自动换行”按钮，在弹出的下拉列表中选择“衬于文字下方”选项。将裁剪后的图片放到黑板的左上角，如图 4-4-9 所示。

（11）选择“插入”选项卡，单击“插图”组中的“剪贴画”按钮，在窗口右侧会出现“剪贴画”任务窗格，如图 4-4-10 所示。在“搜索文字”文本框中输入“吸烟”，单击“搜索”按钮，在任务窗格的下方会出现与吸烟相关的图片，选择一个插入到文档中。

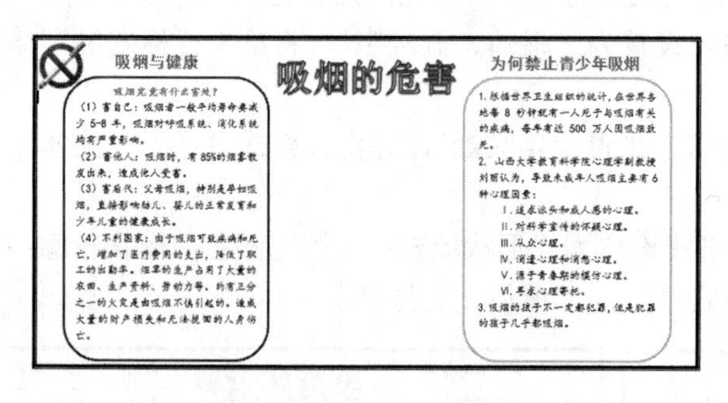

图 4-4-9 插入裁剪图片后的效果

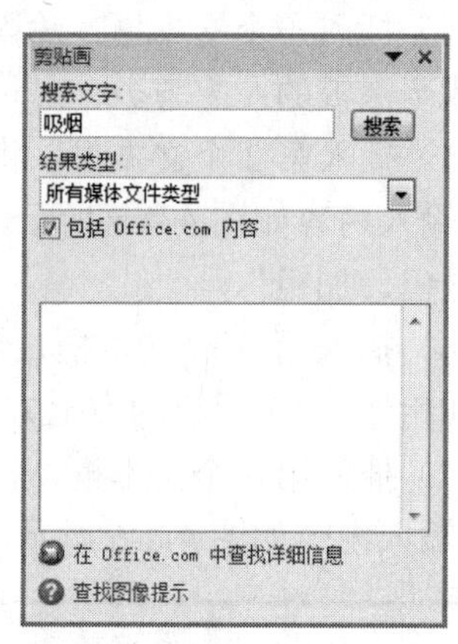

图 4-4-10 “剪贴画”任务窗格

（12）选中插入的图片，选择“图片工具格式”选项卡，单击“调整”组中的“颜色”按钮，在弹出的下拉列表中选择“重新着色”为“橙色”。单击“排列”组中的“自动换行”按钮，在弹出的下拉列表中选择“衬于文字下方”，改变图片为合适大小，放到板报右下方，效果如图 4-4-11 所示。

（13）插入素材“吸烟.jpg”图片，将它放到“吸烟的危害”下面，调整图片为合适大小。

（14）插入第 5 个文本框，内容为“中国吸烟所至死亡人数统计”，格式设置为“黑体、三号字、红色”，将文本框放到“吸烟”图片下方，效果如图 4-4-12 所示。

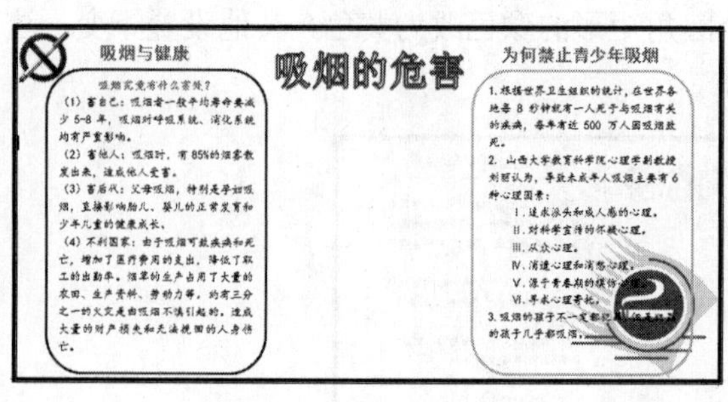

图 4-4-11 插入剪贴画

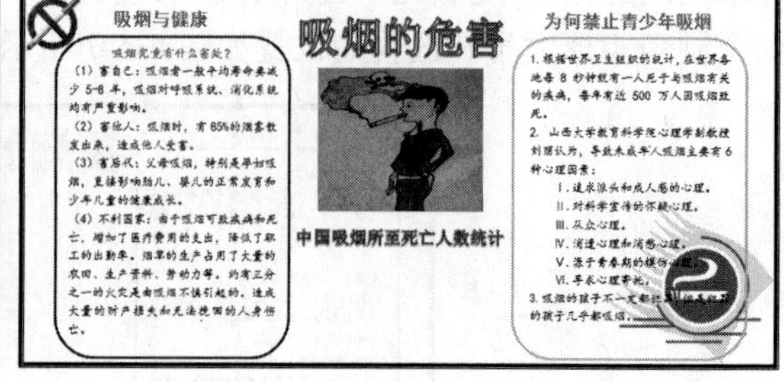

图 4-4-12 插入“中国吸烟所至死亡人数统计”文本框

（15）在第 5 个文本框下面插入一个 3 行 4 列的表格，合并第 3 行的所有单元格，输入板报样例中的内容。

（16）保存文档。

任务 2 制作图形和文字混合编排的海报

图形和文字混合编排是日常生活中常见的一种形式，Word 2010 提供了多种基本图形，如圆形、箭头等，用户利用基本图形能绘制出满足应用要求的复杂图形。

图 4-4-13 图形和文字混合排版样例

任务说明

文档中使用自选图形能强化文档的表现效果，图 4-4-13 是利用艺术字和自选图形制作的具有立体感效果的图形文档，制作这样的文档涉及的操作有插入艺术字、绘制自选图形、给自选图形添加阴影或填充颜色、在自选图形中添加文字等。

活动步骤

START

1．教师讲解、演示制作样例海报。
2．学生上机练习制作样例海报。
3．讨论操作中遇到的问题，提出解决方法。

任务操作

（1）新建一个 Word 文档，以“海报”为名保存。

（2）选择“插入”选项卡，单击“文本”组中的“艺术字”按钮，在弹出的下拉列表中选择第 6 行第 3 列的样式，将文本格式设置为“华文行楷、小初、加粗”，并把它放到第 1 行的中间。

（3）单击“插入形状”组中的下拉列表按钮，如图 4-4-14 所示。在弹出的“形状”下拉列表中选中“箭头总汇”的“右弧形箭头”，将其插入到文档中，调整大小并放到合适位置，效果如图 4-4-15 所示。

（4）选择“插入”选项卡，单击“插图”组中的“剪贴画”按钮，在“剪贴画”任务窗格的“搜索文字”栏中输入“人物”，找到如图 4-4-16 所示的剪贴画，调整大小并放到合适位置。

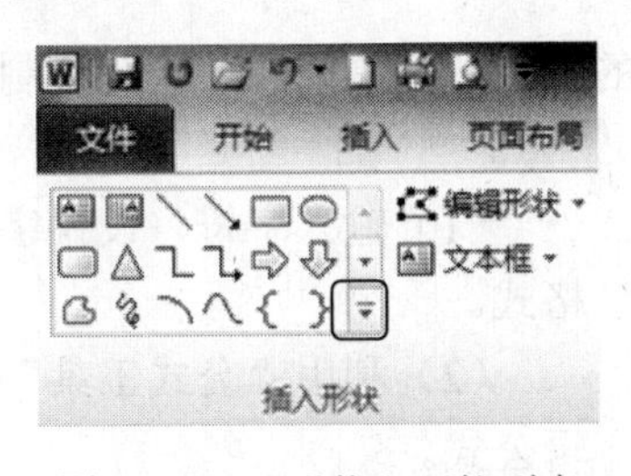

图 4-4-14 “形状”下拉列表

图 4-4-15 插入箭头形状

图 4-4-16 插入剪贴画

（5）单击“形状”按钮，在弹出的下拉列表中选择“基本形状”中的“椭圆”，在按【Shift】键的同时拖动鼠标，画出一个正圆。

（6）选中画的圆，单击“形状样式”组中的下拉列表按钮，如图 4-4-17 所示，在弹出的下拉列表中选中第 6 行“强烈效果-红色，强调颜色 2”，操作后的效果如图 4-4-18 所示。

图 4-4-17 “形状”样式列表按钮

图 4-4-18 插入圆后的效果

（7）把鼠标放在绘制的圆上右击，在弹出的快捷菜单中选择“添加文字”项，输入“立”字。

（8）选中文字“立”，设置文本格式为“华文琥珀、一号、蓝色”。单击“字体”组中的“文本效果”按钮，如图 4-4-19 所示，在下拉列表中选择第 4 行第 1 列样式，再次单击“字体”组中的“文本效果”按钮，在下拉列表中选择“阴影”列表“透视”组中的“左上对角透视”效果，操作后的效果如图 4-4-20 所示。

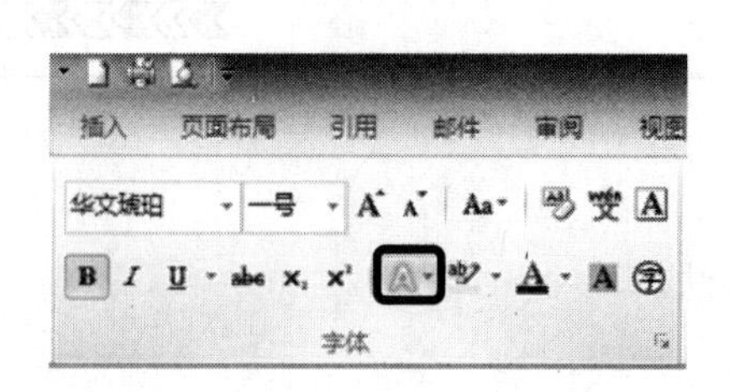

图 4-4-19 “字体”组中的“文本效果”按钮

图 4-4-20 “立”字效果

（9）用同样的方法制作后面三个圆并输入相应文字，将圆的颜色和文字颜色做相应改变，操作后的效果如样例所示。

任务 3 制作数学试卷

制作数学、化学、物理试卷主要需要解决多种形式的公式输入、编辑问题，Word 2010 提供了强大的公式编辑功能，完全能够满足制作数理化试卷的各种需求。

任务说明

使用 Word 制作数学试卷要解决所有字符输入和数学公式的输入和编辑问题，因此，制作数学试卷可以分解成以下过程。

（1）输入字符、设置字符格式。

（2）利用“公式工具”编辑公式。

数学试卷的部分内容如图 4-4-21 所示。

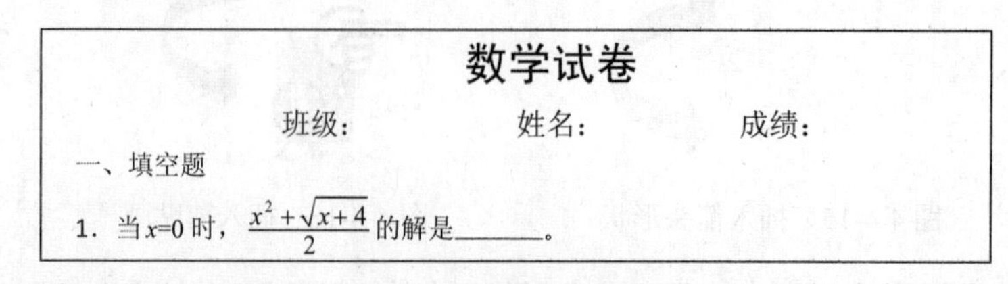

数学试卷

班级： 姓名： 成绩：

一、填空题

1．当 x=0 时，$\frac{x^2+\sqrt{x+4}}{2}$ 的解是______。

图 4-4-21 数学试卷样例

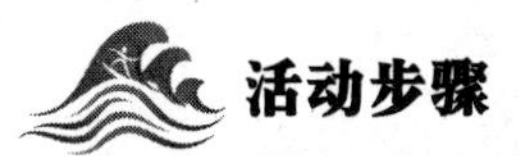

活动步骤

START

1．教师讲解、演示“公式工具”的使用方法。
2．学生上机练习制作样例试卷。
3．讨论上机操作出现的问题，提出解决方法。

任务操作

（1）新建一个 Word 文档，以“数学试卷”为文件名保存。

（2）利用所学的知识依次输入“数学试卷　班级：　姓名：　成绩：　一、填空题　1．当 x=0 时”等内容，并按样例要求排版。

（3）选择“插入”选项卡，单击“符号”组中的“公式”按钮，如图 4-4-22 所示，在下拉列表中选择“插入新公式”选项，文档插入点处出现公式编辑区，如图 4-4-23 所示，菜单项出现“公式工具设计”选项卡。

图 4-4-22　“公式”按钮

图 4-4-23　公式编辑区

提示

“公式工具设计”功能区有常用的符号，还有分数、上下标、根式等按钮，如图 4-4-24 所示。

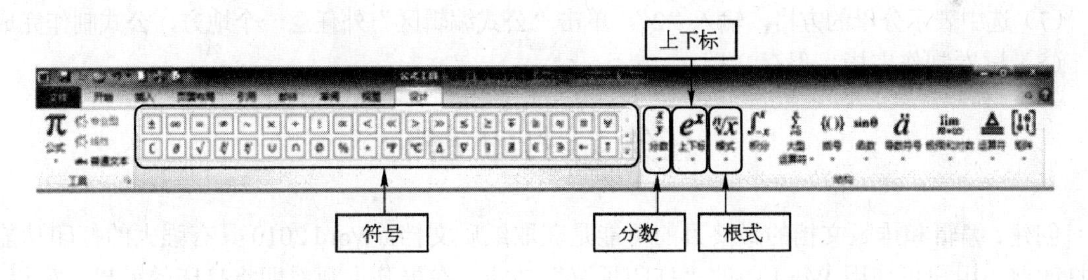

图 4-4-24　“公式工具设计”功能区中的插入公式项

（4）单击“公式工具设计”选项卡的“分数”按钮，在下拉列表中选择第一种分数形式，如图 4-4-25 所示，公式编辑区会出现如图 4-4-26 所示的分数格式。单击上面的虚线方格输入分子，单击下面的虚线方格输入分母。

（5）选中表示分子的方格，单击“结构”组的“上下标”按钮，弹出如图 4-4-27 所示的“上标和下标”列表，选择“下标和上标”区的第一种上标样式，分子部分会出现如图 4-4-28 所示的上标形式。在左下角的方格中输入 x，在右上方的小方格中输入 2，组成 x^2，观察光标的长短，如果光标在“2”的后面很短，是输入上标的，要重新定位光标，调整光标变长输入后面根式，在“符号”组找到“+”号选择输入。

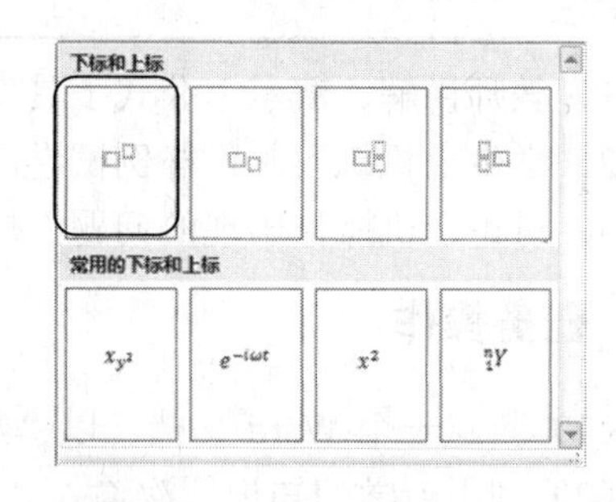

图 4-4-25　“分数”下拉列表　　图 4-4-26　分数格式　　图 4-4-27　“上标和下标”列表

（6）单击“结构”组中的“根式”按钮，在弹出的下拉列表中选择“根式”区的第一种样式，如图 4-4-29 所示，出现如图 4-4-30 所示的根式输入样式。在根号下的方格内输入“x+4”，分子部分制作完成。

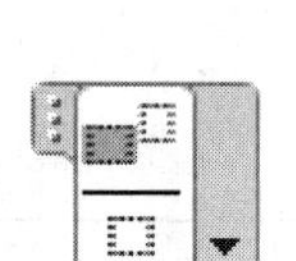

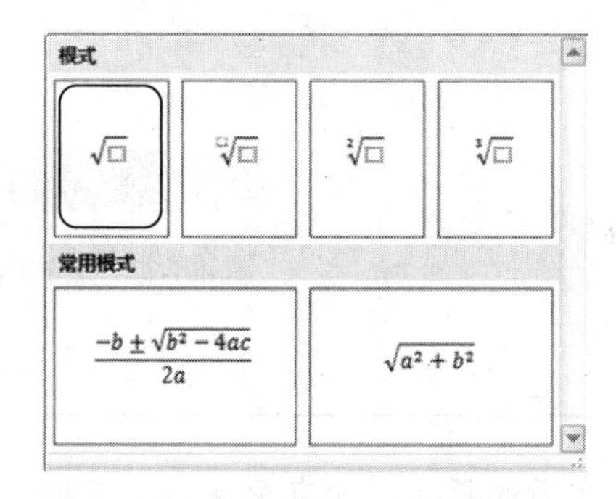

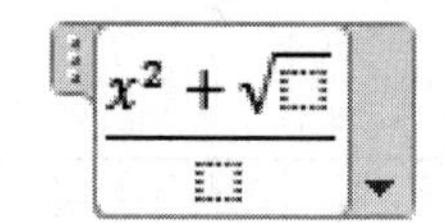

图 4-4-28　分子的上标形式　　图 4-4-29　“根式”下拉列表　　图 4-4-30　根式输入样式

（7）选中表示分母的方格，输入“2”，单击“公式编辑区”外任意一个地方，公式制作完成。

（8）试卷制作完毕，保存文档。

任务 4　打印文档

创建、编辑和排版文档的最终目的可能是获取纸质文档，Word 2010 具有强大的打印功能。在打印前，用户可使用 Word 中的“打印预览”功能，在屏幕上观看即将打印的效果，如果不满意还可以对文档进行修改。

任务说明

打印输出文档是将电子文档转换成纸质文档的过程。在打印文档之前，应确保计算机已正确连接了打印机，并安装了相应的打印机驱动程序。不同种类打印机的打印效果存在差异，办公环境常用激光打印机。为了节省耗材保证一次打印成功，应预览效果并正确设置打印参数和打印机。

活动步骤

START

1．教师讲解、演示打印文档操作。

2．学生练习设置打印文档。

3．讨论操作中应注意的问题，总结节省打印耗材的办法。

任务操作

（1）打印预览。打开 Word 2010 文档窗口，单击“文件”→“打印”命令，如图 4-4-31 所示。在打开的“打印”窗口右侧预览区域，可以查看 Word 2010 文档的打印预览效果，用户设置的纸张方向、页面边距等都可以通过预览区域查看，用户还可以通过调整预览区下面的滑块改变预览视图的大小。

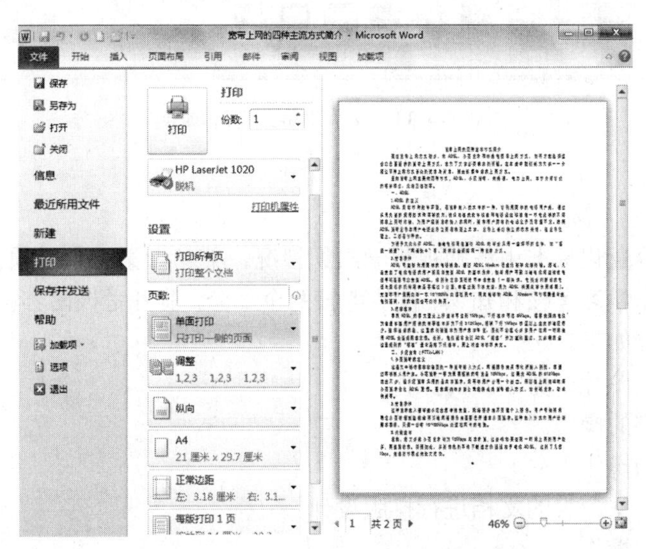

图 4-4-31 Word 2010 的打印预览

（2）完成预览并修正预览发现的错误后，在“打印”选项组的“份数”框中设置打印份数；在“打印机名称”下拉列表中，选择打印机并查看打印机的状态、类型、位置等信息。单击“打印机属性”，打开“打印机属性”对话框，在该对话框中对选择的打印机属性进行设置。

（3）在“设置”选区中可设置打印的页数、单面打印、双面打印、调整页边距、选择纸张大小、设置纸张方向等。设置完成后，单击“打印”按钮，即可打印输出文档。

项目知识

1．Word 图文混排

Word 图文混排使用到的基本对象有图片、艺术字、文本框、SmartArt 图形、图表等，基本的方法是编辑和格式化设置对象的大小、位置、环绕方式、对齐方式、组合对象及对象上下层叠加的关系等。

2．在文本中加入图片对象

方法是单击“插入”选项卡“插图”组中相应的对象，如图 4-4-32 所示。

图 4-4-32 “插图”组

3．编辑对象

在文档中插入图形图片等对象后，对象的大小、位置和格式等不一定符合要求，需要进行各种编辑才能达到令人满意的效果。对象基本属性和格式的设置可通过“图片工具”的“格式”选项卡完成，如图4-4-33所示。操作方法是选中对象，在“图片工具（或绘图工具）”的“格式”选项卡中，对图形图片进行各种编辑操作，如调整对象大小、设置亮度和对比度、重新着色、设置艺术效果、对象形状、边框、三维效果、环绕方式、对齐对象、组合对象等。

图4-4-33　图片“格式”选项卡

项目考核

本项目考核评价量化标准由教师视教学组织情况，并参考第一单元项目1中的内容而定。考核内容也分为合作学习考核和知识、技能考核两个部分，前者考核内容参见第一单元项目1，知识、技能考核内容如下。

（1）插入图形、图片、剪贴画的操作。

（2）插入艺术字的操作。

（3）插入表格的操作。

（4）对含有图、文、表的文档进行排版设计。

（5）公式编辑的操作。

（6）打印文档的操作。

回顾与总结

熟练使用Word 2010，首先要掌握创建、编辑、保存文档的操作。

文档格式设置是Word 2010中最基本、最重要的操作，不论编辑什么样的文档，都是在文档格式设置后，才能达到想要的结果，所以掌握分栏、段落、文字方向、首字下沉等的操作非常重要。有时为了方便阅读，还要插入页眉、页脚等内容。

插入表格也是Word 2010的重要内容，有些内容用表格方式呈现要比用文字描述看起来更清楚、醒目。

学习Word 2010最重要的一个方面就是能将图、文、表等元素融合在文档中，所以熟练地掌握插入文本框、图片、艺术字、图形等操作，并能对它们的格式进行设置，才能达到图文表混合排版的预期效果。

全国计算机等级考试的一级MS Office考纲要求，考生必须熟练掌握Word的基础和较为复杂的操作技能，二级考纲明确要求考生要在一级的基础上，掌握Word复杂的操作技能，因此，一级考点是参加一级和二级考试考生必须掌握的操作技能，二级考点则是参加二级考试考生重点关注的内容。

等级考试考点

一级考点

考点 1：Word 2010 启动与退出

要求考生能够正确启动和退出 Word 2010。

考点 2：Word 2010 操作环境和功能

要求考生了解 Word 2010 操作窗口的基本组成和功能；会使用窗口命令和工具完成操作任务。

考点 3：创建文档、打开文档、输入文本和保存文档

要求考生能够根据考试要求，创建新的文档、打开已有的文档，会在文档中输入考试要求的内容，会将文档以指定文件名保存在指定位置。

考点 4：文本基本编辑

要求考生能够根据考试要求准确地定位、选择文本；会插入与删除文本；会移动、复制文本；能对特定文本进行简单或高级的查找与替换操作。

考点 5：文本格式的设置

要求考生能够对文本的字体、字形、字号和颜色按要求进行设置；会设置文字的边框和底纹、字间距等，会给文字添加下画线、着重号等。

考点 6：段落格式的设置

要求考生能够根据考试要求正确地设置段落的对齐方式、段落缩进、行间距、段间距、段落边框和底纹、项目符号和段落编号等格式。

考点 7：页面格式的设置

要求考生能够根据考试要求在页面布局中设置每页的行数、字数、字体、字号、栏数、正文排列方式和应用范围等；能使用“页边距”“纸张大小”命令设置上、下、左、右边距，纸张大小和方向；能够正确插入分节符与分页符；能够按考试要求设置页眉、页脚和页码；能按要求为页面设置首字下沉、页面分栏及页面边框。

考点 8：创建与编辑表格

要求考生能够掌握简单及复杂表格的创建方法；掌握在表格中输入文本、插入和删除表格对象、合并与拆分单元格、对齐行与列；会选定表格对象及对表格对象设置格式、美化表格等操作。

考点 9：排序与计算表格数据

要求考生能够借助 Word 2010 提供的数学公式运算功能，对表格中的数据进行数学运算，包括加、减、乘、除以及求和、求平均值等常见运算；能按照要求对表格中的数据进行排序。

考点 10：在文档中使用图形图片

要求考生正确掌握图形和图片的插入方法；会建立和编辑形状；会使用和编辑艺术字和文本框；会对各种图形图片设置所需的格式。

考点 11：文档的保护和打印

要求考生能够根据考试要求为文档设置密码保护；能够查看文档的打印预览效果并按考试要求设置和打印文档。

二级考点

考点 1：文本的高级编辑

要求考生能够按照考试的要求在文档中插入和编辑数学公式、特殊符号；会创建和使用文档部件以提高编辑效率。

考点 2：文档的高级排版

要求考生能够根据考试要求对不同的节设置不同的页眉、页脚和页码；能够正确使用脚注、尾注、题注、交叉引用、索引和目录等。

考点 3：应用样式对全文格式进行规范管理

要求考生能够应用样式对文字、图、表、脚注、题注、尾注、目录、书签、页眉、页脚等多种页面元素进行统一的设置和调整。

考点 4：文档的审阅、修订和比较

要求考生能够按要求对文档进行审阅和修订；能使用比较文档功能快速修订文档；会在文档中插入批注、脚注和尾注。

考点 5：邮件合并

要求考生能够结合域的使用，利用邮件合并功能批量制作和处理文档。

第四单元实训

（1）用第四单元所学的知识制作一期有关保护动物的校报，校报中要有艺术字、图片、图形、表格等，要求版面精致，表现力强，内容丰富。所用到的文字及图片素材从网上查找。

（2）编辑以下公式：

$$K_{1,2} = \frac{\sqrt{M^2 + N^2}}{2}$$

第四单元习题

1．单项选择题

（1）Word 2010 文档的扩展名是（　　）。

A．.txt　　B．.wps　　C．.docx　　D．.dotx

（2）第一次保存文件时，将出现“（　　）”对话框。

A．保存　　B．全部保存　　C．另存为　　D．保存为

（3）在 Word 2010 中设置字符颜色，应先选定文字，再选择“开始”选项卡“（　　）”组中的命令。

A．段落　　B．字体　　C．样式　　D．颜色

（4）在段落的对齐方式中，（　　）可以使段落中的每一行（包括段落的结束行）都能与页面左右边界对齐。

A．左对齐　　B．两端对齐　　C．居中对齐　　D．分散对齐

（5）在 Word 的编辑状态下，选择了文档全文，若在“段落”对话框中设置行距为“20 磅”的格式，应该选择“行距”列表中的（　　）。

A．单倍行距　　B．1.5 倍行距　　C．多倍行距　　D．固定值

2．多项选择题

（1）Word 2010 中的视图包括（　　）。

A．页面视图　　B．阅读版式视图　　C．Web 版式视图　　D．大纲视图

（2）在 Word 2010 中可以创建（　　）。

A．普通信封　　B．邮件信封　　C．标签　　D．首日封

（3）页面边框可以设置（　　）。

A．方框　　B．阴影　　C．三维　　D．自定义

（4）插入脚注的位置可以是（　　）。

A．文字下方　　B．页面底端　　C．页面顶端　　D．任意位置

（5）段落的缩进方式有（　　）。

A．页面缩进　　B．首行缩进　　C．段落缩进　　D．不能缩进

3．判断题

（1）对当前文档的分栏最多可以分三栏。（　　）

（2）“查找”命令只能查找字符串，不能查找格式。（　　）

（3）Word 不能实现英文字母的大小写互相转换。（　　）

（4）使用“页面设置”命令可以指定每页的行数。（　　）

（5）在插入页码时，页码的范围只能从 1 开始。（　　）

4．简答题

（1）如何设置文字的颜色？

（2）如何设置上标和下标？

（3）绘制表格的方法有哪几种？

（4）如何设置文本框的环绕方式？

5．操作题

按照如下图所示的样例进行如下操作。

（1）设置页眉和页脚：在页眉左侧输入“科普天地”，右侧输入“第 1 页”。

（2）按照样例将标题设置为艺术字，字体为华文彩云，环绕方式为“浮于文字上方”。

（3）将正文第一段字体设置为仿宋，四号，添加下画线，字体颜色为“深蓝”。

（4）在第一段开始处添加符号“★”。

（5）在样例所示位置插入图片，设置图片大小为缩放 80%，环绕方式为四周环绕型。

（6）将后三段设置成三栏格式，加分隔线，行间距为 22 磅。

（7）按照样例设置首字下沉。

（8）绘制如样例中的表格。给第一行加底纹，给表格加外边框。

（9）插入样例中的公式。

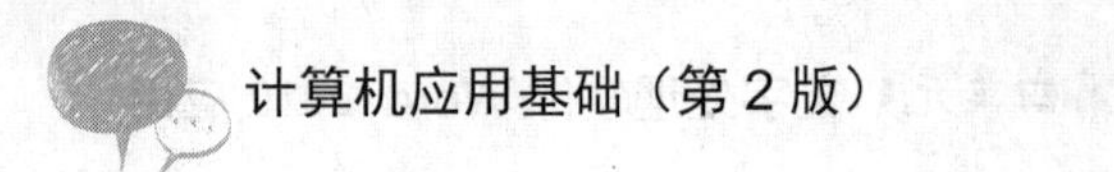

科普天地　　　　第1页

数学史话

★数学是研究现实世界中数量关系和空间形式的科学。简单地说，就是研究数和形的科学。

在生产和和劳动过程中，即使是最原始的民族，也知道简单的计数，并由用手指或实物计数发展到用数字计数。在中国，最迟在商代，即已出现用十进制数字表示大数的方法；至秦汉之际，即已出现完满的十进位制。

形的研究属于几何学的范畴。古代民族都具有形的简单概念，并往往以图画来表示，而图形之所以成为数学对象是由于工具的制作与测量的要求所促成的。规矩以作圆方，中国古代大禹治水时即已有规、矩、准、绳等测量工具。

由于数学研究对象的数量关系与空间形式都来自现实世界，因而数学尽管在形式上具有高度的抽象性，而实质上总是扎根于现实世界的。生活实践与技术需要始终是数学的真正源泉，反过来，数学对改造世界的实践又起着重要的、关键性的作用。理论上的丰富提高与应用的广泛深入在数学史上始终是相伴相生，相互促进的。

$$\mu = 2\cos\frac{1}{2}(\alpha^2+\beta^2)\cos\frac{1}{2}(\alpha^2-\beta^2)$$

样例

电子表格处理软件 Excel 2010 应用

Excel 2010 是办公集成套装软件 Office 2010 中重要的应用程序之一，是功能十分完善的电子表格处理软件。使用 Excel 2010 不仅可以制作各种精美的数据表格，还可以对表格中的数据进行分析或直观显示表格数据图表化。Excel 2010 强大的数据处理能力，使其成为提高办公效率的得力工具，被广泛应用于财务、统计、行政管理、办公自动化等众多领域。

项目 1　制作电子表格

制作满足应用需要的电子表格是使用表格管理数据的第一步，而基本操作是后续操作的重要基础。与 Word 2010 类似，用 Excel 2010 制作电子表格的基本操作也包含新建、保存、打开等，熟练掌握这些操作，是用 Excel 2010 制作电子表格的开始。

项目目标

熟练掌握建立、保存工作簿的操作。
熟悉 Excel 2010 操作窗口的组成。
掌握常见数据类型的输入方法。
掌握工作表模板的设置方法。
了解保护工作簿数据的方法。

任务 1　创建、保存工作簿

使用 Excel 2010 管理数据应首先创建一个工作簿。工作簿中通常包含若干个工作表，工作表是录入数据、管理数据的基本环境。

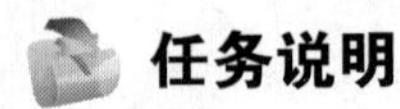

任务说明

启动 Excel 2010 后，系统会自动创建新的工作簿，用户也可以在需要时创建满足工作要求的工作簿，在完成表格编辑工作后则需要保存工作簿。本任务将帮助学习者了解工作簿、工作表和单元格的概念，认识电子表格操作界面，学会进入、退出编辑环境，并能将工作簿保存在指定位置。

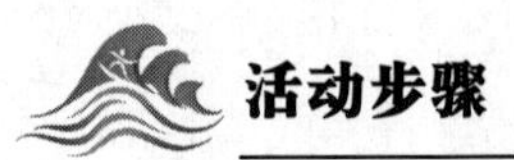

活动步骤

START

1．教师讲解、演示创建与保存工作簿，帮助学生全面认识工作簿、工作表和单元格。
2．学生上机练习创建与保存工作簿。
3．学生分组讨论操作中遇到的问题，教师讲评学生实习操作成果。

任务操作

1．启动 Excel 2010

单击“开始”按钮，指向“所有程序”→“Microsoft Office”→“Microsoft Office Excel 2010”，单击“Microsoft Office Excel 2010”即可启动 Excel 2010。启动 Excel 2010 后，系统为用户新建一个空白工作簿。

2．了解 Excel 2010 **操作窗口**

Excel 2010 操作窗口主要由快速访问工具栏、标题栏、功能区、工作区、状态栏等组成，如图 5-1-1 所示。

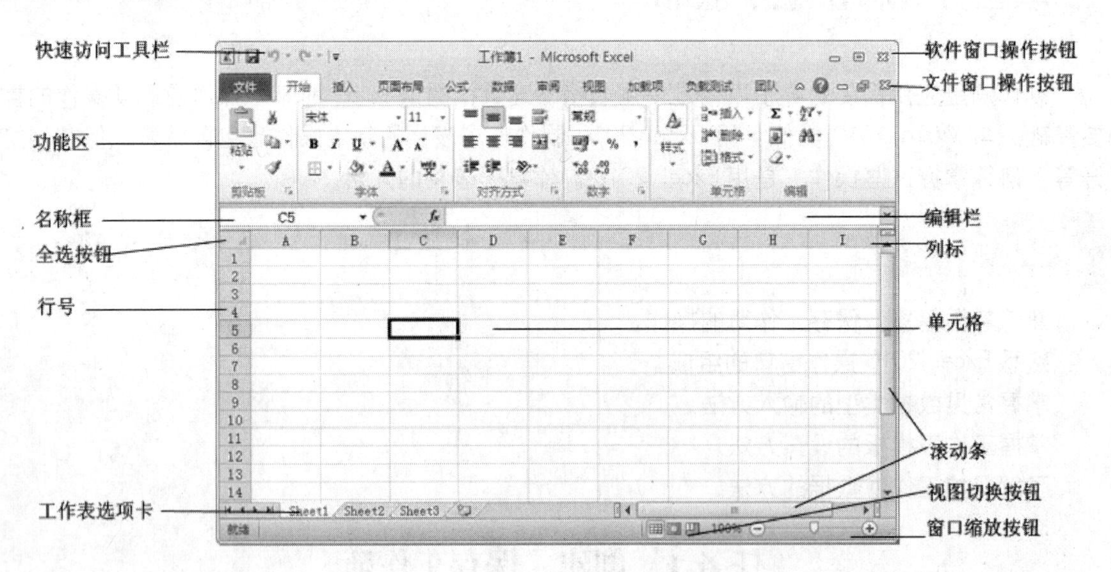

图 5-1-1 Excel 2010 操作窗口

（1）快速访问工具栏。位于窗口左上方，用于放置一些常用工具，在默认情况下包括“保存”“撤销”和“恢复”3 个按钮。

（2）功能区。用于放置编辑文档时所需的功能按钮。功能区的按钮按功能划分为组，简称为功能组。

（3）工作区。用于录入和编辑数据。

3．认识 Excel 2010 的工作簿、工作表、单元格

（1）工作簿。工作簿是指 Excel 文件。新建工作簿的默认文件名为工作簿 1，在标题栏文件名处显示。默认情况下，一个工作簿由 3 张工作表组成，分别以“Sheet1”“Sheet2”和“Sheet3”命名。工作簿中工作表的数量可以根据用户需要添加。

（2）工作表。工作表是组成工作簿的基本单位，每张工作表以工作表标签的形式显示在工作表的编辑区底部，用户可单击标签名切换。每张工作表由若干行、若干列组成。行标用于显示工作表中的行，以数字编号，如 1，2，3，…；列标用于显示工作表中的列，以字母编号，如 A，B，C，…；一张工作表最多可以有 1048576 行、16384 列。

（3）单元格。单元格是由列和行交叉组成的区域，是 Excel 编辑数据的最小单位。单元格由它们所在的“列号”+“行号”来命名，如 A6、B5 单元格等。

4．创建工作簿

在“文件”菜单中，单击“新建”命令，显示可供选择的模板。在“可用模板”选项区中，双击“空白工作簿”，即可创建一个新的空白工作簿，操作如图 5-1-2 所示。

图 5-1-2　新建工作簿

5．保存工作簿

在工作簿中进行数据录入、编辑、计算等操作时，为了防止死机、断电等情况造成数据丢失，应注意在编辑过程中随时保存数据。

（1）在“文件”菜单中，单击“另存为”命令，如图 5-1-3 所示。

（2）在打开的如图 5-1-4 所示的“另存为”对话框中，选择文件的保存位置，在“文件名”文本框中输入文件名称“我的第一份工作簿”，单击“保存”按钮。

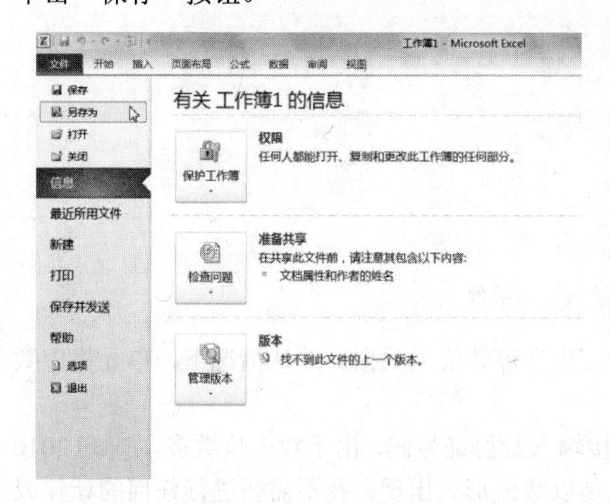

图 5-1-3　另存工作簿

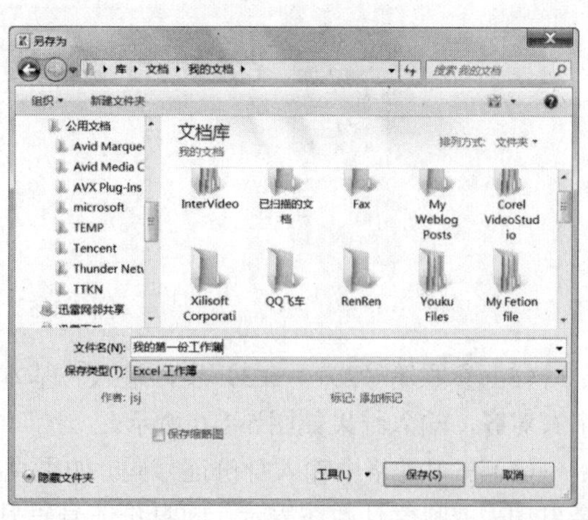

图 5-1-4　“另存为”对话框

任务2　创建职工工资表

创建工作簿后，可以在单元格里输入数据，由于数据类型不同，输入某些特殊数据时只有设置相应的数据格式，才能得到所希望的数据样式。

任务说明

本任务是在职工工资样表中录入数据。在工作表中输入数据时，文本、数值型数据可以直接录入，对身份证号码、日期、货币等特殊格式数据应先设置正确的数据格式，然后再录入数据，以确保正确录入数据。对已录入的数据可以进行修改操作。

活动步骤

START

1．教师讲解、演示制作职工工资表，录入、编辑数据。
2．学生上机练习制作职工工资表。
3．学生讨论操作中遇到的问题，教师讲评学生实习操作成果。

任务操作

（1）单击A1单元格，将光标移至单元格内后，鼠标指针变成一个空心十字形，输入“职工工资表”。

（2）按【Enter】键确认输入的内容，同时自动向下激活A2单元格，输入文本“姓名”。

（3）按右键或【Tab】键确认输入的内容，同时自动向右激活B2单元格，输入文本“性别”。

（4）用第（3）步的方法，在表格中输入其他文本数据，依次输入“身份证号码”“参加工作时间”等。默认情况下，单元格中的文本左对齐，如图5-1-5所示。

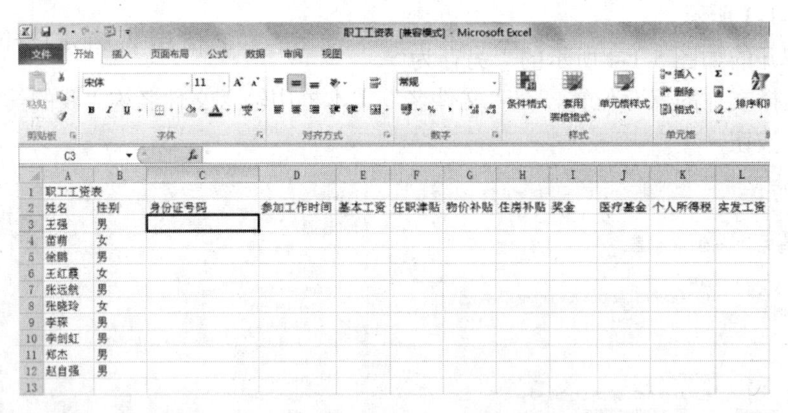

图5-1-5　输入文本数据

（5）参照第（2）～（3）步，输入“基本工资”等数值型数据。默认情况下，单元格中数字右对齐，输入结果如图5-1-6所示。

（6）在单元格中输入身份证号码。如果直接输入身份证号码，由于数值位数多，Excel 2010会自动采取科学计数法表示。因身份证号码只是以数值形式出现，并不需要进行任何的计算或统计，因此，可以采用半角字符“'”+数字“身份证号码”的方法输入，输入后身份证号码将被识别为文本型数据，如图5-1-7所示。

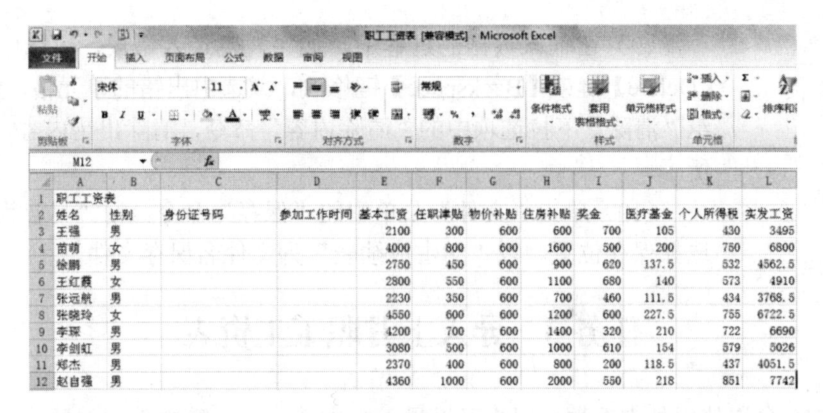

图 5-1-6 输入数字

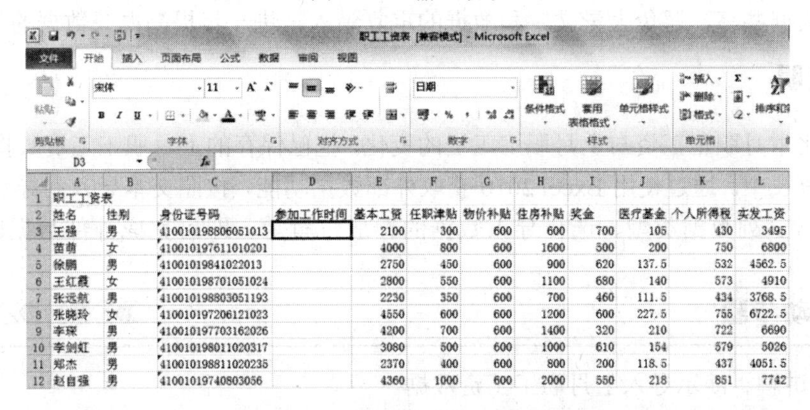

图 5-1-7 输入身份证号码

（7）在单元格中输入参加工作时间。输入参加工作时间后，选中“参加工作时间”项目中的数据，右击，在弹出的快捷菜单中选择“设置单元格格式”选项，打开“设置单元格格式”对话框。在“数字”选项卡中，选择“日期”分类，参照示例选择需要的日期表现形式，如图 5-1-8 所示。

（8）设置基本工资、任职津贴等货币项目。由于表示货币的数据通常要保留到小数点后两位，所以对于工资项目要设定保留两位小数。选中“基本工资、物价补贴”等数据后，打开“设置单元格格式”对话框，在“数字”选项卡中把“分类”设置为“货币”，单击“确定”按钮，把该项数据设置为货币格式，如图 5-1-9 所示。

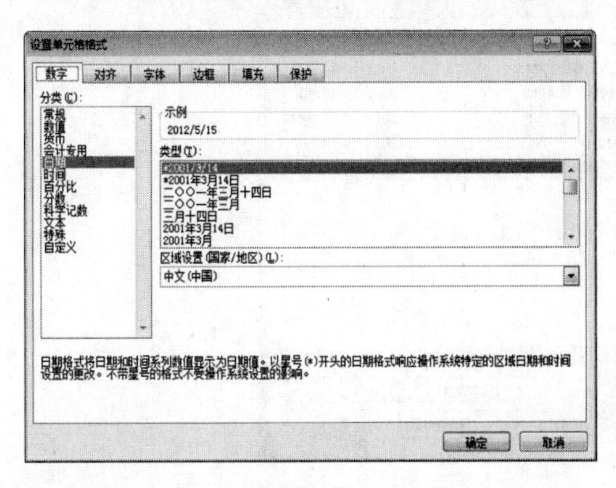

图 5-1-8 日期表现形式的选择

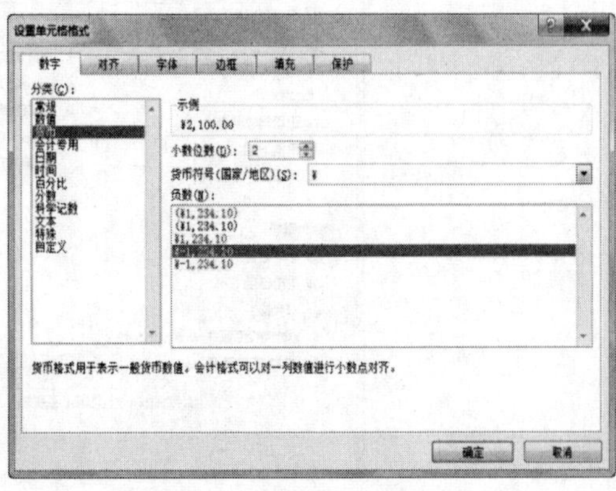

图 5-1-9 货币格式的选择

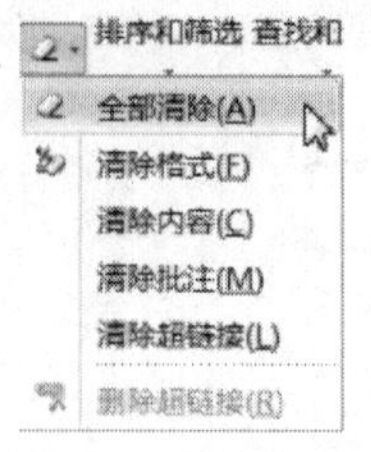

图 5-1-10　清除内容

（9）在输入数据的过程中，如果发生录入错误，可选中单元格，按【Delete】键或【Backspace】键修改，或选中出错的单元格，使用“编辑”组“清除”下拉选项中的“清除内容”命令，清除出错内容，如图 5-1-10 所示。

（10）单击“文件”菜单中的“保存”命令，在“另存为”对话框中选择保存位置，以“学生成绩表”为文件名保存文件。

任务 3　导入上月职工工资表

Excel 2010 允许使用外来数据，用户可以导入文本、Access 等文件中的数据，以实现电子表格与外部数据共享，避免大量文字和数据的重复录入，进一步提高办公数据的使用效率。

任务说明

为了对比本月职工工资与上月职工工资的变化，把已保存的上月职工工资数据的文本文件导入职工工资表中。通过使用 Excel 2010 获取外部数据功能，按照文本导入向导的步骤，依次设置分隔符号、列数据类型、选择导入数据的存放位置等，即可完成外部数据的导入操作。

活动步骤

START

1．教师讲解、演示导入上月职工工资数据。

2．学生上机练习导入数据的操作。

3．学生讨论操作中遇到的问题、教师讲评学生实习操作成果。

任务操作

（1）打开“职工工资表”工作簿，选择“数据”选项卡， 单击“获取外部数据”，选择“自文本”选项。

（2）在打开的“导入文本文件”操作窗口，选择需要导入的文件，如图 5-1-11 所示。

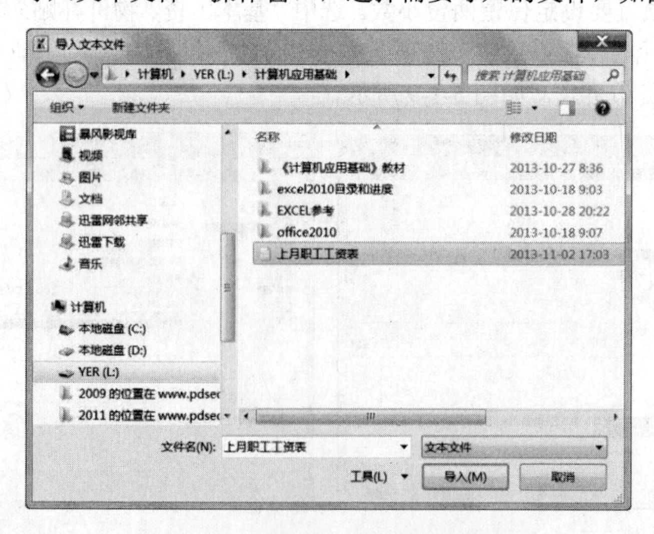

图 5-1-11　“导入文本文件”操作窗口

（3）单击“导入”按钮，打开“文本导入向导-第 1 步，共 3 步”对话框，选中“分隔符号”单选钮，如图 5-1-12 所示。

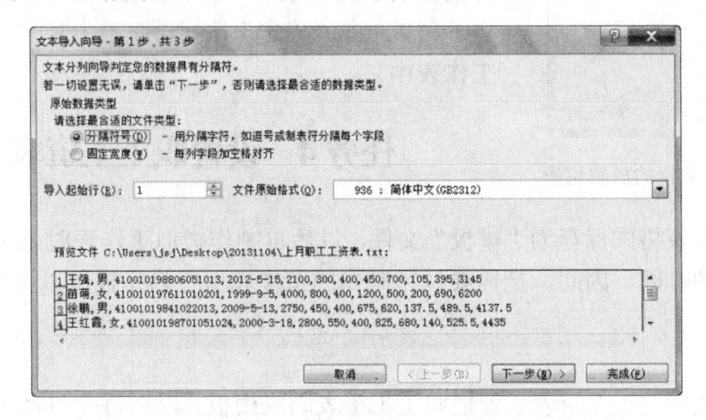

图 5-1-12　“文本导入向导-第 1 步，共 3 步”对话框

（4）单击“下一步”按钮，打开“文本导入向导-第 2 步，共 3 步”对话框，选中“分隔符号”选项组中的“逗号”复选框，如图 5-1-13 所示。

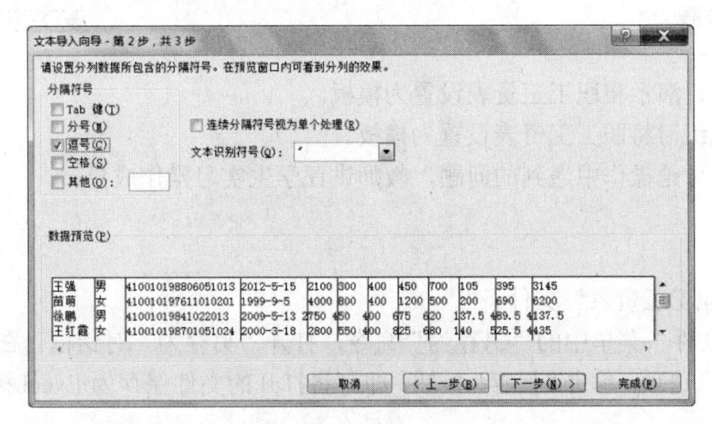

图 5-1-13　“文本导入向导-第 2 步，共 3 步”对话框

（5）单击“下一步”按钮，打开“文本导入向导-第 3 步，共 3 步”对话框，在“列数据格式”选项组中将“身份证号码”列设置为“文本”，其余各列均为“常规”，如图 5-1-14 所示。

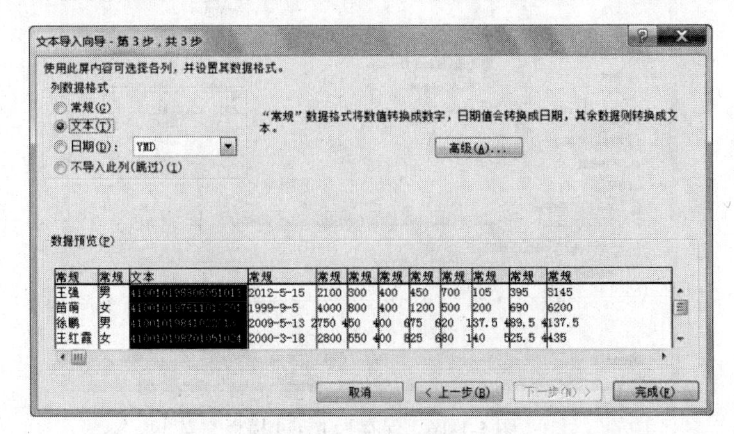

图 5-1-14　“文本导入向导-第 3 步，共 3 步”对话框

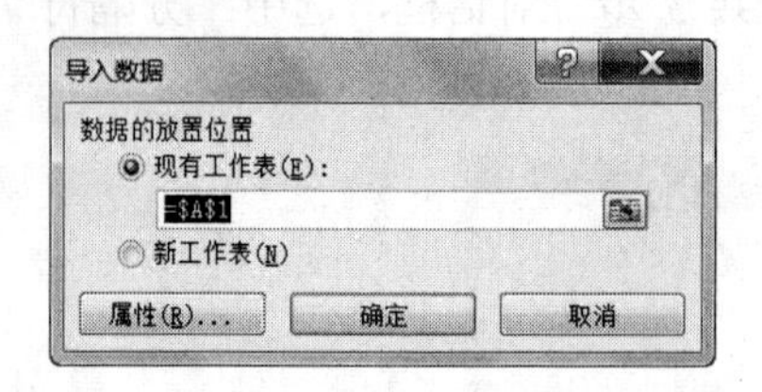

图 5-1-15　设置导入数据的放置位置

（6）单击“完成”按钮，打开“导入数据”对话框，选择数据的放置位置为“现有工作表”，如图 5-1-15 所示。

（7）单击“确定”按钮，职工上月工资数据将导入现有工作表中。

任务 4　设置职工工资表为模板

将常用的工作表格式保存为“模板”文件，以后再制作类似工作表时就可以节省重复输入数据与设置格式的时间。因此，把需要经常制作的工作表保存为模板可以提高工作效率。

任务说明

每个月都会使用职工工资表。若把职工工资表制成模板，以后每个月都可以利用这个模板生成新工作表，大大简化了制表的基础性操作。制作职工工资表模板是为了快速生成职工工资表，而使用模板制作工作表的前提是先生成模板。

活动步骤

START

1．教师讲解、演示将职工工资表设置为模板。
2．学生上机练习将职工工资表设置为模板。
3．学生分组讨论操作中遇到的问题，教师讲评学生实习操作成果。

任务操作

（1）打开“职工工资表”文件。

（2）单击“文件”菜单中的“另存为”命令，打开“另存为”对话框，在“保存类型”中选择“Excel 模板”选项，单击“保存”按钮，即可将打开的文件保存为 Excel 模板，如图 5-1-16 所示。

图 5-1-16　保存为 Excel 模板

（3）单击“文件”菜单中的“新建”命令，在可用模板中选择“我的模板”，打开“新建”对话框，在“个人模板”中，选择新建的“职工工资表”模板。单击“确定”按钮，即可使用创建好的“职工工资表”模板，如图 5-1-17 所示。

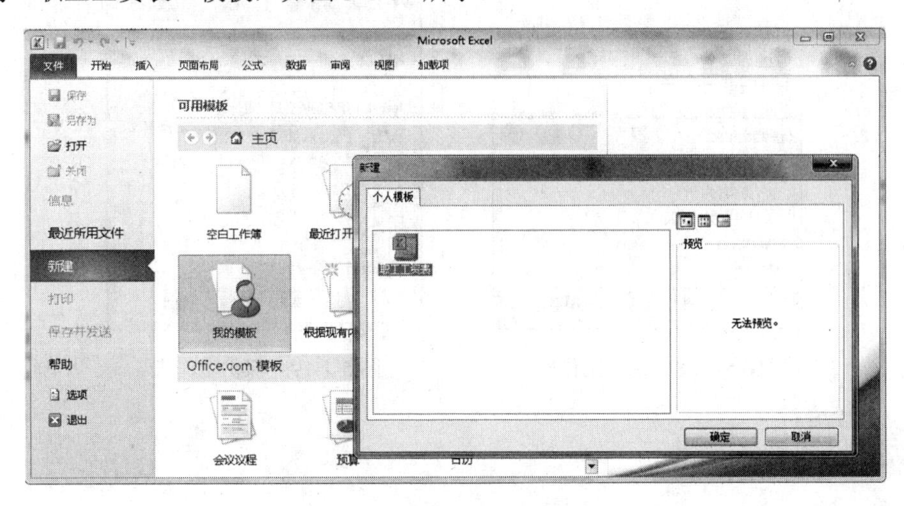

图 5-1-17　使用新建模板

任务 5　保护工作簿

为防止工作表中的重要数据被误删除或修改，Excel 2010 提供了数据保护功能，能够有效保护工作簿、工作表、单元格中的数据。

任务说明

为保护职工工资表数据的安全性，避免出现未授权私自改动数据的情况，可通过 Excel 2010 提供的数据保护功能设置数据保护，防止工作簿结构、工作表和单元格内容被意外修改或破坏。

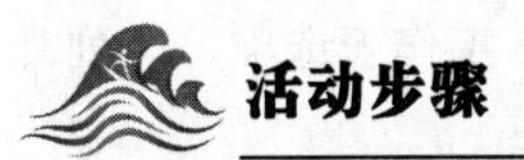

活动步骤

START

1．教师讲解并演示对工作簿、工作表的保护。
2．学生上机练习保护工作簿、工作表操作。
3．讨论操作中遇到的问题，教师讲评学生实习操作成果。

任务操作

（1）打开需要保护的工作簿文件，在“审阅”选项卡的“更改”组中，单击“保护工作簿”，打开“保护结构和窗口”对话框，在“密码”文本框中输入密码，单击“确定”按钮，即可使用密码保护工作簿的结构，如图 5-1-18 所示。

（2）在“审阅”选项卡的“更改”组中，单击“保护工作表”，打开“保护工作表”对话框，选中“保护工作表及锁定的单元格内容”复选框，在“取消工作表保护时使用的密码”文本框中输入保护密码，单击“确定”按钮，即可防止单元格内容被随意修改，如图 5-1-19 所示。

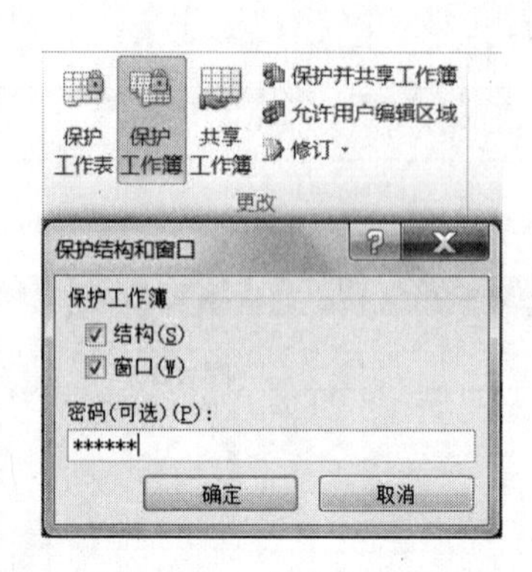

图 5-1-18　保护工作簿

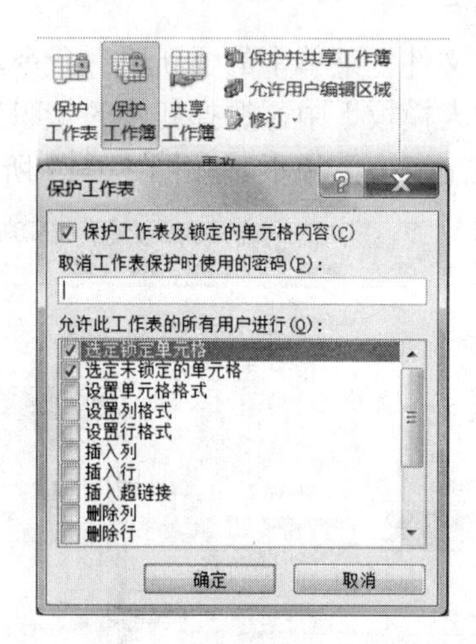

图 5-1-19　保护工作表

项目知识

1．功能区

与旧版本相比，Excel 2010 最明显的变化就是取消了传统的菜单操作方式，而采用各种功能区。在 Excel 2010 窗口上方看起来像菜单的名称其实是功能区的名称，当单击这些名称时并不会打开菜单，而是切换到与之相对应的功能区。每个功能区根据功能的不同又分为若干个组，每个功能区所拥有的功能如下。

（1）“开始”功能区。包括剪贴板、字体、对齐方式、数字、样式、单元格和编辑 7 个组，该功能区主要用于帮助用户进行 Excel 2010 表格文字编辑和单元格的格式设置，是用户最常用的功能区。

（2）“插入”功能区。包括表格、插图、图表、迷你图、筛选器、链接、文本和符号几个组，主要用于在 Excel 2010 表格中插入各种对象。

（3）“页面布局”功能区。包括主题、页面设置、调整为合适大小、工作表选项、排列几个组，用于帮助用户设置 Excel 2010 表格页面样式。

（4）“公式”功能区。包括函数库、定义的名称、公式审核和计算几个组，用于实现在 Excel 2010 表格中进行的各种数据计算。

（5）“数据”功能区。包括获取外部数据、连接、排序和筛选、数据工具和分级显示几个组，主要用于在 Excel 2010 表格中进行数据处理相关方面的操作。

（6）“审阅”功能区。包括校对、中文简繁转换、语言、批注和更改 5 个组，主要用于对 Excel 2010 表格进行校对和修订等操作，适用于多人协作处理 Excel 2010 表格数据。

（7）“视图”功能区。包括工作簿视图、显示、显示比例、窗口和宏几个组，主要用于帮助用户设置 Excel 2010 表格窗口、选择视图类型，以方便操作。

以上 7 项是 Excel 2010 中比较常用的功能区域，除此之外，Excel 2010 还有“加载项”“负载测试”和“团队”3 个功能区。

2．单元格的选取操作

视窗环境下的任何操作都是针对一个或多个具体的对象进行的，单元格是 Excel 2010 中最常用的对象，用户要在单元格中输入或编辑数据，必须要先选定一个或多个单元格。

（1）选取当前单元格。选取当前单元格的方法很多，可以单击单元格，可用键盘的方向键移动到当前单元格，还可以在名称框输入单元格地址来选中当前单元格。

（2）鼠标拖动选定单元格区域。鼠标定位在要选定区域的左上角单元格，按下左键并向右下角方向拖动，此时一个粗边矩形框随着鼠标的拖动而改变大小，待拖到最后一个单元格时释放左键，粗边矩形框固定，被选中的单元格呈灰色显示，而第一个单元格白色显示。单元格区域可用左上角的单元格地址和右下角的单元格地址来表示，中间加冒号“:”，比如 B4：C9。

（3）用【Shift】键选定单元格区域。单击待选区域左上角的第一单元格，然后按下【Shift】键不放，再单击右下角的最后一个单元格。

（4）选定多个单元格区域。先选中第一个单元格区域，按下【Ctrl】键同时选定其他区域，待所有区域选定完后再释放【Ctrl】键。此时最后一个选定区域左上角的单元格白色显示，其他选定单元格均为灰色显示。

项目考核

本项目考核评价量化标准由教师视教学组织情况，并参考第一单元项目 1 中的内容而定。考核内容也分为合作学习考核和知识、技能考核两个部分，前者考核内容参见第一单元项目 1，知识、技能考核内容如下。

（1）对工作界面各元素的理解。

（2）创建工作簿和数据录入的操作。

（3）导入外部文件数据的操作。

（4）设置工作簿模板的操作。

（5）保护工作簿和工作表的操作。

项目 2　格式化电子表格

完成在工作表中输入数据，仅实现了对数据的存储。在实际工作中往往还要求工作表数据规范整洁、清晰易读，因此还需要对有数据的工作表进行一些修饰，使表格数据的表现力更强、内容更醒目突出，且方便阅读。

项目目标

熟练掌握表格数据格式化操作。

熟练掌握表格格式化操作。

掌握条件格式的设置方法。

任务 1　编辑表格文字格式

文字是工作表数据的重要组成部分，文字格式在整个工作表格式中起着关键性作用。通过对文字的格式化处理，可实现工作表数据排列整齐、格式统一。

任务说明

本任务是对学生成绩表中的文字进行设置，既包括字体、字号、颜色等字体样式，也包括对齐方式等相关文字属性的设置，其目的是得到最佳的文字格式。

活动步骤

START

1．教师讲解、演示学生成绩表的文字格式化方法。
2．学生上机练习对学生成绩表进行文字格式化操作。
3．学生讨论操作中遇到的问题，教师讲评学生实习操作成果。

任务操作

（1）打开“学生成绩表”工作簿文件。

（2）单击文本“学生成绩表”所在单元格，选中 A1～E1 单元格，单击“开始”选项卡“对齐方式”组中的“合并后居中”按钮，合并单元格并使文字居中显示，如图 5-2-1 所示。

（3）选中文本“学生成绩表”，在“开始”选项卡的“字体”组中选择“字体”为“黑体”，“字号”为“20”，“字体样式”为“加粗”，“颜色”为“红色”，如图 5-2-2 所示。

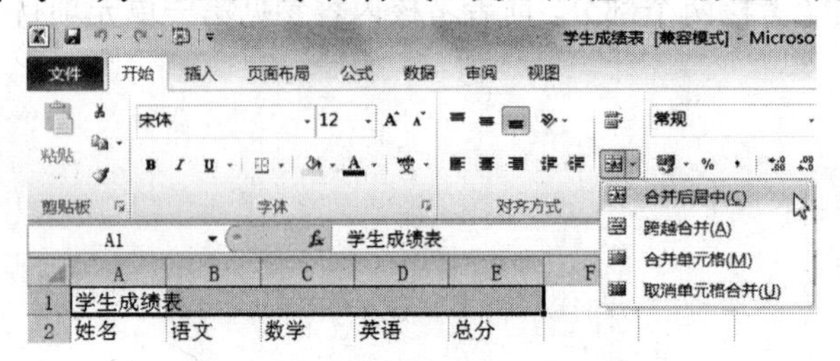

图 5-2-1　设置单元格“合并后居中”

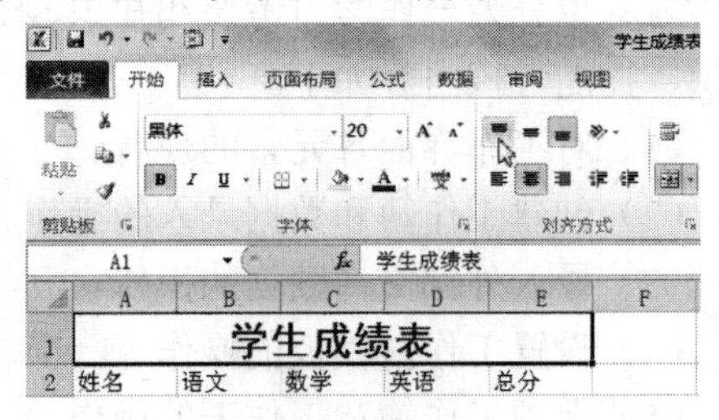

图 5-2-2　设置字体样式 1

（4）选中除“学生成绩表”之外的其余文本，在“开始”选项卡的“字体”组中设置“字体”为“仿宋”，“字号”为“12”，“颜色”为“蓝色”，如图 5-2-3 所示。

（5）选中第 2 行即表格表头行，在“开始”选项卡的“对齐方式”组中分别设置“垂直对齐方式”为“垂直居中”，“水平对齐方式”为“水平居中”，如图 5-2-4 所示。

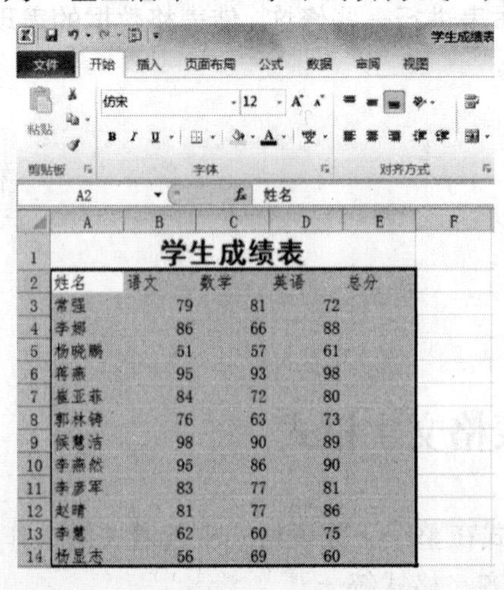

图 5-2-3　设置字体样式 2

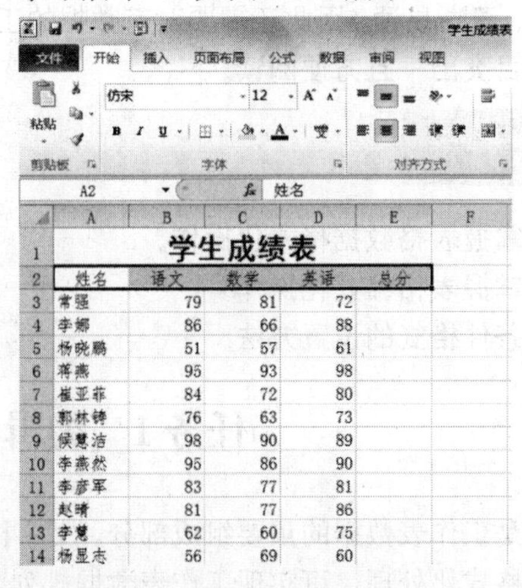

图 5-2-4　设置文字对齐样式

（6）单击“文件”菜单中的“另存为”命令，在“另存为”对话框中选择保存位置，以“学生成绩表”为文件名保存文件。

任务 2　编辑表格格式

为了明确区分工作表的不同部分，可以为表格添加边框线，还可以设置文字底纹以突出显示工作表的重点内容，使工作表外观更加美观、清晰。

任务说明

本任务是对学生成绩表边框的内、外框线按指定的样式、颜色进行设置，并为工作表中的学生成绩设置底纹。

活动步骤

START

1．教师讲解、演示设置表格边框线和底纹的操作。
2．学生上机练习设置表格边框线和底纹。
3．学生讨论操作中遇到的问题，教师讲评学生实习操作成果。

任务操作

（1）打开“学生成绩表”工作簿文件。

（2）选中需要设置边框的单元格区域。单击“开始”选项卡“字体”组右下角的“对话框启动”按钮。

（3）在打开的“设置单元格格式”对话框中，切换到“边框”选项卡。

提示

在“线条”区域中可以选择各种线形和边框颜色，在“边框”区域中可以分别单击“上边框”“下边框”“左边框”“右边框”和“中间边框”按钮，设置或取消边框线，还可以单击“斜线边框”按钮选择使用斜线。

（4）在“预置”区域中提供了“无”“外边框”和“内部”3 种快速设置边框按钮（如图 5-2-5 所示）。将表格内、外框线都设置成“细实线、黑色”后，单击“确定”按钮。

（5）选中要设置底纹的单元格，在被选中的区域内右击，在打开的快捷菜单中选择“设置单元格格式”命令，打开“设置单元格格式”对话框。

（6）选中“填充”选项卡（如图 5-2-6 所示），在“背景色”选项中选择黄色，把“图案颜色”设置为“茶色、背景 2、深色 10%”，把“图案样式”设置为“对角纹、条纹”。

（7）完成设置后单击“确定”按钮。

（8）单击“文件”菜单中的“保存”命令，以“学生成绩表”为文件名保存文件。

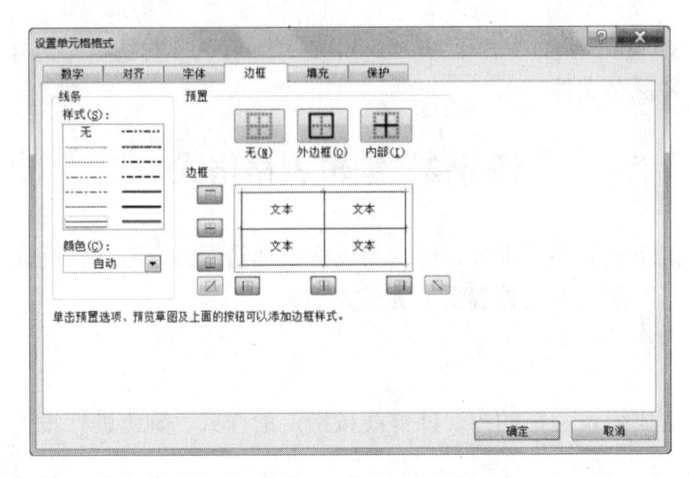

图 5-2-5 “设置单元格格式”对话框

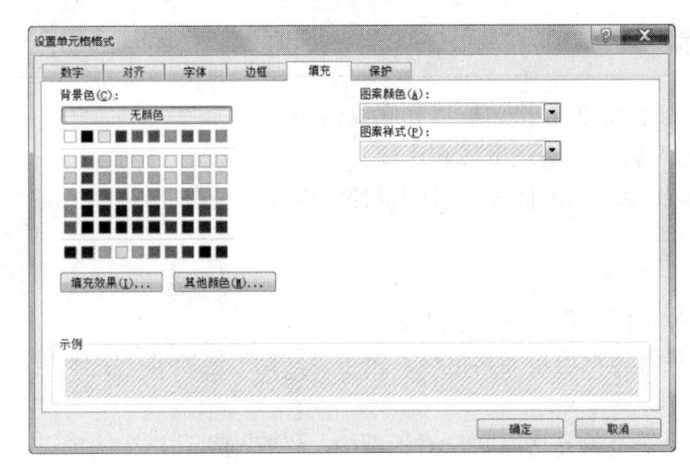

图 5-2-6 设置单元格填充

任务 3 设置条件格式

在对工作表数据进行统计分析时，为了便于查看和区别数据，可以使用条件格式对数据进行选择，使满足指定条件的数据应用设置格式，不满足指定条件的数据不应用设置格式。

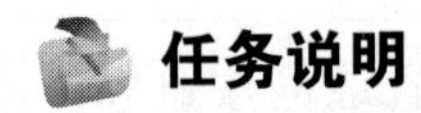

任务说明

本任务是对学生成绩表中满足条件的数据（如语文成绩超过 90 分的数据）使用更醒目的格式显示。设置条件格式时，需要正确设置条件和设置满足条件的显示格式，这样才能使满足条件的数据按指定格式显示。

活动步骤

START

1．教师讲解、演示对学生成绩表设置条件格式。
2．学生上机练习设置条件格式。
3．学生讨论操作中遇到的问题，教师讲评学生实习操作成果。

任务操作

（1）打开“学生成绩表”工作簿文件。

（2）单击列标号“B”选择学生成绩表中的“语文”成绩列。

（3）选择“开始”选项卡，单击“样式”组的“条件格式”，在列表中选择“突出显示单元格规则”的“大于”条件，如图 5-2-7 所示。

（4）在弹出的如图 5-2-8 所示的对话框的“为大于以下值的单元格设置格式”框中输入“90”，在“设置为”框中选中“浅红填充色深红色文本”，如图 5-2-8 所示。

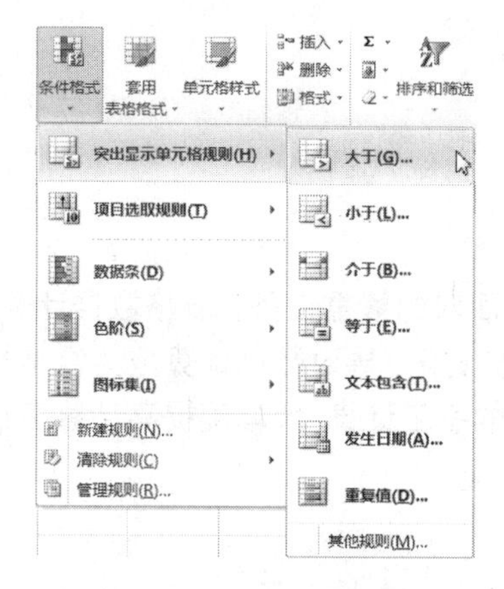

图 5-2-7 选择“条件格式”　　　　图 5-2-8 “大于”对话框

（5）单击“确定”按钮，此时，表中语文成绩大于 90 分的数据以红色显示。

项目知识

1．套用表格格式

通过选择预定义表样式，可以快速设置一组单元格的格式，并将其转换为表。

（1）选定单元格区域，单击“开始”选项卡“样式”组中的“套用表格格式”按钮，在“套用表格格式”的下拉列表中，单击想要的“套用格式”图标。

（2）若没有合适的“套用格式”样式，单击“新建表样式”命令，自定义表格格式。

利用预定义样式快速设置单元格格式的方法与套用表格格式类似。

2．拆分与冻结工作表

在查看工作表的数据时，有时因表中数据太多，一个屏幕无法完全显示出来，翻看信息时很不方便。这时可以通过拆分和冻结窗口实现工作表的多种显示方式。操作原则是以所选当前单元格所在位置左上角为原点，实现拆分或冻结，即在选定单元格的上一行和左一列处拆分和冻结窗口。

（1）选中单元格、行或列，单击“视图”选项卡“窗口”组中的“拆分”按钮，使其处于被按下状态。

（2）在同组中单击“冻结窗格”按钮，在下拉菜单中选择“冻结拆分窗格”命令，即完成操作。

项目考核

本项目考核评价量化标准由教师视教学组织情况，并参考第一单元项目1中的内容而定。考核内容也分为合作学习考核和知识、技能考核两个部分，前者考核内容参见第一单元项目1，知识、技能考核内容如下。

（1）设置工作表数据的字体、字号、文字颜色和文字对齐方式的操作。

（2）设置单元格的边框线的操作。

（3）设置单元格底纹的操作。

（4）设置条件格式的操作。

项目3　计算电子表格数据

在现实工作中，数据计算是数据管理和使用者时常面对的繁重任务，表格数据计算不仅数据量大，计算形式也很复杂，有些计算对象可能也会频繁变化，导致数据计算成为经常性工作。利用Excel 2010强大的公式和函数计算功能可替代繁杂的手工计算，大幅度提高计算工作效率。

项目目标

掌握Excel 2010的自动运算功能。

掌握常用公式和函数的使用方法。

任务1　计算学生成绩表的总成绩

使用Excel 2010提供的自动运算功能，可以方便、快捷地计算出数据结果。

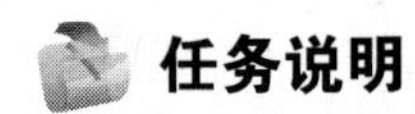

任务说明

在准备无误地把各科成绩输入完毕且对表格进行了修饰后，还需要进行学生总成绩的统计。本任务是利用Excel 2010的自动求和功能计算出第一个同学的总成绩，然后使用自动填充功能依次计算出每个同学的总成绩。

活动步骤

START

1．教师讲解、演示自动求和的操作。

2．学生上机练习自动求和的操作。

3．学生分组讨论操作中遇到的问题，教师讲评学生实习操作成果。

任务操作

（1）打开“学生成绩单1”工作簿文件。

（2）单击F3单元格。

（3）在“公式”选项卡的“函数库”组中，单击“自动求和”按钮的下拉箭头，打开下拉列表，选择“求和”命令，如图 5-3-1 所示。

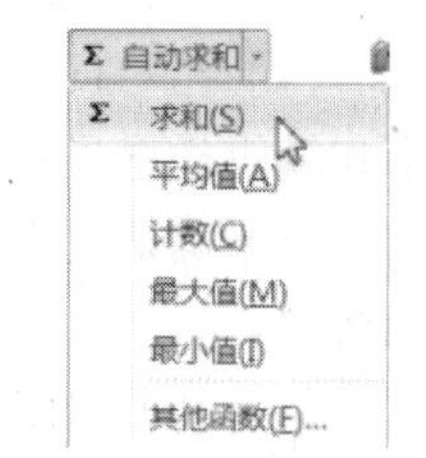

图 5-3-1 “求和”命令

（4）在 C3:E3 单元格区域四周出现虚线框，表示需要求和的单元格区域，如图 5-3-2 所示。按回车键，即完成求和运算。

（5）单击 F3 单元格，将鼠标指针指向单元格右下角的填充柄，当指针变成黑色十字时，按下鼠标左键向下拖动至 F14 单元格，释放鼠标，求出其他同学的总成绩，如图 5-3-3 所示。

（6）单击快速访问工具栏中的“保存”按钮，保存“学生成绩表 1”，或者单击“文件”菜单中的“另存为”按钮，在“另存为”对话框中选择保存位置及文件名。

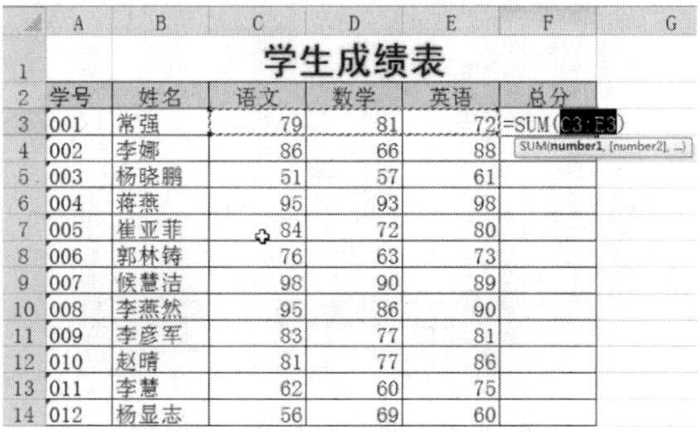

	A	B	C	D	E	F	G
1	学生成绩表						
2	学号	姓名	语文	数学	英语	总分	
3	001	常强	79	81	72	=SUM(C3:E3)	
4	002	李娜	86	66	88	SUM(number1, [number2], ...)	
5	003	杨晓鹏	51	57	61		
6	004	蒋燕	95	93	98		
7	005	崔亚菲	84	72	80		
8	006	郭林铸	76	63	73		
9	007	侯慧洁	98	90	89		
10	008	李燕然	95	86	90		
11	009	李彦军	83	77	81		
12	010	赵晴	81	77	86		
13	011	李慧	62	60	75		
14	012	杨显志	56	69	60		

图 5-3-2 “求和”的单元格区域

	A	B	C	D	E	F
1	学生成绩表					
2	学号	姓名	语文	数学	英语	总分
3	001	常强	79	81	72	232
4	002	李娜	86	66	88	240
5	003	杨晓鹏	51	57	61	169
6	004	蒋燕	95	93	98	286
7	005	崔亚菲	84	72	80	236
8	006	郭林铸	76	63	73	212
9	007	侯慧洁	98	90	89	277
10	008	李燕然	95	86	90	271
11	009	李彦军	83	77	81	241
12	010	赵晴	81	77	86	244
13	011	李慧	62	60	75	197
14	012	杨显志	56	69	60	185
15						

图 5-3-3 显示求和结果

任务 2 计算各科的最高分、最低分及平均分

Excel 2010 提供了一般的运算公式和自动运算功能，还提供了大量的实用函数。函数是内置公式，利用它们可以大大减少使用公式的复杂程序，有效提高运算速度。

任务说明

在学生成绩表中，若需要计算出各科的平均分、最高分和最低分，可以考虑使用函数完成计算。本任务就是使用 Excel 2010 的内置函数，求最大值、最小值和平均值。

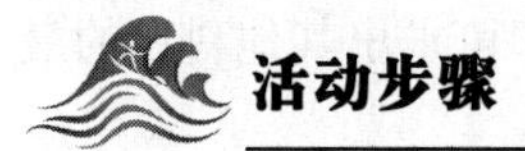

活动步骤

START

1. 教师讲解并演示求最大值、最小值、平均值的操作。
2. 学生上机练习求最大值、最小值、平均值的操作。
3. 学生讨论操作中遇到的问题，教师讲评学生实习操作成果。

任务操作

（1）打开“学生成绩表 1”。

（2）在 B15、B16、B17 单元格中，分别输入文本“最高分”“最低分”和“平均分”。

（3）选中 C15 单元格，在“公式”选项卡的“函数库”组中，单击“自动求和”按钮的下拉箭头，打开下拉列表，选择“最大值”命令，如图 5-3-4 所示。

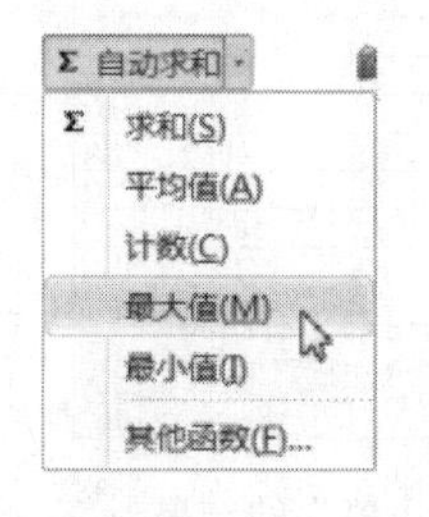

图 5-3-4 选择“最大值”命令

（4）在 C3:C14 单元格区域四周出现虚线框，表示计算最大值的单元格区域，同时在单元格和编辑栏里显示“=MAX（C3:C14）”，如图 5-3-5 所示。

（5）确认无误后，按回车键或单击编辑栏左边的“√”输入按钮，计算结果显示在 C15 单元格中。

（6）单击 C15 单元格，将鼠标指针指向右下角的填充柄，当指针变成黑色十字时，按下鼠标左键向右拖动至 F15 单元格，释放鼠标，即可求出其他科目的最高分，结果如图 5-3-6 所示。

	A	B	C	D	E	F
1	学生成绩表					
2	学号	姓名	语文	数学	英语	总分
3	001	常强	79	81	72	232
4	002	李娜	86	66	88	240
5	003	杨晓鹏	51	57	61	169
6	004	蒋燕	95	93	98	286
7	005	崔亚菲	84	72	80	236
8	006	郭林铸	76	63	73	212
9	007	候慧洁	98	90	89	277
10	008	李燕然	95	86	90	271
11	009	李彦军	83	77	81	241
12	010	赵晴	81	77	86	244
13	011	李慧	62	60	75	197
14	012	杨显志	56	69	60	185
15			=MAX(C3:C14)			
16		最低分	MAX(number1, [number2], ...)			
17		平均分				

图 5-3-5　求“最大值”的单元格区域

	A	B	C	D	E	F
1	学生成绩表					
2	学号	姓名	语文	数学	英语	总分
3	001	常强	79	81	72	232
4	002	李娜	86	66	88	240
5	003	杨晓鹏	51	57	61	169
6	004	蒋燕	95	93	98	286
7	005	崔亚菲	84	72	80	236
8	006	郭林铸	76	63	73	212
9	007	候慧洁	98	90	89	277
10	008	李燕然	95	86	90	271
11	009	李彦军	83	77	81	241
12	010	赵晴	81	77	86	244
13	011	李慧	62	60	75	197
14	012	杨显志	56	69	60	185
15		最高分	98	93	98	286
16		最低分				
17		平均分				

图 5-3-6　求“最大值”的结果

（7）选中 C16 单元格，单击“公式”选项卡“函数库”组中的“自动求和”按钮的下拉箭头，打开下拉列表，选择“最小值”命令，如图 5-3-7 所示。

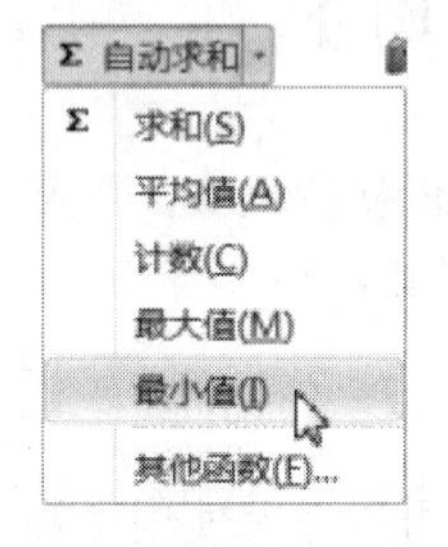

图 5-3-7　选择“最小值”命令

（8）此时，在 C3:C15 单元格区域四周出现虚线框，同时在单元格和编辑栏显示“=MIN（C3:C15）”。若要修改选中的单元格区域为 C3:C14，可单击 C3 单元格并按下鼠标左键拖动至 C14 单元格，使单元格和编辑栏里显示“=MIN（C3:C14）”，或者直接修改编辑栏中的公式为“=MIN（C3:C14）”，如图 5-3-8 所示。

（9）确认无误后，按回车键或单击编辑栏左边的“√”输入按钮，计算结果显示在 C16 单元格中。

（10）单击 C16 单元格，将鼠标指针指向右下角的填充柄。当指针变为黑色十字时，按下鼠标左键向右拖动至 C16 单元格，释放，即可求出其他科目的最低分，结果如图 5-3-9 所示。

	A	B	C	D	E	F
1	学生成绩表					
2	学号	姓名	语文	数学	英语	总分
3	001	常强	79	81	72	232
4	002	李娜	86	66	88	240
5	003	杨晓鹏	51	57	61	169
6	004	蒋燕	95	93	98	286
7	005	崔亚菲	84	72	80	236
8	006	郭林铸	76	63	73	212
9	007	候慧洁	98	90	89	277
10	008	李燕然	95	86	90	271
11	009	李彦军	83	77	81	241
12	010	赵晴	81	77	86	244
13	011	李慧	62	60	75	197
14	012	杨显志	56	69	60	185
15		最高分	98	93	98	286
16			=MIN(C3:C14)			
17		平均分	MIN(number1, [number2], ...)			

图 5-3-8　求“最小值”的单元格区域

	A	B	C	D	E	F
1	学生成绩表					
2	学号	姓名	语文	数学	英语	总分
3	001	常强	79	81	72	232
4	002	李娜	86	66	88	240
5	003	杨晓鹏	51	57	61	169
6	004	蒋燕	95	93	98	286
7	005	崔亚菲	84	72	80	236
8	006	郭林铸	76	63	73	212
9	007	候慧洁	98	90	89	277
10	008	李燕然	95	86	90	271
11	009	李彦军	83	77	81	241
12	010	赵晴	81	77	86	244
13	011	李慧	62	60	75	197
14	012	杨显志	56	69	60	185
15		最高分	98	93	98	286
16		最低分	51	57	60	169
17		平均分				

图 5-3-9　求“最小值”的结果

（11）选中 C17:F17 单元格区域，右击，在弹出的快捷菜单中选择“设置单元格格式”选项，打开“设置单元格格式”对话框，在“数字”选项卡的“分类”列表中选择“数值”选项，在“小数位数”文本框中输入数值“2”，如图 5-3-10 所示。单击“确定”按钮。

（12）参照（7）~（10），求出各科及总分的平均分，成绩计算结果如图 5-3-11 所示。

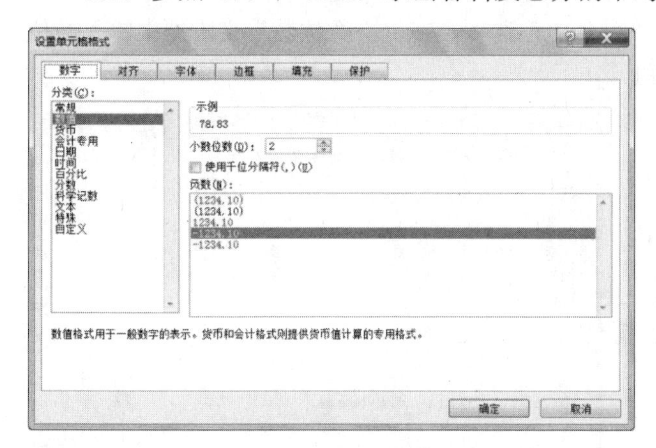

图 5-3-10　设置“小数位数”

	A	B	C	D	E	F
1	学生成绩表					
2	学号	姓名	语文	数学	英语	总分
3	001	常强	79	81	72	232
4	002	李娜	86	66	88	240
5	003	杨晓鹏	51	57	61	169
6	004	蒋燕	95	93	98	286
7	005	崔亚菲	84	72	80	236
8	006	郭林铸	76	63	73	212
9	007	侯慧洁	98	90	89	277
10	008	李燕然	95	86	90	271
11	009	李彦军	83	77	81	241
12	010	赵晴	81	77	86	244
13	011	李慧	62	60	75	197
14	012	杨显志	56	69	60	185
15		最高分	98	93	98	286
16		最低分	51	57	60	169
17		平均分	78.83	74.25	79.42	232.50
18						

图 5-3-11　显示成绩计算结果

（13）以“学生成绩表 2”为文件名保存文件。

任务 3　计算优秀率

IF()函数是 Excel 2010 工作表中应用最广泛的函数之一，它可以测试条件的真假，并根据逻辑测试的真假值来选择返回不同的结果。

任务说明

在学生成绩表中，如果想知道哪些同学的成绩达到了优秀，全班的优秀率是多少，就可以利用 IF()函数进行筛选。使用 Excel 2010 中的 IF()函数，可以根据给出的条件判断符合优秀要求的数据，用 COUNTIF()函数可以统计符合优秀条件的同学数量，然后再计算出优秀率。

活动步骤

START

1．教师讲解、演示 IF()函数和 COUNTIF()函数的使用方法。

2．学生上机练习 IF()函数和 COUNTIF()函数的使用。

3．学生讨论操作中遇到的问题、教师讲评学生实习操作成果。

任务操作

（1）打开“学生成绩表 2”，在 G2 单元格中输入文本“成绩等级”。

（2）在 G3 单元格中输入公式“=IF(F3>=240,"优秀",IF(F3>=210,"良好",IF(F3>=180,"合格","不合格")))”，按回车键，成绩等级显示在 G3 单元格中。

（3）选中 G3 单元格，使用自动填充的方法计算其他同学的成绩等级，结果如图 5-3-12 所示。

（4）在 B18、B19 单元格中分别输入“优秀人数”“优秀率”。

（5）在 C18 单元格中输入“=COUNTIF(G3:G14,"优秀")”，按回车键，优秀人数显示在 C18 单元格中。

（6）选中 C19 单元格，右击，选择“设置单元格格式”命令，打开“单元格格式”对话框，在“数字”选项卡的“分类”列表中选择“百分比”选项，在“小数位数”文本框中输入数值“1”，如图 5-3-13 所示。单击“确定”按钮。

学生成绩表

学号	姓名	语文	数学	英语	总分	成绩等级
001	常强	79	81	72	232	良好
002	李娜	86	66	88	240	优秀
003	杨晓鹏	51	57	61	169	不合格
004	蒋燕	95	93	98	286	优秀
005	崔亚菲	84	72	80	236	良好
006	郭林铸	76	63	73	212	良好
007	候慧洁	98	90	89	277	优秀
008	李燕然	95	86	90	271	优秀
009	李彦军	83	77	81	241	优秀
010	赵晴	81	77	86	244	优秀
011	李慧	62	60	75	197	合格
012	杨显志	56	69	60	185	合格
	最高分	98	93	98	286	
	最低分	51	57	60	169	
	平均分	78.83	74.25	79.42	232.50	

图 5-3-12　成绩等级结果

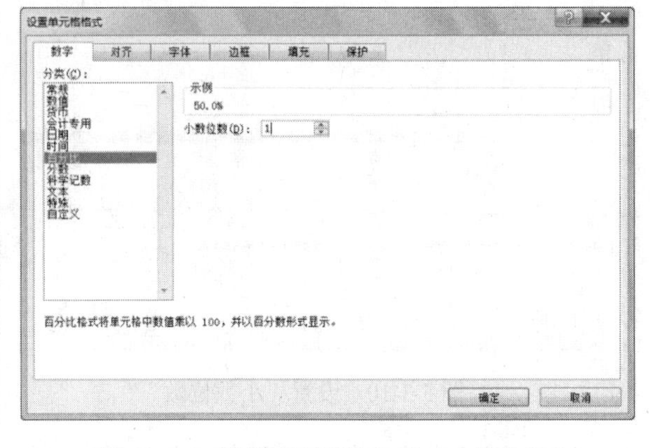

图 5-3-13　设置“百分比”的“小数位数”

（7）在 C19 单元格中输入“=C18/COUNT(F3:F14)”，按回车键，学生成绩优秀率结果显示在 C19 单元格中，如图 5-3-14 所示。

学生成绩表

学号	姓名	语文	数学	英语	总分	成绩等级
001	常强	79	81	72	232	良好
002	李娜	86	66	88	240	优秀
003	杨晓鹏	51	57	61	169	不合格
004	蒋燕	95	93	98	286	优秀
005	崔亚菲	84	72	80	236	良好
006	郭林铸	76	63	73	212	良好
007	候慧洁	98	90	89	277	优秀
008	李燕然	95	86	90	271	优秀
009	李彦军	83	77	81	241	优秀
010	赵晴	81	77	86	244	优秀
011	李慧	62	60	75	197	合格
012	杨显志	56	69	60	185	合格
	最高分	98	93	98	286	
	最低分	51	57	60	169	
	平均分	78.83	74.25	79.42	232.50	
	优秀人数	6				
	优秀率	50.0%				

图 5-3-14　显示优秀率结果

（8）以“学生成绩表 3”为文件名保存文件。

项目知识

1．Excel 2010 的公式

公式是在工作表中对数据进行分析计算的等式，它由一个等号、若干个数据项和若干连接数据项的运算符组成。等号“=”在公式的最前面，后面的数据项与运算符交替出现，可用来构成公式的数据项有常数，如 28、−5.8、“年龄”等；单元格引用，如 A3、$B$5、C7:D10 等；

Excel 内置函数，如 SUM()、AVERAGE()等。公式中的运算符主要包含算术运算符、比较运算符、文本运算符和引用运算符。

2．Excel 2010 的函数

Excel 2010 中的函数是一种内置的公式，它在得到输入值后就会执行运算，完成指定的操作任务，返回结果值，其目的是简化和缩短工作表中的公式。Excel 2010 函数由 3 部分组成：函数名、参数和返回值。

函数通过运算后，得到一个或几个运算结果，返回给用户或公式，如果提供的参数不合理，函数将得到一个错误的结果，此时函数将返回一个错误值，如“#VALUE!”。

Excel 2010 按函数的应用类型进行了分类，如常用函数、全部函数、财务函数、日期函数与时间函数等 14 类。最近时间使用过的函数会自动归入常用函数类。

3．公式中单元格的引用

公式的运用是 Excel 区别于 Word 和 Access 的重要特征，而公式又是由引用的单元格和运算符号或函数构成，因此，单元格的引用就成为 Excel 中最基本和最重要的问题。Excel 2010 公式的单元格引用分为 3 类。

（1）相对引用。公式中的相对单元格引用（如 A1）是基于包含公式和单元格引用的相对位置的。如果公式所在单元格的位置改变，引用也随之改变。如果多行或多列复制公式，引用会自动调整。默认情况下，新公式使用相对引用。

（2）绝对引用。单元格中的绝对引用（例如$A$1）总是在指定位置引用单元格。如果公式所在单元格的位置改变，绝对引用保持不变。如果多行或多列复制公式，绝对引用将不作调整。

（3）混合引用。混合引用具有绝对列和相对行，或是绝对行和相对列。绝对引用列采用$A1、$B1 等形式，绝对引用行采用 A$1、B$1 等形式。如果公式所在单元格的位置改变，则相对引用改变，而绝对引用不变。如果多行或多列复制公式，相对引用自动调整，而绝对引用不作调整。

项目考核

本项目考核评价量化标准由教师视教学组织情况，并参考第一单元项目 1 中的内容而定。考核内容也分为合作学习考核和知识、技能考核两个部分，前者考核内容参见第一单元项目 1，知识、技能考核内容如下。

（1）“求和”操作。

（2）MAX()、MIN()和 AVERAGE()函数的操作。

（3）IF()、COUNTIF()函数的操作。

（4）对表达式规则的理解。

项目 4 工作表数据处理与分析

工作表的管理对象是数据，如何有效地管理、应用数据，是表格数据处理的重要内容。Excel 2010 具有强大的数据管理功能，可以进行数据排序、筛选符合条件的数据、分类汇总及统计数据。

项目目标

掌握数据的排序方法。
掌握数据筛选的方法。
掌握对数据进行分类汇总的方法。

任务 1　排序学生成绩

利用 Excel 2010 的数据排序功能，可以实现数据按指定顺序自动排列，可以方便地查看和使用排序后的数据。

任务说明

在统计出学生的总成绩后，希望能按总成绩高低排序，以显示所有学生的成绩名次。完成本任务可以使用“开始”选项卡“编辑”组中“排序和筛选”的“升序”“降序”或“自定义排序”功能对数据进行排序，也可以使用“数据”选项卡“排序和筛选”组的“升序”“降序”或“排序”按钮进行排序。

活动步骤

START

1．教师讲解排序的意义，演示设置排序关键字和排序的操作。
2．学生上机练习工作表数据的排序操作。
3．学生讨论操作中遇到的问题，教师讲评学生实习操作成果。

任务操作

（1）打开“学生成绩表 3”工作簿文件，删除工作表中的“最高分”“最低分”“平均分”及相应单元格中的数据值。

（2）单击 F2:F14 单元格区域中的任意一个单元格。

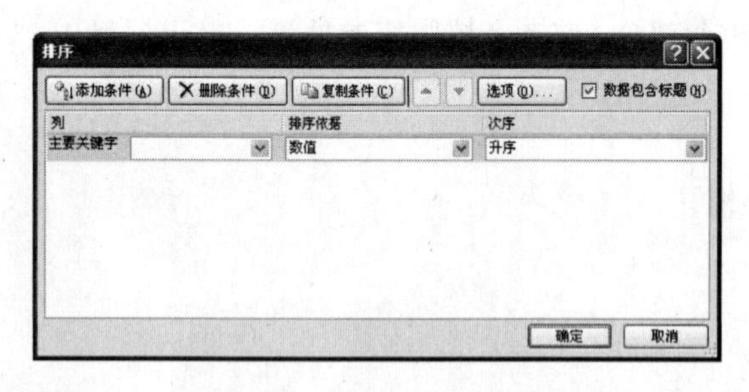

图 5-4-1　“排序”对话框

（3）选择“数据”选项卡，单击“排序和筛选”组中的“排序”按钮，打开“排序”对话框，如图 5-4-1 所示。

（4）在“排序”对话框中，分别在“主要关键字”下拉列表中选择“总分”，在“排序依据”下拉列表中选择“数值”，在“次序”下拉列表中选择“降序”，以“总分”值由大到小进行数据记录排序。

（5）单击“添加条件”按钮添加“次要关键字”栏。在“次要关键字”下拉列表中选择“语文”，在“排序依据”下拉列表中选择“数值”，在“次序”下拉列表中选择“降序”，使“语文”作为次要关键字，在“总分”值相同的情况下，依据“语文”值进行由大到小的数据记录排序。

（6）参照第（5）步，再次添加“次要关键字”，选择“数学”作为第三关键字，如图 5-4-2

所示。

（7）单击“确定”按钮，成绩排列结果如图 5-4-3 所示。

（8）单击“保存”按钮保存文件。

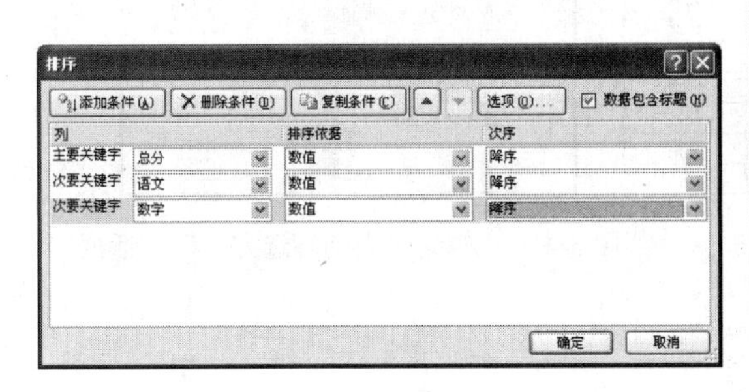

图 5-4-2　添加“主要关键字”和“次要关键字”

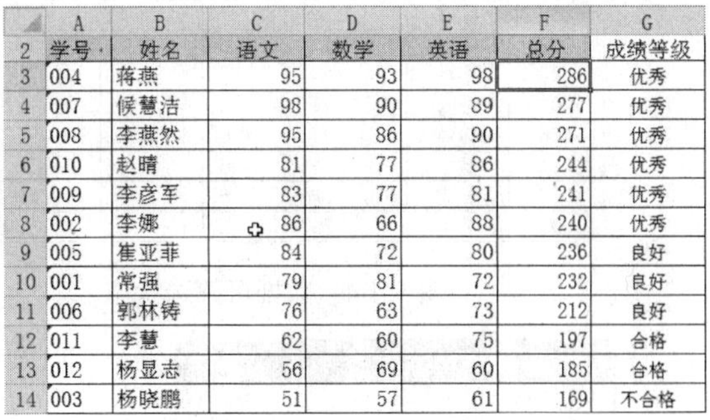

	A	B	C	D	E	F	G
2	学号	姓名	语文	数学	英语	总分	成绩等级
3	004	蒋燕	95	93	98	286	优秀
4	007	候慧洁	98	90	89	277	优秀
5	008	李燕然	95	86	90	271	优秀
6	010	赵晴	81	77	86	244	优秀
7	009	李彦军	83	77	81	241	优秀
8	002	李娜	86	66	88	240	优秀
9	005	崔亚菲	84	72	80	236	良好
10	001	常强	79	81	72	232	良好
11	006	郭林铸	76	63	73	212	良好
12	011	李慧	62	60	75	197	合格
13	012	杨显志	56	69	60	185	合格
14	003	杨晓鹏	51	57	61	169	不合格

图 5-4-3　显示成绩排列结果

任务 2　筛选学生成绩表数据

利用 Excel 2010 的数据筛选功能，可以筛选出符合条件的数据并显示出来，让用户清楚地看到满足条件的数据。

任务说明

若希望依据成绩表中的总成绩和单科成绩，选拔参加学校知识竞赛的学生，可使用 Excel 2010 的数据筛选功能和高级筛选功能，在学生成绩表中直接查找满足条件的学生并以特别方式显示。

活动步骤

START

1．教师讲解、演示数据筛选和数据“高级”筛选的方法。

2．学生上机练习数据筛选和数据“高级”筛选的操作。

3．学生讨论操作中遇到的问题，教师讲评学生实习操作成果。

任务操作

（1）打开“学生成绩表 3”工作簿文件，单击工作表中的任意一个单元格。

（2）选择“数据”选项卡“排序和筛选”组中的“筛选”按钮，此时数据第一行处于可筛选状态，每一列字段名右边都出现一个下拉按钮，如图 5-4-4 所示。

（3）单击“总分”字段名后面的下拉按钮，打开下拉列表框，鼠标指向列表中的“数字筛选”，在其下拉列表中单击选择“大于或等于”，打开“自定义自动筛选方式”对话框，如图 5-4-5 所示。

（4）在“自定义自动筛选方式”对话框中，设置筛选条件为总分大于或等于 270，如图 5-4-6 所示。

（5）单击“确定”按钮，筛选结果如图 5-4-7 所示。

	A	B	C	D	E	F	G
2	学号	姓名	语文	数学	英语	总分	成绩等级
3	004	蒋燕	95	93	98	286	优秀
4	007	候慧洁	98	90	89	277	优秀
5	008	李燕然	95	86	90	271	优秀
6	010	赵晴	81	77	86	244	优秀
7	009	李彦军	83	77	81	241	优秀
8	002	李娜	86	66	88	240	优秀
9	005	崔亚菲	84	72	80	236	良好
10	001	常强	79	81	72	232	良好
11	006	郭林铸	76	63	73	212	良好
12	011	李慧	62	60	75	197	合格
13	012	杨显志	56	69	60	185	合格
14	003	杨晓鹏	51	57	61	169	不合格

图 5-4-4　数据可筛选状态

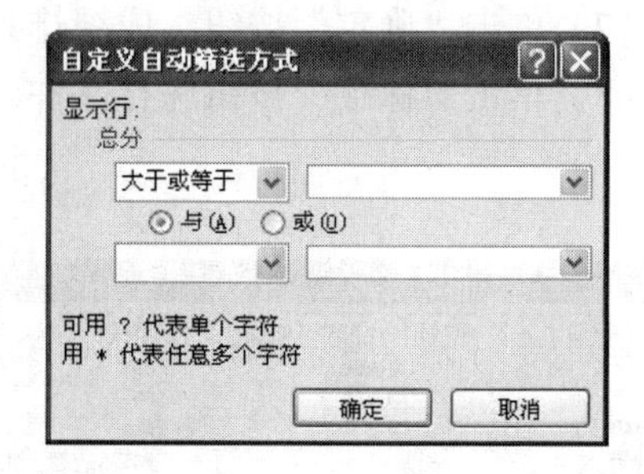

图 5-4-5 “自定义自动筛选方式”对话框

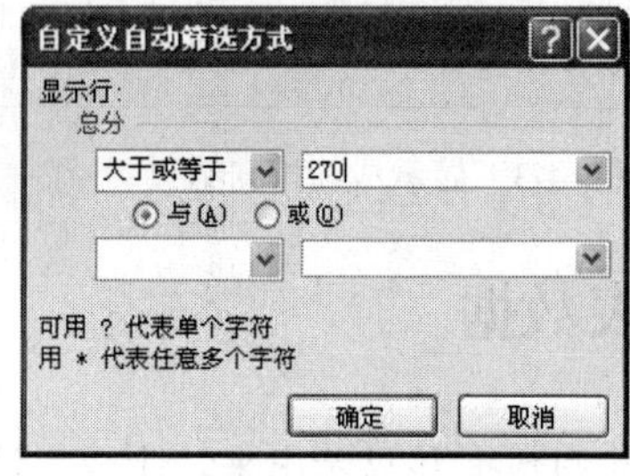

图 5-4-6　设置筛选条件

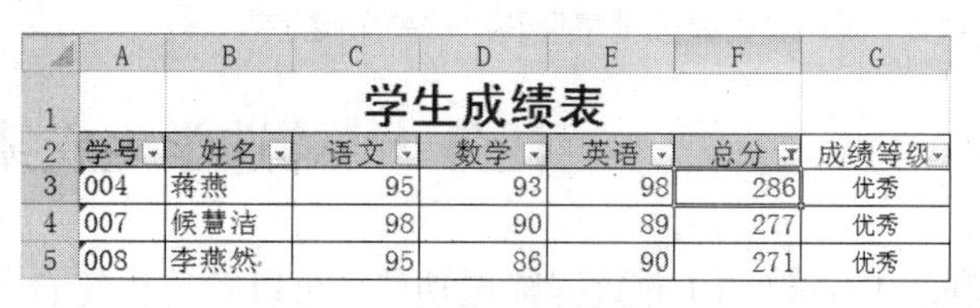

	A	B	C	D	E	F	G
1	学生成绩表						
2	学号	姓名	语文	数学	英语	总分	成绩等级
3	004	蒋燕	95	93	98	286	优秀
4	007	候慧洁	98	90	89	277	优秀
5	008	李燕然	95	86	90	271	优秀

图 5-4-7　显示筛选结果

（6）在 C18:D19 单元格区域中输入高级筛选条件“语文>=95，数学>=90”，如图 5-4-8 所示。

（7）选择“数据”选项卡，单击“排序和筛选”组中的“高级”按钮，打开“高级筛选”对话框，如图 5-4-9 所示。

18			语文	数学		
19			>=95	>=90		

图 5-4-8　高级筛选条件

（8）在“方式”选项组中，选中“将筛选结果复制到其他位置”单选钮。

（9）在“列表区域”文本框中输入数据筛选区域“$A$2:$G$5”，或单击“折叠对话框”按钮，按下鼠标左键拖动选择数据区域。

（10）在“条件区域”文本框中输入筛选条件区域“$C$18:$D$19”，或单击“折叠对话框”按钮，按下鼠标左键拖动选择数据区域，如图 5-4-10 所示。

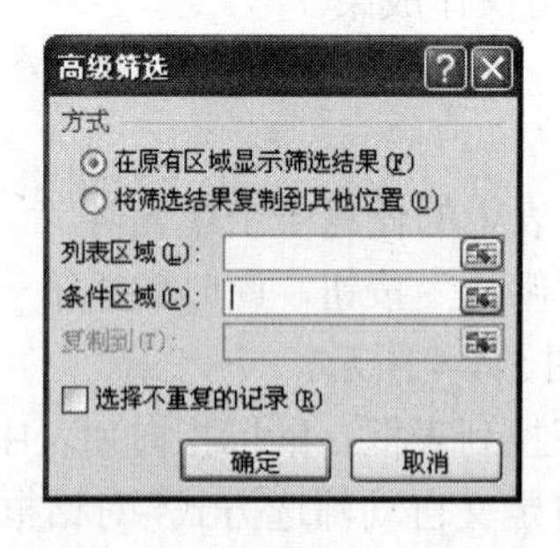

图 5-4-9 “高级筛选”对话框

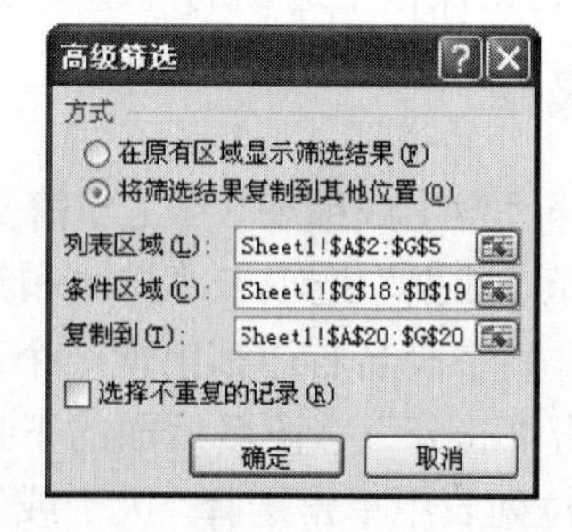

图 5-4-10 “高级筛选”区域设置

（11）在“复制到”文本框输入或选择筛选结果的放置位置，此处可以随意选择放置区域。

（12）如果结果中要排除相同的行，则选中“选择不重复的记录”复选框。

（13）单击“确定”按钮，筛选结果如图 5-4-11 所示。

18			语文	数学			
19			>=95	>=90			
20	学号	姓名	语文	数学	英语	总分	成绩等级
21	004	蒋燕	95	93	98	286	优秀
22	007	候慧洁	98	90	89	277	优秀

图 5-4-11 显示筛选结果

任务 3 制作产品销售汇总单

数据汇总表是办公中常用的数据报表形式，数据汇总是对数据分析和统计得出概括性数据的过程。Excel 2010 具有强大的数据汇总功能，能满足用户对数据汇总的各种要求。

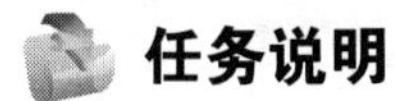

任务说明

很多公司在完成阶段性工作后，需要对一些数据进行分类计算，例如对每类产品销售总额进行分类计算并汇总。在以数据表中的某个数据进行分类汇总前，先要对分类字段进行排序，使数据按类别排列，然后才能进行汇总。

活动步骤

START

1. 教师讲解数据分类汇总的意义，演示分类汇总的方法。
2. 学生上机练习数据分类汇总。
3. 学生分组讨论操作中遇到的问题，教师讲评学生实习操作成果。

任务操作

（1）打开“瑞安汽车销售汇总表”工作簿文件。

（2）单击“商品名称”，选择按“商品名称”升序排序数据，排序结果如图 5-4-12 所示。

（3）选择“数据”选项卡，单击“分级显示”组中的“分类汇总”命令，打开“分类汇总”对话框，如图 5-4-13 所示。

	A	B	C	D	E
1	2013年瑞安汽车销售汇总表				
2	季度	商品名称	销售数量	销售额（万元）	销售经理
3	第一季度	宝来	55	682.00	刘乐
4	第二季度	宝来	50	643.00	刘乐
5	第三季度	宝来	49	621.32	刘乐
6	第四季度	宝来	60	775.20	刘乐
7	第一季度	高尔夫	36	539.28	张方明
8	第二季度	高尔夫	45	668.70	张方明
9	第三季度	高尔夫	42	623.70	张方明
10	第四季度	高尔夫	40	596.80	张方明
11	第一季度	捷达	45	436.50	王军成
12	第二季度	捷达	38	387.60	王军成
13	第三季度	捷达	46	455.40	王军成
14	第四季度	捷达	50	494.00	王军成
15	第一季度	迈腾	56	1489.60	马勇成
16	第二季度	迈腾	50	1344.00	马勇成
17	第三季度	迈腾	49	1288.21	马勇成
18	第四季度	迈腾	52	1003.60	马勇成
19	第一季度	速腾	55	1023.00	张立军
20	第二季度	速腾	68	1312.40	张立军
21	第三季度	速腾	62	1252.40	张立军
22	第四季度	速腾	58	1154.20	张立军

图 5-4-12 排序结果

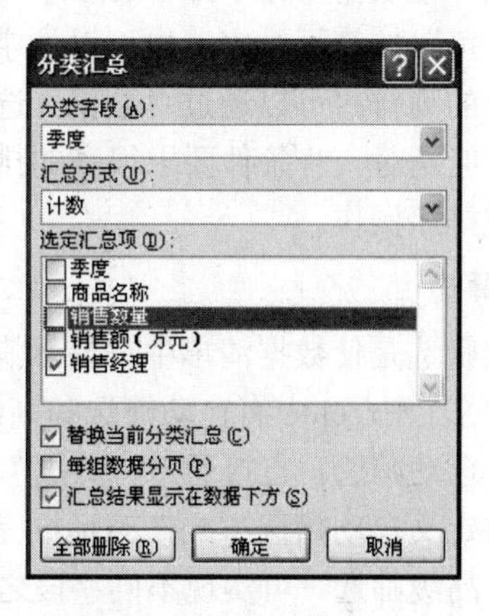

图 5-4-13 “分类汇总”对话框

（4）在“分类字段”下拉列表中选择“商品名称”，在“汇总方式”下拉列表中选择“求和”，在“选定汇总项”列表中选中“销售数量”和“销售额（万元）”，其他项可使用默认值，如图 5-4-14 所示。单击“确定”按钮，完成分类汇总。

（5）单击页面左侧的“减号”按钮，可以将数据清单中的明细数据隐藏起来，只显示汇总数据，结果如图 5-4-15 所示。如果要恢复显示数据清单中的明细数据，可以单击加号按钮。

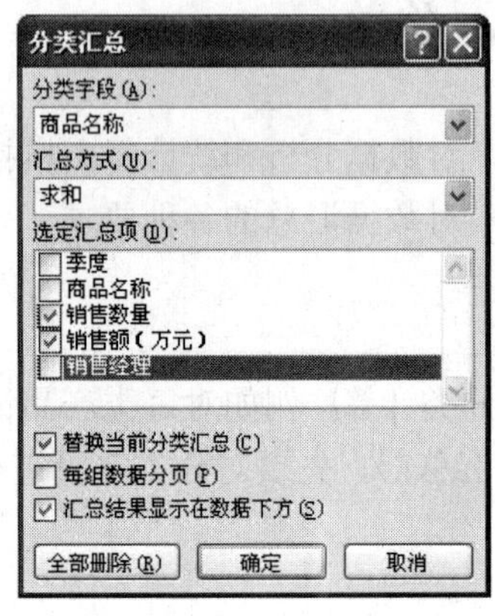

图 5-4-14 “分类汇总”设置

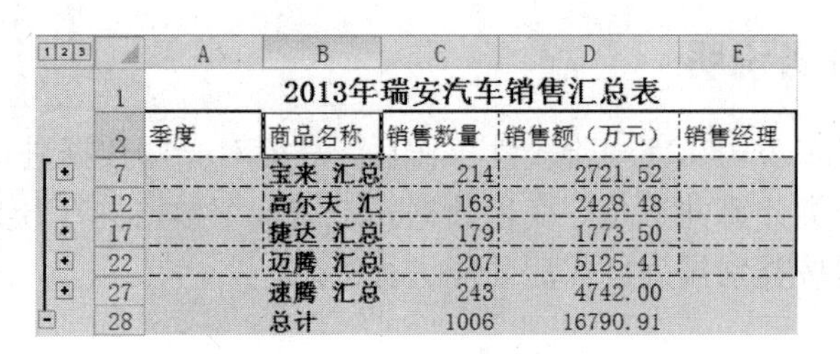

	A	B	C	D	E
1	2013年瑞安汽车销售汇总表				
2	季度	商品名称	销售数量	销售额（万元）	销售经理
7		宝来 汇总	214	2721.52	
12		高尔夫 汇	163	2428.48	
17		捷达 汇总	179	1773.50	
22		迈腾 汇总	207	5125.41	
27		速腾 汇总	243	4742.00	
28		总计	1006	16790.91	

图 5-4-15 汇总数据结果

（6）以“瑞安汽车销售分类汇总表”为文件名保存文件。

项目知识

1．数据清单

“数据清单”是一个有结构要求的特殊二维表，其中，第一行是标题行由多个字段构成表结构，其他行是数据行，表格的一列称为一个字段，一行数据称为一个记录。在数据清单中可进行数据的排序、筛选、分类汇总和创建数据透视表等操作。

2．排序

排序是将某些数据按从小到大或从大到小的顺序进行排列。

排序方式有升序和降序两种。通常根据以下顺序进行升序排序：数字→文本、符号、字母→逻辑值→错误值；降序排序的顺序与升序相反。无论升序还是降序，空白单元格总是排在最后。汉字可以按笔画排序，也可以按字母排序（默认的排序方式）。

简单的列排序可以通过“数据”选项卡“排序和筛选”组的“升序”按钮和“降序”按钮来完成。但是对一些条件要求很高的排序，则需要打开“排序”对话框，在对话框中增加设置条件完成排序操作。

3．筛选

数据筛选是使数据清单中只显示满足指定条件的记录，而将不满足条件的数据记录在视图中隐藏起来。Excel 中有自动筛选和高级筛选两种形式。

（1）自动筛选。直接通过“数据”选项卡“排序和筛选”组的筛选按钮实现，同时也可以打开“自定义自动筛选方式”对话框完成要求稍高的筛选操作。

（2）高级筛选。可实现不同字段之间复杂条件的筛选。高级筛选需要在“高级筛选”对话框中完成。高级筛选时必须在工作表中建立一个条件区域，输入各条件的字段名和条件值。条件区域与数据区域之间必须由空白行或空白列隔开，另外，“与”关系的条件必须出现在同一行，“或”关系的条件不能出现在同一行。

4．分类汇总

分类汇总是将数据清单的数据按某列（分类字段）排序后进行分类，然后对相同类别记录的某些列（汇总项）进行汇总统计（求和、求平均值、计数、求最大值、求最小值）。在执行“分类汇总”命令之前，必须先按分类字段进行排序。分类汇总的操作要在“分类汇总”对话框中完成。

5．合并计算

合并计算，就是将多个相似格式的工作表或数据区域，按指定的方式进行自动匹配计算，合并到一个新的区域中。其计算方式不单有求和，也有计数、平均值、乘积等。例如，财会人员要将一年 12 个月的个人工资进行求和，计算每人的年工资，但 12 个月的数据分别在 12 张工作表中，而且各表姓名的顺序是不同的，这时就可用合并计算中的求和，一次性分别算出各人的合计数。

项目考核

本项目考核评价量化标准由教师视教学组织情况，并参考第一单元项目 1 中的内容而定。考核内容也分为合作学习考核和知识、技能考核两个部分，前者考核内容参见第一单元项目 1，知识、技能考核内容如下。

（1）按筛选条件进行数据记录的筛选的操作。

（2）分类汇总的操作。

项目 5　使用图表

数据图表化是将工作表中的数据以各种统计图表的形式显示出来，将工作表中呆板的数据用形象的图表直观地表现出数据的变化信息。使用 Excel 2010 提供的图表功能可以将系列数据转换为图表，用户可以通过图表直接了解到数据之间的关系和变化趋势，而且可以在数据源发生变化时自动更新，使图表维护更加方便。

项目目标

熟悉 Excel 2010 图表的使用方法。

掌握常用图表形式的使用和编辑方法。

熟悉迷你图表的使用方法。

任务 1　制作并编辑汽车销售统计图表

Excel 电子表格中的数据信息只是有序地罗列，很难清晰地表示出多个数据之间的关系。若将数据转换成图表，则可以直观地表达数据项间的对比关系。

任务说明

本任务是利用 Excel 2010 的图表功能直观显示瑞安汽车公司各类汽车在各季度中的销售额。使用 Excel 2010 的“插入”功能区的“图表”选项，选择一种图表形式即可以将数据转换成图表，直观地显示该公司每类汽车的销售额。

活动步骤

START

1．教师讲解、演示图表的使用方法和基本功能。

2．学生上机练习创建和编辑图表的操作。

3．学生讨论操作中遇到的问题，教师讲评学生实习操作成果。

任务操作

（1）打开“瑞安汽车销售汇总表”工作簿，选择“汇总表”工作表。

（2）在工作表中，选中要绘制图表的 A1:D22 单元格数据。

（3）单击“插入”选项卡，在“图表”组中单击“柱形图”按钮，在弹出的下拉列表中选择“三维簇状柱形图”样式。

（4）单击图表使其处于可编辑状态，拖动图表四周控制点可调整图表的大小和位置。

（5）选择“设计”选项卡，在“图表布局”功能组中单击“其他”按钮，在弹出的列表中选择“布局 6”选项，在图表的相应位置输入图表标题和坐标标题，图表布局如图 5-5-1 所示。

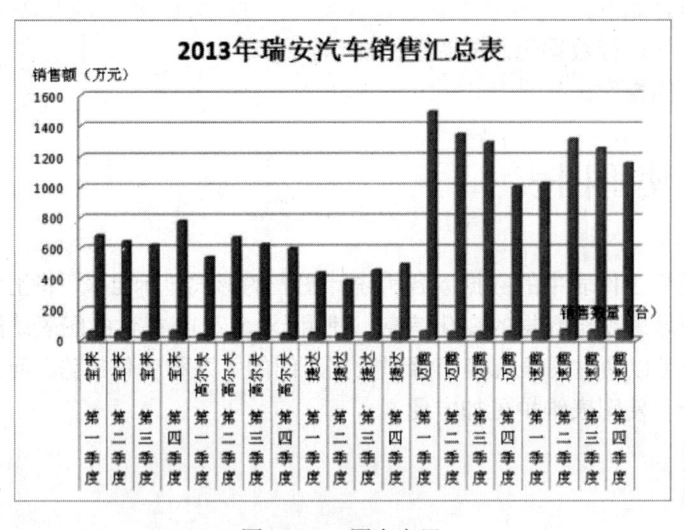

图 5-5-1 图表布局

（6）选择“布局”选项卡，在“坐标轴”功能组中单击“网格线”按钮，选择“主要横网格线”下拉列表中的“主要网格线和次要网格线”命令。

（7）在“背景”功能组中单击“图表背景墙”按钮，在下拉列表中选择“其他背景墙选项”，打开“设置背景墙格式”对话框。

（8）在“填充”选项区中，选择“渐变填充”单选钮，预设颜色为“雨后初晴”，类型为“线性”，方向为“线性向上”，如图 5-5-2 所示。

（9）在“边框颜色”选项区中，选择“实线”单选钮，颜色为“深蓝，文字 2”，如图 5-5-3 所示。

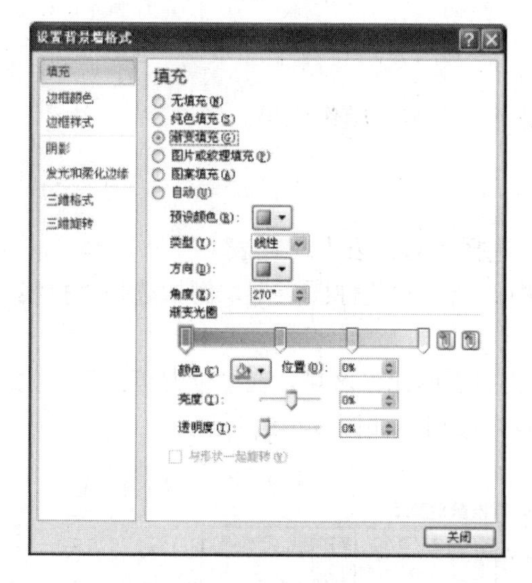

图 5-5-2　“填充”设置

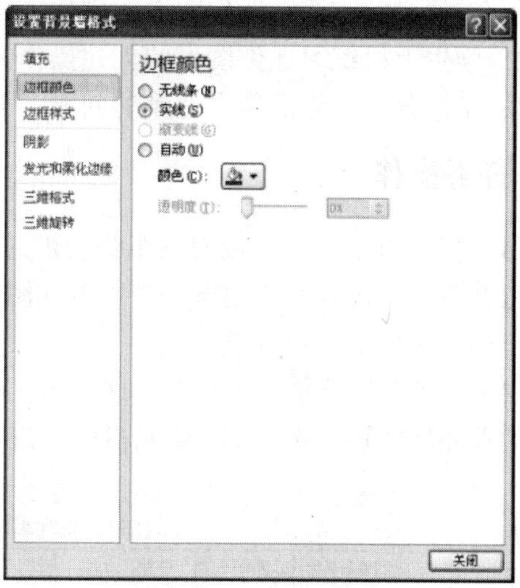

图 5-5-3　“边框颜色”设置

（10）单击“关闭”按钮，即可为图表添加背景墙，效果如图 5-5-4 所示。

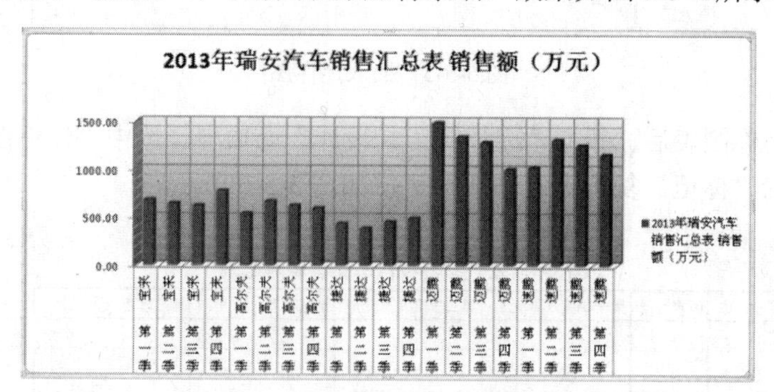

图 5-5-4　显示背景墙设置效果

（11）以“瑞安汽车销售汇总表 1”为文件名保存文件。

任务 2　创建迷你图表

迷你图是 Excel 2010 中加入的一种全新的图表制作工具，它以单元格为绘图区域，可简单、便捷地为用户绘制出简明的数据小图表，把数据以小图的形式直观、形象地呈现出来。

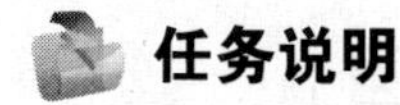

任务说明

用简洁的图表方式显示瑞安汽车销售数据，能展示某一类汽车在各季度销售额的对比或变化情况。在瑞安汽车销售汇总对比表中，使用 Excel 2010“插入”功能区的“迷你图”，选择一种迷你图表形式就可以显示某一类汽车在各季度的销售情况。

活动步骤

START

1．教师讲解、演示迷你图表的创建方法。

2．学生上机练习迷你图表的创建操作。

3．学生分组讨论操作中遇到的问题，教师讲评学生实习操作成果。

任务操作

（1）打开电子表格“瑞安汽车销售汇总表”，选择“对比表”工作表。

（2）单击“插入”选项卡，在“迷你图”组中选择一种迷你图类型，例如选择“折线图”，打开“创建迷你图”对话框。

（3）在“数据范围”即数据源区域中，选择 C3:F3 单元格区域，在“位置范围”即生成迷你图的单元格区域，选择 G3 单元格，单击“确定”按钮，如图 5-5-5 所示。

	A	B	C	D	E	F	G
1	2013年瑞安汽车各类汽车销售额对比表						
2	商品名称	销售经理	第一季度（万元）	第二季度（万元）	第三季度（万元）	第四季度（万元）	
3	宝来	刘乐	682	643	621.32	775.2	
4	高尔夫	张方明	539.28	668.7	623.7	596.8	
5	捷达	王军成	436.5	387.6	455.4	494	
6	迈腾	马勇成	1489.6	1344	1288.21	1003.6	
7	速腾	张立军	1023	1312.4	1252.4	1154.2	

图 5-5-5　插入迷你图

（4）在创建迷你图表后，新增“迷你图工具设计”选项卡。选中“迷你图工具设计”选项卡“显示”组中的“标记”复选框，添加标记，如图 5-5-6 所示。

	A	B	C	D	E	F	G
1	2013年瑞安汽车各类汽车销售额对比表						
2	商品名称	销售经理	第一季度（万元）	第二季度（万元）	第三季度（万元）	第四季度（万元）	
3	宝来	刘乐	682	643	621.32	775.2	
4	高尔夫	张方明	539.28	668.7	623.7	596.8	
5	捷达	王军成	436.5	387.6	455.4	494	
6	迈腾	马勇成	1489.6	1344	1288.21	1003.6	
7	速腾	张立军	1023	1312.4	1252.4	1154.2	

图 5-5-6　添加标记效果

（5）单击 G3 单元格，将鼠标指针指向单元格右下角的填充柄，当指针变成黑色十字时，按下鼠标左键向下拖动至 G6 单元格，释放鼠标，绘制出其他单元格的迷你图，如图 5-5-7 所示。

	A	B	C	D	E	F	G
1	2013年瑞安汽车各类汽车销售额对比表						
2	商品名称	销售经理	第一季度（万元）	第二季度（万元）	第三季度（万元）	第四季度（万元）	对比折线
3	宝来	刘乐	682	643	621.32	775.2	
4	高尔夫	张方明	539.28	668.7	623.7	596.8	
5	捷达	王军成	436.5	387.6	455.4	494	
6	迈腾	马勇成	1489.6	1344	1288.21	1003.6	
7	速腾	张立军	1023	1312.4	1252.4	1154.2	
8							

图 5-5-7　迷你图效果

项目知识

1．迷你图

迷你图是 Excel 2010 中的一个新功能，它是工作表单元格中的一个微型图表，是数据的直观表示形式。使用迷你图可以显示一系列数值的变化趋势（例如，季节性增加或减少、经济周期），或者可以突出显示最大值和最小值。在数据旁边放置迷你图，使数图同表，强化表格数据的内容显示效果。

与 Excel 工作表上的图表不同，迷你图不是对象，它实际上是单元格背景中的一个微型图表。可以从样式库（在选择一个包含迷你图的单元格时出现的“设计”选项卡）选择内置格式给迷你图应用配色方案，可以使用“迷你图颜色”或“标记颜色”命令来选择高值、低值、第一个值和最后一个值的颜色（例如，高值为绿色，低值为橙色）。

2．图表

图表是数据的一种可视表示形式。通过使用类似柱形（在柱形图中）或折线（在折线图中）这样的元素，图表可按照图形格式显示系列数值数据。图表的图形格式可让用户更容易理解大量数据和不同数据系列之间的关系。图表还可以显示数据的全貌，以方便学习者分析数据并找出重要趋势。

Excel 支持许多类型的图表，因此用户可以采用对分析数据最有意义的方式来显示。Excel 2010 中提供的图表类型有柱形图、折线图、饼图、条形图、面积图、XY 散点图、股价图、曲面图、圆环图、气泡图和雷达图等。

3．数据透视表

数据透视表是一种可以快速汇总大量数据的交互式方法。使用数据透视表可以深入分析数值数据，并且可以回答一些预料不到的数据问题。数据透视表是专门针对以下用途设计的。

（1）以多种用户友好方式查询大量数据。

（2）对数值数据进行分类汇总和聚合，按分类和子分类对数据进行汇总，创建自定义计算和公式。

（3）展开或折叠要关注结果的数据级别，查看感兴趣区域汇总数据的明细。

（4）将行移动到列或将列移动到行（或“透视”），以查看源数据的不同汇总。

（5）对最有用和最关注的数据子集进行筛选、排序、分组和有条件地设置格式，方便用户关注所需的信息。

（6）提供简明、有吸引力并且带有批注的联机报表或打印报表。

如果要分析相关的汇总值，尤其是在合计较大的数字列表并对每个数字进行多种比较时，通常使用数据透视表。

4．数据透视图

数据透视图报表提供数据透视表（这时的数据透视表称为相关联的数据透视表）数据的图形表示形式。与数据透视表一样，数据透视图报告也是交互式的。创建数据透视图报表时，数据透视图报表首先将显示在图表区（图表区：整个图表及其全部元素）中，以方便排序和筛选数据透视图报表的基本数据。相关联的数据透视表中的任何字段布局更改和数据更改将立即在数据透视图报表中反映出来。

与标准图表一样，数据透视图报表显示数据系列、类别、数据标记和坐标轴。用户可以更改图表类型及其他选项，如标题、图例、位置、数据标签和图表位置。

在基于数据透视表创建数据透视图报表时，数据透视图报表的布局最初由数据透视表的布局决定。如果先创建了数据透视图报表，则通过将字段从“数据透视表字段列表”中拖到图表工作表上的特定区域，即可确定图表的布局。注意相关联的数据透视表中的汇总和分类汇总在数据透视图报表中将被忽略。

项目考核

本项目考核评价量化标准由教师视教学组织情况，并参考第一单元项目 1 中的内容而定。考核内容也分为合作学习考核和知识、技能考核两个部分，前者考核内容参见第一单元项目 1，知识、技能考核内容如下。

（1）为工作表指定数据区创建图表操作。

（2）编辑图表，为图表添加图表标题、坐标标题，设置其他图表布局操作。

（3）为工作表指定单元格添加迷你图表的操作。

项目 6　打印输出电子表格

使用打印机可以把电子表格变成纸质文档，以方便保存或阅读。在打印文档之前，需要进行相关的打印设置，主要设置内容包括与电子表格匹配的纸张大小、页边距、页眉和页脚、表头等。如果需要强化打印效果，可以考虑添加电子表格边框线、标题等内容。

项目目标

掌握页面设置的方法。

熟悉打印机的设置方法。

任务 1　设置打印表格参数

在打印电子表格之前，应当进行相关的页面设置，包括纸张大小、页面边距、页眉和页脚等内容，使打印出来的表格格式规范、美观。

任务说明

为了使老师和同学了解考试的总体情况，可以考虑把学生的成绩表打印出来并张贴。本任务是通过“页面设置”功能设置打印格式及内容，其中包括设置纸张大小、调整页边距、设置页眉和页脚、设置工作表及其他常用页面参数，使成绩表打印效果达到最佳。

活动步骤 START

1．教师讲解、演示页面设置的操作方法。

2．学生上机练习电子表格页面设置操作。

3．学生讨论操作中遇到的问题，教师讲评学生实习操作成果。

任务操作

（1）打开“学生成绩表 4”工作簿文件。

（2）选择“页面布局”选项卡，在“页面设置”组中单击右下角的“页面设置对话框启动器”按钮，打开“页面设置”对话框，如图 5-6-1 所示。

（3）在“页面”选项卡的“方向”选项中，选中“纵向”单选钮，在“纸张大小”下拉列表中选择“A4”纸，“起始页码”设为“自动”。

（4）单击“页边距”选项卡，设置“上”“下”“左”“右”4 个页边距值。在“页眉”“页脚”框中输入或选择距上、下边的距离，该距离要小于上、下页边距，以保证页眉、页脚不被表格数据覆盖。在“居中方式”选项中，选中“水平”复选框，如图 5-6-2 所示。

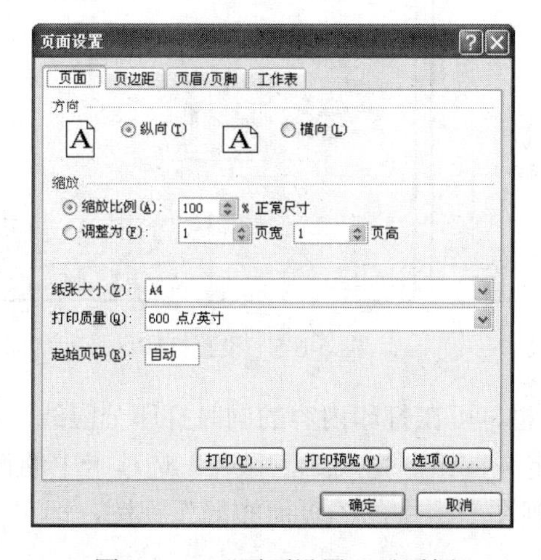

图 5-6-1 “页面设置”对话框

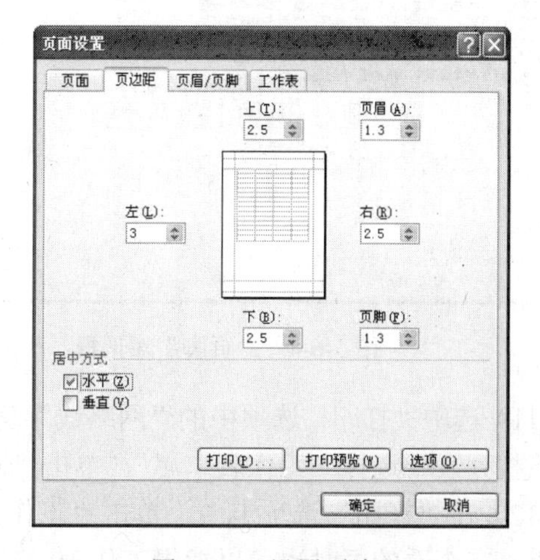

图 5-6-2 设置页边距

（5）选择“页眉/页脚”选项卡，单击“自定义页眉”按钮，打开“页眉”对话框。

（6）在“页眉”对话框的“中”文本框中，输入文本“2013-2014 学年第一学期学生成绩单”，单击“格式文本”按钮，打开“字体”对话框，设置文本的字体为“楷体”，字形为“加粗”，字号为“14”，颜色为“蓝色”，单击“确定”按钮，插入的页眉效果如图 5-6-3 所示。

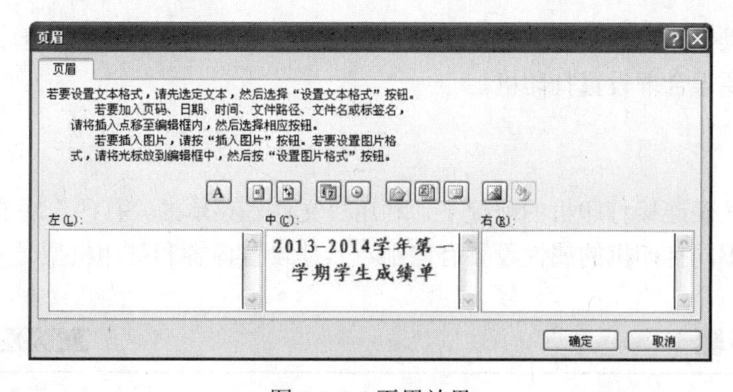

图 5-6-3 页眉效果

（7）在“页面设置”对话框的“页脚”下拉列表中，选择“第 1 页，共？页，2013-12-20”。

（8）单击“自定义页脚”按钮，打开“页脚”对话框，如图 5-6-4 所示，分别选中“中”

“右”文本框中的文字，单击“格式文本”按钮，打开“字体”对话框，设置文本的字体为“楷体”，字号为“12”，颜色为“蓝色”，单击“确定”按钮完成页眉、页脚设置。

（9）选择“页面设置”对话框中的“工作表”选项卡，在“打印区域”文本框中输入打印的工作区域“A1:G55”，或者单击右侧“折叠对话框”按钮，在工作表中选择打印区域。

（10）在“打印标题”区中，单击“顶端标题行”文本框架右侧的“折叠对话框”按钮，在工作表中选择表头，如图 5-6-5 所示。

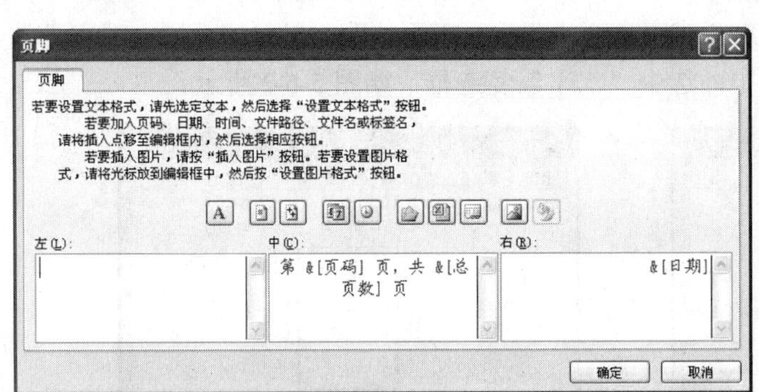

图 5-6-4　“页脚”对话框

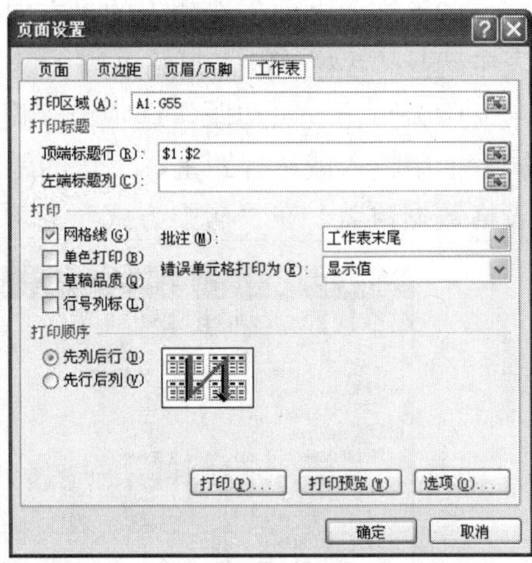

图 5-6-5　设置打印区域和打印标题

（11）选中“打印”选项中的“网络线”复选框，可在打印内容的同时打印分隔线。在“批注”下拉列表中选择“工作表末尾”，单击“确定”按钮，完成“工作表”选项卡中的设置。

（12）在“视图”选项卡中，单击“工作簿视图”组中的“页面布局”视图，即可查看打印效果，在查看的同时也可以编辑工作表。

（13）单击“普通”视图返回。

（14）保存“学生成绩表 4”文件。

任务 2　设置打印机并打印

在执行打印操作时，既需要依据打印内容合理设置纸张大小、打印范围、单双面打印等，也可以根据打印要求合理设置打印机。

任务说明

本任务是在正确连接打印机的前提下，利用“文件”菜单的“打印”功能，设置打印机和各种打印参数。不同打印机的属性设置有差别，具体设置内容和打印机型号有关。

START

1．教师讲解、演示打印设置和打印机设置的操作。

2．学生上机练习打印学生成绩表。

3．学生讨论操作中遇到的问题，教师讲评学生实习操作成果。

任务操作

（1）打开“学生成绩表 4”工作簿文件。

（2）单击“文件”菜单中的“打印”命令，显示工作表的打印预览效果，如图 5-6-6 所示。

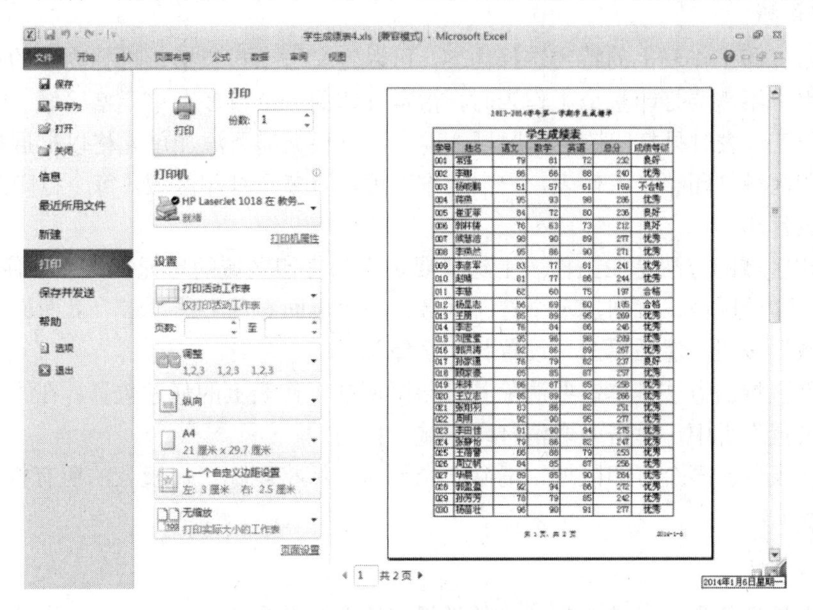

图 5-6-6　打印预览效果

（3）在“打印机”选项的打印机下拉列表中，选择已连接好的打印机。

（4）单击“打印机属性”，打开相应的打印机属性对话框，设置打印质量和效果等内容。

（5）在“设置”选项中，设置打印页面范围、单面打印/双面打印、纵向、页面大小、页边距等。

（6）在“打印”选项中，输入打印份数，单击“打印”按钮，开始打印输出。

项目知识

1．页边距

页边距是工作表数据与打印页面边缘之间的空白区域，顶部和底部页边距可用于放置如页眉、页脚及页码等内容。要使工作表在打印页面上更好地对齐，可以使用预定义边距、指定自定义边距或者使工作表在页面上水平或垂直居中。

设置页边距是在“页面布局”选项卡“页面设置”组中，单击“页边距”，然后选择必要的选项。保存工作簿时，在给定工作表中定义的页边距将与该工作表一起存储，无法更改新工作簿的默认页边距。

2．页眉/页脚

可以在打印工作表的顶部或底部添加页眉或页脚，如可以创建一个包含页码、日期和时间以及文件名的页脚。

页眉和页脚不会以普通视图显示在工作表中，而仅以页面布局视图显示在打印页面上。用户可以在页面布局视图中插入页眉或页脚（可以在该视图中看到页眉和页脚），如果要同时为多个工作表插入页眉或页脚，则可以使用“页面设置”对话框。对于其他工作表类型（如图表工作表），则只能使用“页面设置”对话框插入页眉和页脚。页眉/页脚的设置可以在“页面设置”对话框的“页眉/页脚”选项卡中完成。

3．打印区域

如果经常打印工作表上的特定选择内容，可以定义一个只包括该选择内容的打印区域。打印区域是当用户不需要打印整个工作表时，指定打印的一个或多个单元格区域。定义了打印区域之后，打印工作表时只打印该打印区域。用户可以根据需要添加单元格以扩展打印区域，还可以清除打印区域打印整个工作表。一个工作表可以有多个打印区域，每个打印区域都将作为一个单独的页打印。

设置打印区域的方法是在工作表上选择要定义为打印区域的单元格，在按住【Ctrl】键的同时单击要打印的区域，可创建多个打印区域；在“页面布局”选项卡“页面设置”组中，单击“打印区域”按钮，然后单击“设置打印区域”。

清除打印区域的方法是单击要清除其打印区域的工作表上的任意位置；在“页面布局”选项卡“页面设置”组中，单击“取消打印区域”按钮。

如果工作表包含多个打印区域，清除一个打印区域将删除工作表上的所有打印区域。

项目考核

本项目考核评价量化标准由教师视教学组织情况，并参考第一单元项目 1 中的内容而定。考核内容也分为合作学习考核和知识、技能考核两个部分，前者考核内容参见第一单元项目 1，知识、技能考核内容如下。

（1）设置打印纸张大小、方向、页边距等的操作。

（2）添加页眉/页脚的操作。

（3）设置打印标题的操作。

（4）设置打印参数的操作。

回顾与总结

Excel 2010 是电子表格处理软件，主要用于对数据的处理、统计、分析与计算。

Excel 文件称为工作簿，一个工作簿中可以包含若干张工作表，工作表的每一个格称为单元格，带黑色外框的单元格是活动单元格，也称当前单元格或被激活的单元格。

电子表格的基本操作包括工作簿操作、工作表操作和单元格操作。工作簿操作包括新建、打开、保存、关闭和切换等，工作表操作包括插入、删除、重命名、移动和复制等，单元格操作包括选择、插入、删除、移动、复制、合并和拆分等。

在掌握基本操作的基础上，用户还应熟练掌握自动填充数据、利用公式和函数计算数据、对数据排序和筛选、数据的分类汇总和创建图表的操作。

等级考试考点

全国计算机等级考试一级 MS Office 考试大纲（2013 年版）要求，考生必须了解电子表格软件的基本知识，掌握电子表格软件 Excel 的基本操作和应用。二级考试大纲明确要求考生要在一级的基础上，掌握 Excel 的操作技能，并熟练进行数据计算及分析。因此，一级考点是参加一、二级考试考生必须掌握的操作技能，二级考点则是参加二级考试考生重点关注的内容。

一级考点：

考点 1：Excel 2010 的启动与退出

要求考生能够正确启动和退出 Excel 2010。

考点 2：Excel 2010 操作环境和基本功能

要求考生了解 Excel 2010 操作窗口的基本组成和功能；会使用窗口命令和工具完成常用操作任务。

考点 3：创建工作簿和工作表，表格数据输入和保存。

要求考生能够理解工作簿与工作表的概念和区别，并能根据考试要求创建工作簿、工作表、正确输入表格数据、打开已有的文档，且会将文档以指定文件名保存在指定位置。

考点 4：工作表和单元格的基本操作

要求考生能够根据考试要求准确地选定工作表和单元格，能熟练进行插入、删除、复制和移动行列和数据的操作；会重命名工作表，会窗口拆分与冻结等操作。

考点 5：格式化工作表

要求考生能够熟练掌握单元格格式、行高、列宽的基本设置操作，会根据考试要求设置条件格式、使用样式、自动套用模式和模板等。

考点 6：工作表中公式与函数的使用

要求考生能够根据考试要求熟练使用函数或自行编辑公式进行表格数据计算，同时理解单元格的绝对地址与相对地址的概念并能够熟练应用。

考点 7：图表的使用

要求考生能够根据考试要求熟练掌握图表的创建、编辑、修改和美化等操作。

考点 8：表格中的数据分析及处理

要求考生能够根据考试要求，对数据进行排序、筛选、分类汇总以及合并计算等操作，并能够利用数据透视表进行数据分析。

考点 9：工作表的页面设置与打印

要求考生能够根据考试要求正确设置工作表的页面、进行打印预览和打印设置操作。

考点 10：保护工作簿与工作表

要求考生掌握工作簿与工作表的隐藏方法，并会设置保护操作。

二级考点：

二级考试大纲要求考生除了掌握一级的基本知识，还需要掌握 Excel 的操作技能，并熟练进行数据计算及分析等。

考点 1：多个工作表的联动操作

要求考生能够根据考试要求，会对多个工作表内容建立联动关系，掌握多个工作表的联动操作。

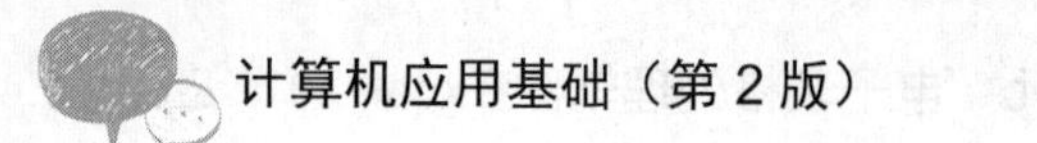

考点 2：使用迷你图

要求考生能够根据考试要求，在表格中创建适合应用要求的迷你图。

考点 3：数据模拟分析和运算

要求考生能够根据考试要求对表格中的数据进行模拟分析和运算操作，掌握单变量求解和模拟运算表的正确使用方法。

考点 4：宏功能的简单使用

要求考生掌握宏的基本概念，并能够在 Excel 2010 中录制新宏操作。

考点 5：外部数据的获取与分析

要求考生能够根据考试要求，掌握 Excel 2010 中获取外部数据的方法，并会对获取到的数据进行分析和处理。

考点 6：提取信息引用到 Excel 文档

要求考生会分析数据素材并根据需求提取相关的信息引用到 Excel 文档中。

第五单元实训

按要求创建“收入与开支统计表”

2013年12月收入与开支统计表										（单位：元）	
姓名	收入					支出					剩余总额
	职务工资	补贴	奖金	职称工资	总收入	水电费	房贷	生活开支	其他消费	总支出	
张小宇	1600.0	600.0	800.0	1800.0		123.0	0	1250	500		
田野	1200.0	600.0	800.0	1700.0		105.0	600	1230	400		
张亮	1300.0	600.0	800.0	1750.0		89.0	600	1100	300		
孙越	1200.0	600.0	800.0	1700.0		53.0	700	900	450		
姜飞翔	1400.0	600.0	800.0	1800.0		68.0	0	890	330		
常宝强	1200.0	600.0	800.0	1700.0		56.0	600	760	400		
朱江河	1200.0	600.0	800.0	1700.0		67.0	700	680	320		
剩余总额低于2500元的人数											

（1）表格要有可视的边框，并将表中的内容设置为宋体、12 磅、居中。

（2）用函数计算总收入，将结果填入相应的单元格内。

（3）用函数计算总支出，将结果填入相应的单元格内。

（4）用公式计算剩余总额，将结果填入相应的单元格内。

（5）用函数计算剩余总额低于 2500 元的人数，将结果填入相应的单元格内。

第五单元习题

1．单项选择题

（1）在单元格中输入数字字符串 450001(邮政编码)时，应输入（　　）。

A．45000l　　B．"450001"　　C．'450001　　D．450001'

（2）在单元格中输入（　　），使该单元格显示 0.3。

A．6/20　　B．="6/20"　　C．"6/20"　　D．=6/20

（3）当输入的数字被系统辨识为正确时，会采用（　　）对齐方式。

A．居中　　B．靠右　　C．靠左　　D．不动

（4）在单元格中输入“(123)”显示值为（　　）。

A．-123　　B．123　　C．"123"　　D．(123)

（5）设 A1、B1、C1、D1 中的值分别是 2、3、7、3，则 SUM(A1:C1) / D1 为（　　）。

A．4　　B．12 / 3　　C．3　　D．12

2．多项选择题

（1）下列对工作表的描述中，不正确的是（　　）。

A．一个工作表可以有无穷个行和列

B．工作表不能更名

C．一个工作表作为一个独立文件进行存储

D．工作表是工作簿的一部分

（2）在 Excel 工作表中，可以使用的数据格式有（　　）。

A．文本　　B．数值　　C．日期　　D．视频

（3）单击“开始”选项区的“编辑”组里的“清除”命令，可以（　　）。

A．清除全部　　B．清除格式　　C．清除内容　　D．清除字段

（4）在“单元格格式”对话框中，可以设置所选多个单元格的（　　）。

A．对齐方式　　B．字体　　C．底纹　　D．合并

（5）Excel 的整张图表主要包括（　　）部分。

A．图表区　　B．绘图区　　C．数据区　　D．修改区

3．判断题

（1）在 Office 2010 中，Excel 文件的扩展名是.xls。　（　　）

（2）工作簿中默认包含三张工作表。　（　　）

（3）工作表中的 A3 表示第 A 行第 3 列的单元格。　（　　）

（4）重新命名工作表名称时，可以双击工作表标签，然后输入新的名字。　（　　）

（5）删除单元格就是仅把选定单元格中的内容删除。　（　　）

4．简答题

（1）什么是工作簿？什么是工作表？二者之间有什么区别？

（2）在单元格中可以输入哪些类型的数据？

（3）公式由哪几部分组成？函数由哪几部分组成？

（4）如何给单元格添加斜线？

（5）简述迷你图的创建方法。

5．操作题

按要求创建“学生成绩表”，包括字段：学号、姓名、语文、数学、英语、计算机、总分、平均分。

学生成绩表							
学号	姓名	语文	数学	英语	计算机	总分	平均分
001	常强	79	81	72	78		
002	李娜	86	66	88	83		
003	杨晓鹏	51	57	61	62		
004	蒋燕	95	93	98	89		
005	崔亚菲	84	72	80	75		
006	郭林铸	76	63	73	68		
007	候慧洁	98	90	89	88		
008	李燕然	95	86	90	92		
009	李彦军	83	77	81	86		
010	赵晴	81	77	86	78		
011	李慧	62	60	75	66		
012	杨显志	56	69	60	65		

（1）全部单元格的行高设置为 20，列宽设置为 10，表格要有可视的外边框和内部边框（格式任意）。

（2）表格中文字部分（标题、行名称、列名称）设置为非红色底纹，数字部分中不及格的设置为红色底纹。

（3）表格内容水平居中。

（4）表中“总分”“平均分”内容要用公式计算，保留两位小数。

（5）在“排序”工作表中，按“英语”成绩进行递增排序。

（6）做出标题为“学生成绩统计图”的柱形图，柱形图有标题，水平轴为学生姓名，垂直轴为成绩，图例在左侧。

多媒体应用

多媒体技术是基于传统计算机技术、现代电子信息技术的产物，它使得计算机具有综合处理声音、文字、图形、图像和视频信息的能力，从而为计算机进入人类生活和生产的各个领域打开了方便之门，也给人们的工作、生活带来了深刻变化。

项目1 多媒体基础

20世纪80年代初，出现“多媒体”一词，至今二十多年过去了，在这二十多年的时间里，“多媒体”几乎走进了我们生活的每一个角落，也同时影响着我们的日常生活。

项目目标

了解多媒体技术及其软件的应用与发展。
了解多媒体文件的格式，会选择浏览方式。

任务1 了解多媒体技术

多媒体技术就是利用计算机技术把文本、声音、图像等多种媒体进行综合处理，使多种信息之间建立逻辑连接，形成一个完整的系统。

任务说明

现在的教室里大都安装了多媒体设备。什么是多媒体？什么是多媒体技术？通过本任务的学习，将会对多媒体技术有一个全面的认识。

多媒体技术已经渗透到人类社会的方方面面，应用案例数不胜数，若想全面认识多媒体，则应从基础开始。

活动步骤

START

1．教师展示新闻信息案例，讲解多媒体的基本概念。

2．案例讨论。

任务知识

1．多媒体的含义

我们现在正生活在信息社会里，每时每刻，人类都以各种方式传播或接收各式各样的信息，而信息是以人所能感知的方式进行传播，即信息的传播必须有媒体。通常，把报纸、电视、广播以及各种出版物称为大众传播媒体。按国际电信联盟（简称 ITU）下属的国际电报与电话咨询委员会（简称 CCITT）的定义，媒体有以下 5 种类型。

（1）感觉媒体。直接作用于人的感觉器官，使人产生直接感觉的媒体，如引起听觉反应的声音，引起视觉反应的图像、文字等。

（2）表示媒体。是为了处理和传输感觉媒体而人为地研究、构造出来的媒体，其目的是有效地传输感觉媒体，如图像编码（JPEG、MPEG 等）、文本编码（ASCII 码、GB-2312 等）和声音编码等，都是表示媒体。

（3）表现媒体。将感觉媒体转换成用于通信信号的一类媒体，它又分为输入媒体和输出媒体。键盘、鼠标、扫描仪、话筒、摄像机等为输入媒体，显示器、打印机、喇叭等为输出媒体。

（4）存储媒体。用于存储表示媒体的物理介质，如硬盘、软盘、光盘、U 盘等。

（5）传输媒体。传输媒体是指用于传输表示媒体的物理介质，如双绞线、同轴电缆、光纤以及其他通信信道。

我们通常所说的“媒体”有两层含义：一是指信息的物理载体（即存储和传递信息的实体），如书本、图片、磁盘、光盘、磁带以及相关的播放设备等；二是指信息的表现形式，或是指传播形式，如文字、声音、图像、动画等。多媒体计算机中的“媒体”，通常是指后者。

在计算机领域中，所谓多媒体（Multimedia）通常是指信息的感觉和表示媒体的多样化，即计算机不仅能处理文字、数值之类的信息，而且还能处理声音、图形、图像、视频等多种信息媒体。

2．多媒体信息表达元素

多媒体信息表达元素即表达多种媒体的元素，概括起来主要有以下几类。

（1）文本。文本信息是由文字编辑软件生成的文本文件，由汉字、英文或其他文字符号构成。文本是人类表达信息的最基本的方式，具有字体、字号、风格、颜色等属性。在计算机中，文本信息主要有点阵文本和矢量文本。由于技术和处理上的问题，目前，计算机中主要采用的是矢量文本。文本是进行信息交换的最基本的媒体，可以准确、严谨地传递信息。文本对存储空间、信号传输能力的要求是最少的。

（2）图形图像即图片信息。在计算机中，图片信息分为图形和图像。图形指的是矢量图形（Graphic），矢量图形主要用于线型的图画、美术字、统计图和工程制图等，它占据存储空间较小，但不适于表现复杂的图画。图像通常是指位图，即点阵图像（Image）。它是由描述图像的各个像素点的强度与颜色的数位集合组成，即把一幅彩色图像分解成许多的像素，每个像素用若干个二进制位来指定该像素的颜色、亮度和属性。位图适合表现比较细致、层次和色彩比较丰富、包含大量细节的图像，如照片和图画等。位图的特点是显示速度快，但占用的存储空间较大。

（3）音频信息即声音信息。声音是人们用于传递信息最方便最熟悉的方式，主要包括人的语音、音乐、音响效果等。

（4）视频信息。连续的随时间变化的图像称为视频图像，也称运动图像。人们依靠视觉获取的信息占依靠感觉器官获取的信息总量的 80%，视频信息具有直观和生动的特点。视频信息利用了人眼睛“视觉暂留”的特性，通过连续播放一幅幅的图像，形成运动图像，其中的每一幅图像称为一帧。从视频表现形式上看，视频分为动画和活动视频两种。动画是指连续运动变化的图形、图像、活页、连环图画等，也包括画面的缩放、旋转、切换、淡入/淡出等特殊效果。活动视频是指活动的视频图像（Motion Video），活动视频能将用户带入真实的世界中。在各种多媒体的信息表达元素中，活动视频是最新和最具魅力的一种，但它对计算机硬件的工作速度及存储能力要求最高，而且数字化视频在获取、传输、存储、压缩及显示等方面的技术还有待进一步提高。

3．多媒体技术

多媒体技术不是各种信息媒体的简单集合，而是一种对多种媒体信息进行综合处理的技术。由于多媒体的内涵太宽，应用领域很广，因此至今仍没有一个非常准确、明晰的定义。最常见的定义为：多媒体技术是以计算机为核心，交互地综合处理文本、图形、图像、声音、动画、视频和视频活动等多种媒体信息，并通过计算机进行有效控制，使这些信息建立逻辑连接，以表现出更加丰富、更加复杂信息的信息技术和方法。

4．多媒体技术的特点

基于计算机为核心的多媒体技术有以下 4 个主要特点。

（1）集成性。多媒体技术的集成性主要表现在两个方面，即多种信息媒体的集成和处理这些媒体设备的集成。多种信息媒体的集成包括信息的多通道统一获取、多媒体信息的统一存储与组织、多媒体信息表现合成等多方面。对于多媒体设备的集成而言，则要求处理多媒体的各种设备应该成为一体。

（2）可控性。多媒体技术并不是多种设备的简单组合，而是以计算机为控制中心来加工处理来自各种周边设备的多种媒体数据，使其在不同的流程上出现。计算机是整个多媒体系统的控制中枢。多媒体信息可以在时间域上加工处理，如进行信息数据编辑等；也可在空间域上加工处理，如开设窗口等。多媒体技术的可控性也体现在其友好的界面技术上，增强和改善人机界面功能，能更加形象、直观、友好地表达信息。

（3）交互性。交互性是指用户可以与计算机的多种信息媒体进行交互操作，从而为用户提供更加有效地控制和使用信息的手段。由于交互可以增加对信息的注意力和理解，延长信息保留的时间，因此，借助于交互性，人们不是被动地接收文字、声音、图形、图像、活动视频和动画，而是主动地进行检索、提问和回答。

（4）数字化。从技术实现的角度来看，多媒体技术必须把各种媒体信息数字化后才能使各种信息融合在统一的多媒体计算机平台上，才能解决多媒体数据类型繁多、数据类型之间差别大的问题，这也是多媒体技术唯一可行的方法，因此，数字化是多媒体技术发展的基础。

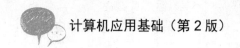

任务2　了解多媒体文件格式

多媒体文件格式决定存储容量的大小，同时也影响显示或播放的质量，因此，了解并正确选择多媒体文件格式是使用多媒体资源的重要基础。

任务说明

只有了解各种多媒体文件具有的格式特征，才能正确选择浏览方式。了解多媒体文件（包括文本文件、图像文件、音频文件、视频文件）具有的格式特征，会选择文件的浏览方式，才能快速地获取文本、图像、音频、视频等常用多媒体素材，了解多媒体文件格式是后续工作的基础。

活动步骤　START

1．教师以实际文件为例讲解文本、图像、音频、视频文件格式。

2．讨论思考以下问题。

（1）用“Microsoft Office Word”建立的文档和用“写字板”建立的文档，在文件格式上有什么不同？

（2）Windows操作系统的示例图片是什么文件格式？它用什么软件打开？

（3）VCD光盘中的视频文件是什么文件格式？使用什么播放器播放？

任务知识

1．认识文本文件格式

文本素材是进行多媒体制作最基本的素材，多媒体文件除了用图像、音乐、视频来渲染之外，则主要通过文本来突出主题。常用的文本文件格式有：纯文本文件格式（*.txt）、写字板文件格式（*.wri）、Word文件格式（*.doc）、WPS文件格式（*.wps）、Rich Text Format文件格式（*.rtf）等。

2．认识图像文件格式

常用的图形、图像文件格式有以下6种。

（1）BMP格式。BMP格式是标准的Windows和OS/2操作系统的基本位图（Bitmap）格式，几乎所有在Windows环境下运行的图形图像处理软件都支持这一格式。BMP文件有压缩（RLE方式）格式和非压缩格式之分，一般作为图像资源使用的BMP文件是不压缩的，因此，BMP文件占磁盘空间较大。BMP文件格式支持从黑白图像到24位真彩色图像。

（2）JPG格式。JPG格式是由联合图像专家组（JPEG）制定的压缩标准产生的压缩图像文件格式。JPG格式文件压缩比可调，能达到很高的压缩比，文件占磁盘空间较小，适用于处理大量图像的场合，是Internet上支持的重要文件格式。JPEG支持灰度图、RGB真彩色图像和CMYK真彩色图像。

（3）GIF格式。GIF（Graphics Interchange Format，图形交换文件格式）格式是由Compuseve公司开发、各种平台都支持的图像格式。GIF采用LEW格式压缩，压缩比较高，文件容量小，便于存储和传输，因此适合在不同的平台上进行图像文件的传播和互换。GIF文件格式支持黑白、16 色和 256 色图像，有 87a 和 89a 两个规格，后者还支持动画。与 JPG 格式一样，也是 Internet 上支持的重要文件格式之一。

（4）TIF 格式。TIF（Tagged Image File Format）格式由原 Aldus 公司与 Microsoft 公司合作开发，最初用于扫描仪和平面出版业。TIF 格式分为压缩和非压缩两大类，其中非压缩格式由于兼容性极佳，所以是众多图形图像处理软件所支持的主要图像文件格式。PC 和 Macintosh 平台同时支持该格式，是两种平台之间进行图像互换的主要格式。

（5）PSD 格式。PSD 格式是著名的 Adobe 公司的图形软件 Photoshop 的文件格式，平面设计的标准。PSD 文件最重要的特点是具有“图层”，就好像是一张有文字层、人像层和背景层组成的设计图，每个图层可以独自编辑修改，它们有机地叠加在一起，构成一幅完整的设计作品。由于 PSD 的图层受到 Adobe 的 Premiere 非线性编辑软件的很好支持，因此被广泛应用。

（6）EPS 格式。EPS 格式是 Adobe 公司的 Post Script 页面描述语言文件格式，这种语言用于描述矢量图形，由于桌面出版大多使用 Post Script 页面描述语言打印输出，因此，几乎所有的图形图像处理软件和桌面出版软件都支持 EPS 格式。另外，EPS 格式通用于 Windows 和 Macintosh 平台。

3．认识音频文件格式

数字化声音必须以一定的数据格式存储在磁盘或者其他媒体上，声音数据编码方式不同，生成的声音文件格式也不同。声音文件的格式很多，目前比较流行的有以下 4 种。

（1）WAVE 波形文件。WAVE 波形文件是基于 PCM 技术的波形音频文件，文件扩展名是.WAV，是 Windows 操作系统所使用的标准数字音频文件。在适当的软、硬件条件下，使用波形文件能够重现各种声音；但波形文件的缺点是产生的文件太大，不适合长时间记录。

（2）MIDI 音乐数字文件。MIDI 文件按 MIDI 数字化音乐的国际标准记录描述音符、音高、音长、音量和触键力度（键从触按到最低位置的速度）等音乐信息指令。它在 Windows 下的扩展名为.MID。由于 MIDI 文件记录的不是声音信息本身，它只是对声音的一种数字化描述方式，因此，与波形文件相比，MIDI 文件要小得多。MIDI 文件的主要缺点是，缺乏重现真实自然声音的能力，另外，MIDI 只能记录标准所规定的有限几种乐器的组合，并且受声卡上芯片性能限制难以产生真实的音乐效果。

（3）MP3 文件。MP3 全称为 MPEG Audio Layer3。由于在 MPEG 视频信息标准中，规定了视频伴音系统，因此，MPEG 标准里也就包括了音频压缩方面的标准，称为 MPEG Audio。MP3 文件就是以 MPEG Audio Layer3 为标准的压缩编码文件格式，MP3 具有很高的压缩比率。一般来说，1 分钟 CD 音质的 WAV 文件约需 10MB，而经过 MPEG Layer3 标准压缩可以压缩为 1MB 左右且基本保持不失真。

（4）RA 音频文件。RA 音频文件的全称是 RealAudio，是由 RealNetworks 公司开发的一种具有较高压缩比的音频文件。由于其压缩比高，因此文件小，适合于网络传输，属于流媒体音频文件格式。同样，它也由于其压缩比高，声音失真比较严重，但仍在可接受的范围内。

4．认识视频文件格式

根据编码方式和数据压缩技术的不同，存在许多种影像文件格式和动画文件格式，常用的视频文件主要有 AVI、MPG 和 SWF 等格式。

（1）AVI 格式。AVI 格式是音频—视频交互格式，是 Windows 平台上流行的视频文件格式，可以看成是有多幅连续的图形（也就是动画的帧）按顺序组成的动画文件。由于视频文件的信息量很大，人们研究了很多压缩方法。

（2）MOV 格式。MOV 格式是 QuickTime 格式的视频文件格式，原先应用于 Apple 公司的苹果系列计算机上，后来被移植到 Windows 系统中。与 AVI 类似，它也有很多种类的压缩方式，并且图像质量优于 AVI。

（3）MPG/MPEG/MPV。Motion Picture Expert Group（活动图像专家组）制定的一种压缩视频文件标准。它结合帧内压缩，并分析连续的帧与帧之间的图像有很多相似画面（如电视台播音员的不动背景），而大幅度抽减掉这些冗余信息，使得压缩效率很高。早期的 MPEG-1 标准在国内被广泛应用于 VCD 影碟中，现在 DVD 影碟用的是更高品质的 MPEG-2 标准。MPV 一般是不带声音的 MPG 文件。

（4）DAT 格式。DAT 格式是 VCD 标准的数据文件格式，很多软件都支持 DAT 文件。这里说的 DAT 文件可以从 VCD 光盘中看到，打开 VCD 光盘，可以看到有一个 MPEGAV 目录，里面便是类似 MUSIC01.DAT 或 AVSEQ01.DAT 的文件。这个 DAT 文件也是 MPG 格式，由 VCD 刻录软件将符合 VCD 标准的 MPEG-1 文件自动转换生成。

（5）SWF 格式。SWF 格式是 Flash 软件支持的矢量动画文件格式。

（6）FLC 格式。FLC 格式是 Autodesk 公司的 Animator/Animator Pro/3D Studio/3D MAX 等动画软件支持的动画文件格式。

项目考核

本项目考核量化标准由教师视教学组织情况而定，考核内容也分为合作学习考核和知识技能考核两部分，前者考核内容参见第一单元项目 1，知识考核内容如下。

（1）对多媒体文件格式的熟悉程度。

（2）对音频、视频文件格式与文件大小、播放效果关系的理解。

项目 2　获取图像素材

获取图像素材的方法通常有两种：外部采集和计算机内部采集。所谓外部采集是指利用扫描仪或数码相机获取图像，内部采集是利用屏幕抓图工具从计算机屏幕上抓取图像，也包括从网络上、素材光盘上间接获取图像素材。

项目目标

会使用数码照相机拍摄照片。

会使用抓图工具获取屏幕图像。

任务 1　拍摄数码照片

购买数码相机的主要目的是获取数码照片，而有效使用数码相机才可能获取高质量的数码照片，所以熟练使用数码相机是对用户的基本要求。

任务说明

数码相机被广泛使用于家庭中，所以，利用数码相机获取图像也是人们获取图像素材的主要手段。使用数码相机实地拍摄的照片只有在输入计算机后，才可以作为计算机处理的图像素材，因此，本任务包括使用数码相机拍摄照片、连接计算机、将数码照片导入计算机。

活动步骤 START

1．教师讲解并演示拍摄照片、连接计算机、导入数码照片等操作。

2．学生练习拍照和导入照片。

3．分组讨论实习操作中遇到的问题，教师讲评实习操作成果。

任务操作

（1）开启数码相机。

（2）将数码相机调到拍摄图像的模式，再通过调节数码相机中的各个选项来调整图片的显示质量、图像大小、分辨率，以及其他等参数（具体操作应参考数码相机随机附带的说明书）。

（3）通过 LCD 显示屏或取景孔，查看并选取拍摄对象。

（4）按下拍摄快门，即可将景物摄入数码相机中。

（5）关闭数码相机。

（6）将数码相机的 IEEE1394 接口通过随机附带的 IEEE1394 数据线与计算机的 USB 接口连接。数码相机的 IEEE1394 接口及 IEEE1394 数据线如图 6-2-1 所示。

（7）开启数码相机。

（8）计算机检测到新硬件并安装相应的驱动程序后，打开“我的电脑”，将数码相机视为外存储器，进行文件复制操作。

图 6-2-1　数码相机的 IEEE1394 接口及 IEEE1394 数据线

任务 2　使用屏幕抓图软件获取图像

正确使用屏幕抓图软件可以获取满足应用要求的图像，因此，熟练使用屏幕抓图软件既是获取图像的前提，更是获取高质量图像的基础。

任务说明

人们经常会遇到对视频中的某个画面很感兴趣，想得到该画面照片，此时利用专门的抓图软件就可以截取指定的屏幕图像。HyperSnap 是一款专用的屏幕抓图软件，使用它可以截取屏幕图像。本任务操作包括启动 HyperSnap 软件、抓取图像、对截取的图像进行精确裁剪和保存抓取的图像文件。

活动步骤 START

1．教师讲解并演示启动 HyperSnap、截取图像、编辑图像等操作。

2．学生上机练习使用 HyperSnap 抓取屏幕图像。

3．分组讨论实习操作中遇到的问题、教师讲评实习操作成果。

任务操作

（1）打开 HyperSnap 7 屏幕截图软件，其主界面如图 6-2-2 所示。

（2）将鼠标指向“捕捉设置”选项卡的“活动窗口”按钮上，显示捕捉活动窗口的快捷键【Ctrl+Shift+A】，如图 6-2-3 所示。

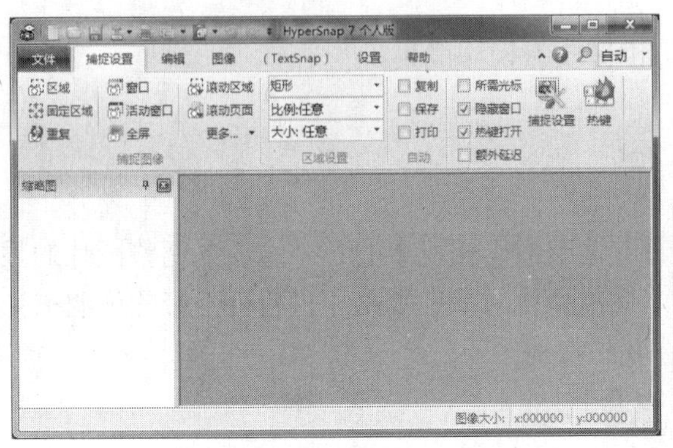

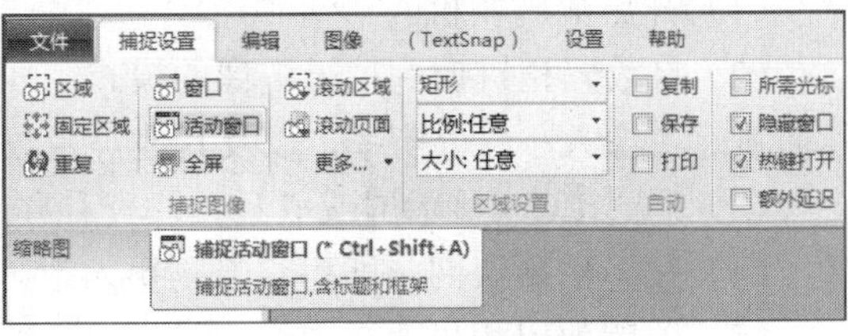

图 6-2-2　HyperSnap 软件窗口　　　　图 6-2-3　捕捉活动窗口的快捷键

（3）打开 Word 2010 主程序，按捕捉快捷键【Ctrl+Shift+A】，捕捉结果如图 6-2-4 所示。

（4）单击“文件”菜单中的“另存为”命令，将截图保存为“Word 2010 主界面.png”图像文件。用 Windows 自带的“照片查看器”或“画图”打开该文件，能看到截图成果。

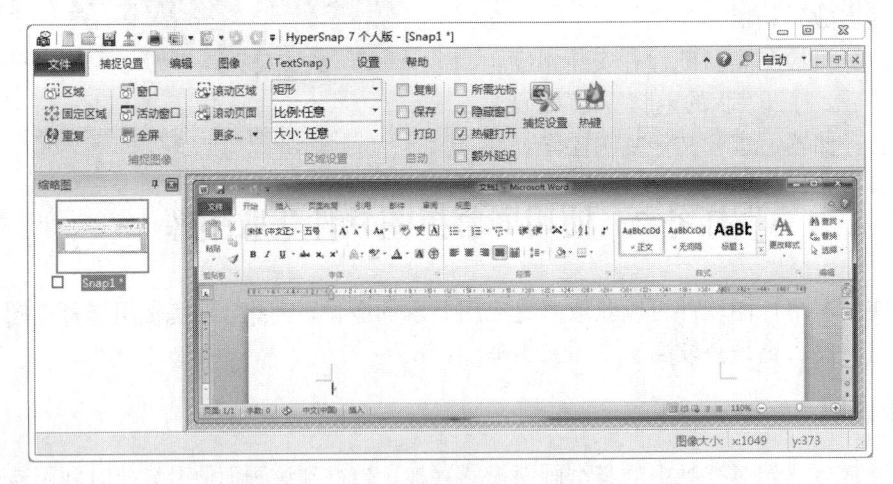

图 6-2-4　Word 2010 活动窗口的捕捉结果

（5）单击“捕获设置”选项卡中的“窗口”按钮，或按捕捉快捷键【Ctrl+Shift+A】，在 Word 2010 的工具面板上单击，截图结果如图 6-2-5 所示。

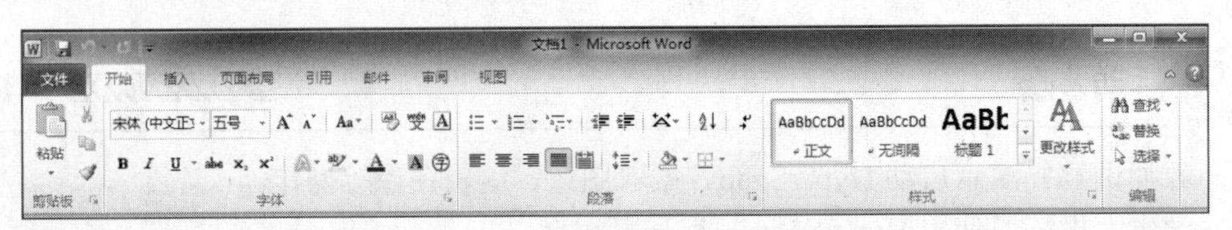

图 6-2-5　Word 2010 工具面板的截图结果

（6）单击“捕获设置”选项卡中的“窗口”按钮，或按捕捉快捷键【Ctrl+Shift+A】，在Word 2010的编辑区上单击，截图结果如图6-2-6所示。

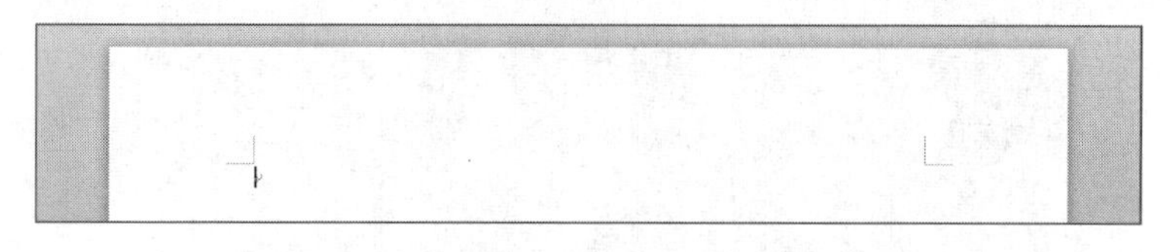

图6-2-6 Word 2010编辑区的截图结果

（7）单击“捕获设置”选项卡中的“区域”按钮，或按捕捉快捷键【Ctrl+Shift+A】，在Word 2010工具面板上拖动鼠标选择一块区域，截图结果如图6-2-7所示。在“捕捉设置”选项卡中，还可以选择捕捉“固定区域”“重复”“全屏”“滚动区域”“滚动页面”等操作。

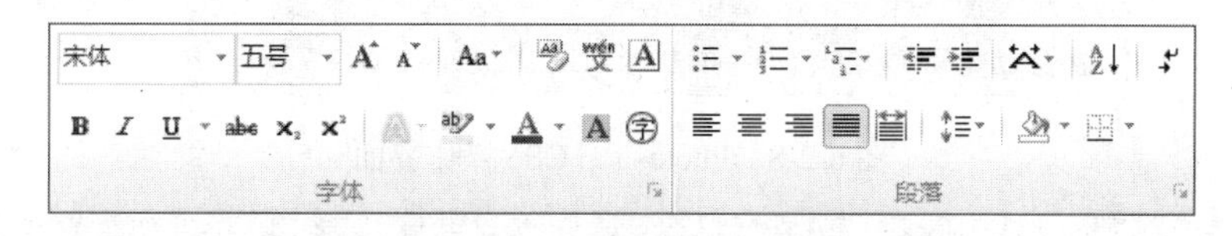

图6-2-7 Word 2010部分工具面板的截图结果

任务3 处理数码照片

如果拍摄的数码照片或截取的图像，因为质量不高而不能完全满足应用需求时，可以考虑使用专门的图像处理软件进行必要的处理。

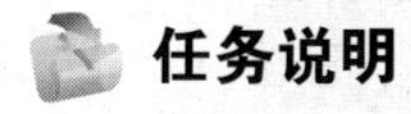

任务说明

本任务是利用专业图形图像处理软件Adobe Photoshop CS6，对一幅风景照片进行处理，主要包括图像尺寸、文件大小调整，色调、风格调整，制作倒影效果，形成最佳的画面质量。

活动步骤

START

1. 教师讲解并演示照片编辑操作。
2. 学生上机练习图片编辑操作。
3. 学生分组讨论操作中遇到的问题，教师讲评实习操作成果。

任务操作

（1）打开Adobe Photoshop CS6软件，进入Photoshop CS6操作界面，如图6-2-8所示。

（2）单击“文件”→“打开”命令，在“打开”对话框中，选择素材中的“风景”图片，单击“打开”按钮。

（3）由于图片取景较大，需重新裁切，去掉多余部分，使构图更集中。单击工具箱里的“裁剪”工具，在打开的图像中拖出如图6-2-9所示的矩形，单击“裁剪”按钮。

（4）使画布变大，留出倒影所在部分。如图6-2-10所示，单击工具栏上的“默认前景色和背景色”按钮将背景颜色改为“白色”。单击“图像”→“画布大小”命令，打开“画布大小”对话框，将“新建大小”的“高度”改成“18厘米”，“定位”选中最高一排中间的按钮，单击

“确定”按钮。

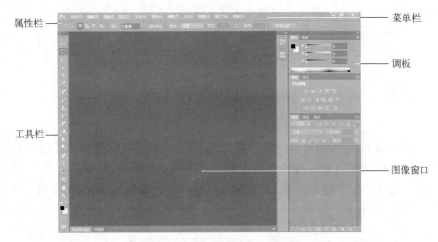

图 6-2-8　Photoshop CS6 操作界面

图 6-2-9　拖出矩形

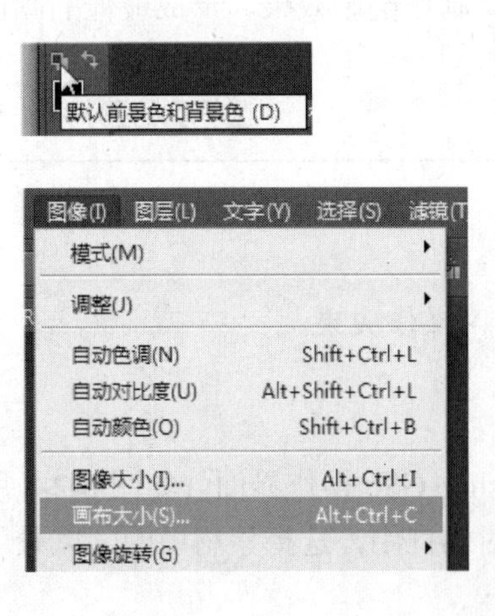

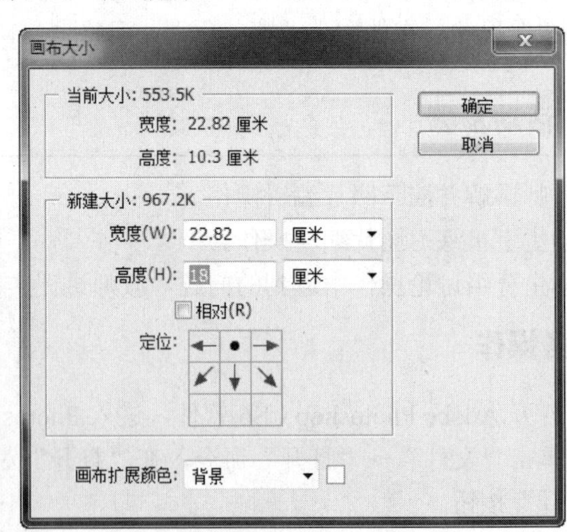

图 6-2-10　更改背景色与更改画布大小

（5）选中“矩形选框”工具，从画布左上角向右下角拖动鼠标，框选画布中有图像的部分。在图像上右击，在弹出的快捷菜单中选择“通过拷贝的图层”命令，如图 6-2-11 所示。

（6）在图层面板中，选中新拷贝的图层 1，单击“编辑”→“变换”→“垂直翻转”命令，如图 6-2-12 所示，使图层 1 图像变成倒影。

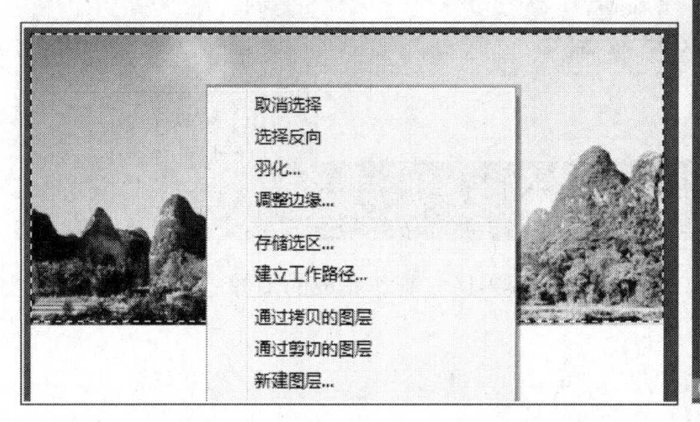

图 6-2-11　将选中图形拷贝到图层 1

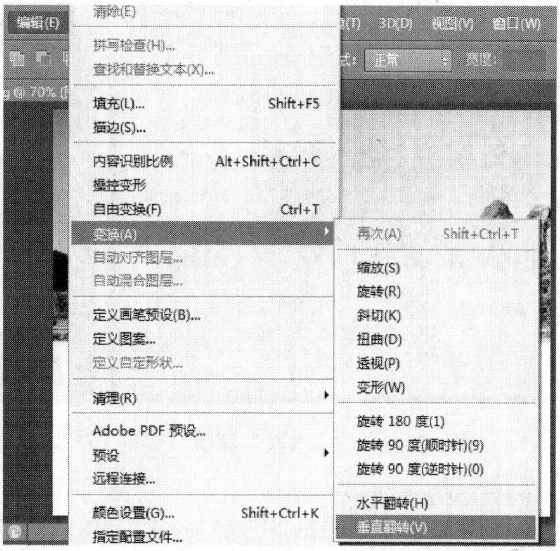

图 6-2-12　垂直翻转图层 1

（7）单击工具箱里的“移动”工具，拖动图层 1 的倒影图像向下移动到与画布下部边缘对齐，单击“编辑”→“自由变换”命令，拖动变换框上部中间小方块向下移动至略高于画布中白色区域，两层重叠约 4 毫米（否则使用波纹滤镜后会露出一串白色小点），如图 6-2-13 所示。

（8）单击“图像”→“调整”→“色相/饱和度”命令，调整“色相”为“-5”、“饱和度”为“-31”、明度为“18”，如图 6-2-14 所示，单击“确定”按钮，

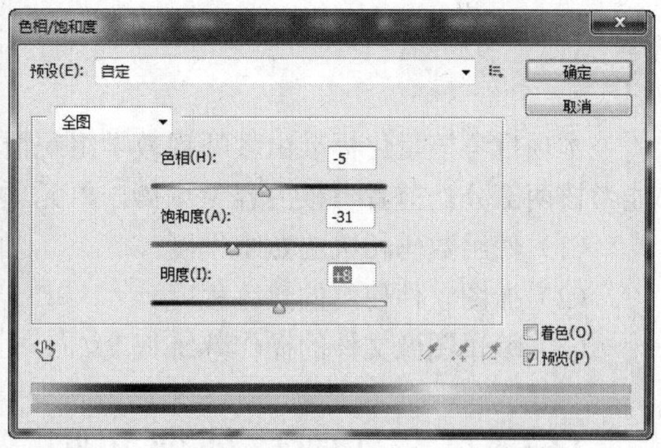

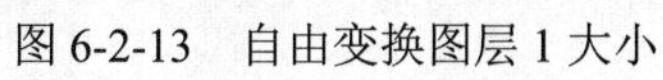

图 6-2-13　自由变换图层 1 大小

图 6-2-14　调整图层 1 的色相/饱和度

（9）单击“滤镜”→“扭曲”→“波纹”命令，在打开的“波纹”对话框（如图 6-2-15 所示）中将“大小”改为“小”波纹，将“数量”滑尺拉到最大（999），单击“确定”按钮。

（10）完成处理后，单击“文件”→“存储”命令，在“存储”对话框中，输入文件名“倒影效果”，单击“确定”按钮，保存图像。制作完成的图像如图 6-2-16 所示。

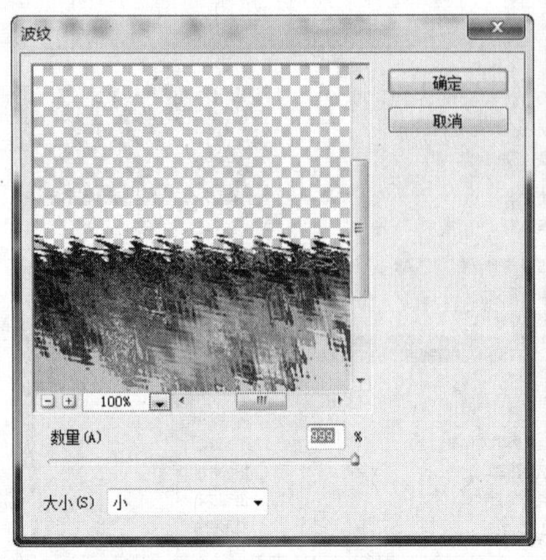

图 6-2-15　加“水波”滤镜

图 6-2-16　制作完成的图像

项目知识

1．矢量图

矢量图是根据几何特性绘制的图形，矢量可以是一个点或一条线，矢量图只能靠软件生成，文件占用内存空间较小，因为这种类型的图像文件包含独立的分离图像，可以无限制的重新组合。它的特点是放大后图像不会失真，适用于图形、文字和一些标志、版式设计等。

2．位图

位图图像（bitmap）也称为点阵图像或绘制图像，是由称作像素（图片元素）的单个点组成的。这些点可以进行不同的排列和染色以构成图像。当放大位图时，可以看见赖以构成整个图像的无数单个方块。扩大位图尺寸的效果是增大单个像素，从而使线条和形状显得参差不齐。

项目考核

本项目考核量化标准由教师视教学组织情况而定，考核内容也分为合作学习考核和知识技能考核两部分，前者考核内容参见第一单元项目 1，知识技能考核内容如下。

（1）使用数码相机的熟练程度。

（2）抓图软件使用的熟练程度。

（3）编辑图像文件的操作熟练程度。

项目 3　录制与处理音频

音频的采集与编辑是多媒体技术的重要组成部分，使用专业音频编辑软件 Adobe Audition CS6 可以采集与编辑用户需要的音频素材。

项目目标

掌握使用专业软件录制声音的方法。

掌握声音格式及声音格式转换的方法。

掌握编辑声音文件的基本方法。

任务1　录制声音文件

使用音频编辑软件 Adobe Audition CS6 采集声音，是获取音频素材的主要手段。

任务说明

多媒体作品需要大量的声音素材，具有特点的声音多数也需要录制。录制可以用一般的手机、录音机、录音笔等设备完成，也可用专业录音软件在计算机上完成。

用计算机采集声音需要配备声音采集卡（声卡）、话筒（麦克风）和录音软件。

活动步骤

START

1. 教师讲解、演示用 Adobe Audition 录制声音的操作。
2. 学生用 Adobe Audition 录制声音。
3. 讲评学生作品。

任务操作

1. 录制声音前的准备

（1）检查硬件连接，确认话筒已经正确插入计算机声卡的音频输入插孔。

（2）将 Windows 声音录制采样率设置为与播放设备相同的数值，若不一致，将无法用此软件录音。设置方法是单击“开始”→“控制面板”→“硬件和声音”→“声音”→“管理音频设备”命令，打开“声音”对话框，选择“播放”选项卡，如图 6-3-1 所示。

（3）在“播放”选项卡中，双击默认播放设备“扬声器”，打开“扬声器属性”对话框，选择“高级”选项卡，如图 6-3-2 所示。

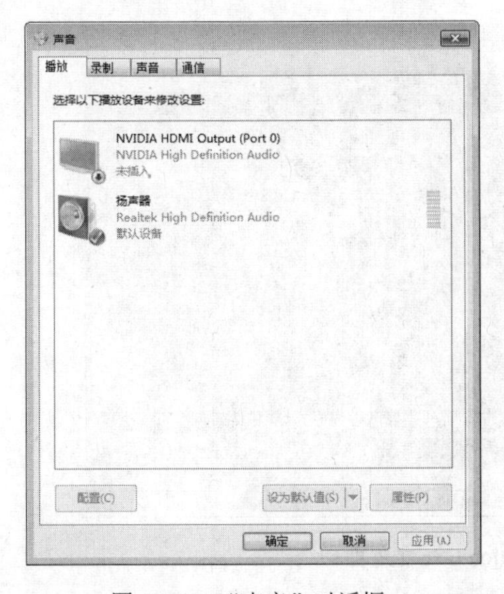

图 6-3-1　“声音”对话框

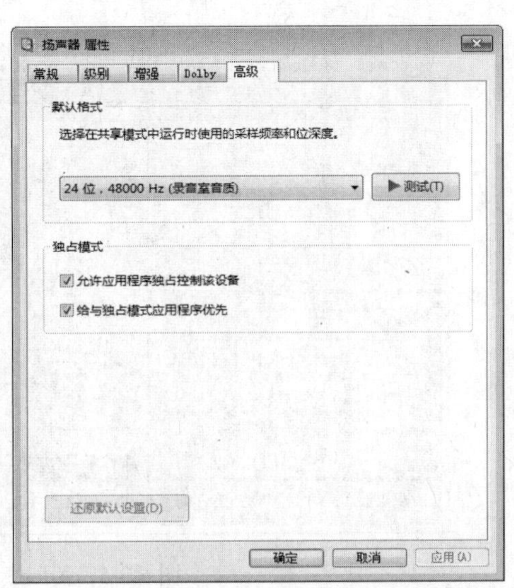

图 6-3-2　“扬声器属性”对话框

（4）设置采样率为 24 位，48000Hz（录音室音质），单击“确定”按钮，关闭“扬声器属性”对话框。

（5）在“声音”对话框中，选择“录制”选项卡，如图 6-3-3 所示。

（6）在“录制”选项卡中，双击默认播放设备“麦克风”，打开“麦克风属性”对话框，选择“高级”选项卡，如图 6-3-4 所示。

图 6-3-3　“录制”选项卡

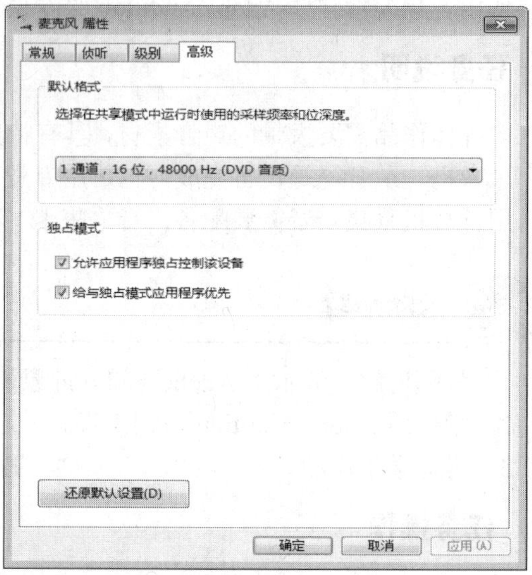

图 6-3-4　“麦克风属性”对话框

（7）设置采用率为 48000Hz，单击“确定”按钮，关闭“麦克风属性”对话框。

2．录制声音

（1）打开 Adobe Audition CS6 软件，显示该软件主界面，如图 6-3-5 所示。

（2）单击“文件”→“打开”命令，打开素材文件“伴奏.mp3”，按空格键或单击“播放”或“停止”按钮，可以在“播放”声音和“停止”声音之间切换，如图 6-3-6 所示。

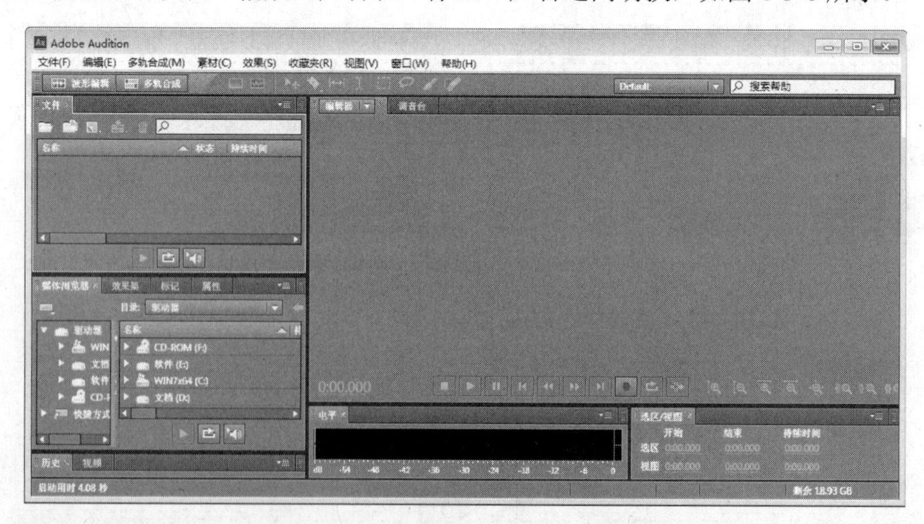

图 6-3-5　Adobe Audition CS6 主界面

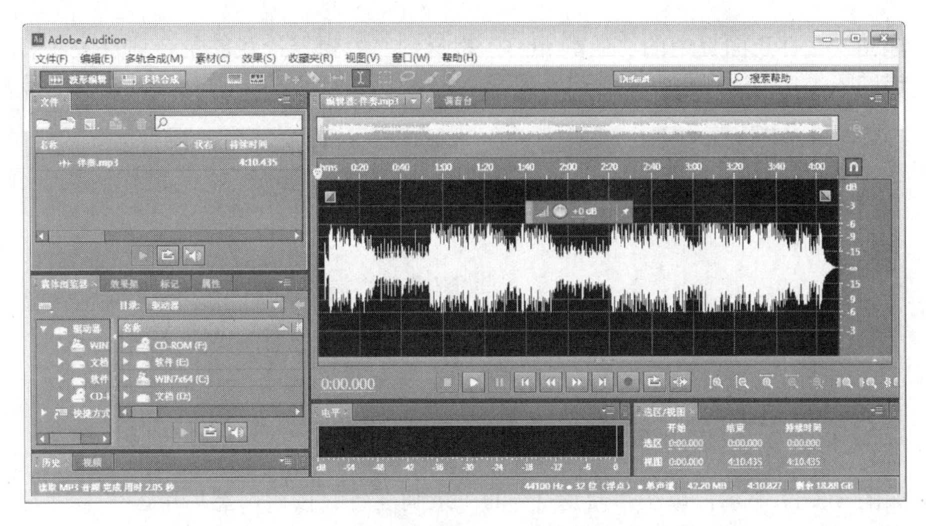

图 6-3-6 Adobe Audition CS6 声音的播放与停止

（3）在“文件”面板空白处右击，在弹出的快捷菜单中选择“新建”→“多轨合成”命令，打开“新建多轨项目”对话框，如图 6-3-7 和图 6-3-8 所示。

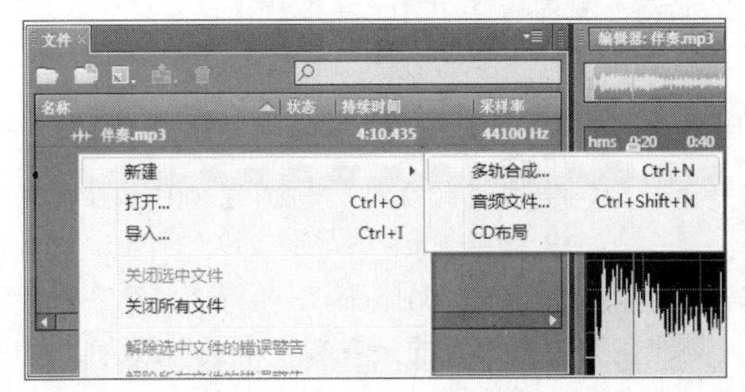

图 6-3-7 选择“多轨合成”命令

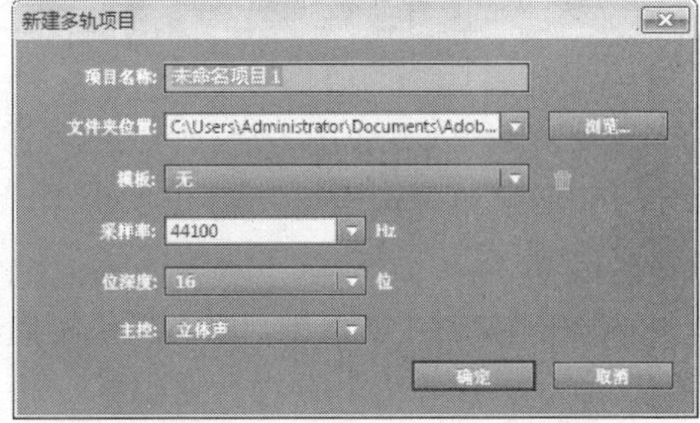

图 6-3-8 “新建多轨项目”对话框

（4）输入项目名称“我的录音项目”，设置其他参数（采样率不要求与 Windows 设置一致），单击“确定”按钮，主界面“编辑器”面板进入多轨合成模式，多轨界面如图 6-3-9 所示。

图 6-3-9 多轨界面

（5）拖动“文件”面板中的“伴奏.mp3”素材到“编辑器：我的录音项目.sesx”面板的轨道 1 上，如图 6-3-10 所示。

图 6-3-10　轨道 1 上的“伴奏.mp3”

（6）如图 6-3-11 所示，单击“轨道 2”的“录制准备”按钮，然后单击“编辑器”面板下方的“录制”按钮，开始录制，

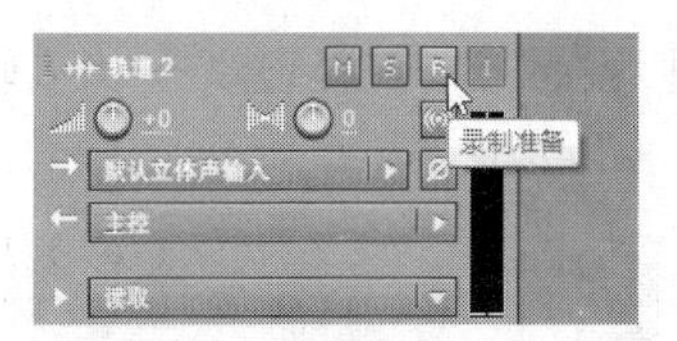

图 6-3-11　录制声音

（7）按空格键或单击“停止”按钮，停止录制，生成音频文件“轨道 2_001.wav”，如图 6-3-12 所示。

（8）在“文件”面板中，双击新录制的声音文件名“轨道 2_001.wav”，执行“文件”→“另存为”命令，打开“另存为”对话框，将“文件名”改为“我的录音”，“格式”改为“MP3 音频（*.mp3）”，如图 6-3-13 所示，单击“确定”按钮，保存文件。

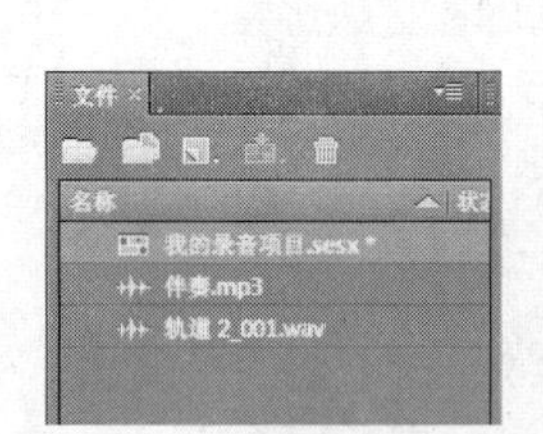

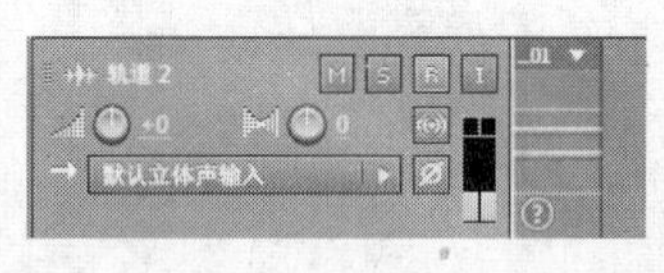

图 6-3-12　停止录制声音生成录制文件

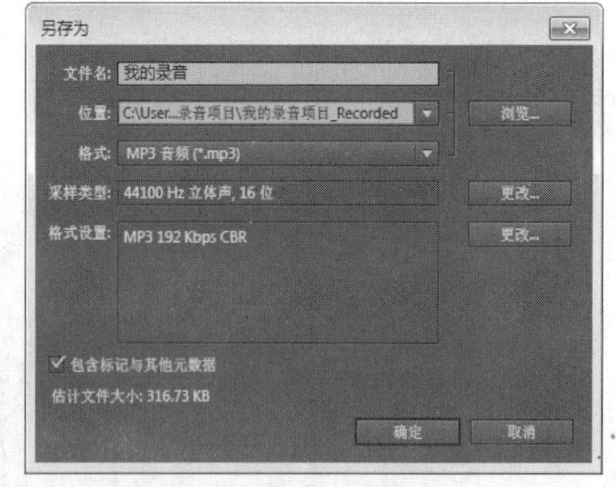

图 6-3-13　格式转换

任务 2　编辑声音文件

若获取的音频文件不能满足要求，就需要进行必要的编辑，对音频文件进行剪辑是最基本的编辑操作。

任务说明

本任务是学习截取和存储音频，是将素材“中国歌最美.mp3”中的第一句“中国的歌儿美、美、美，唱了一辈又一辈”单独存为一个音频文件。

编辑声音文件通常需截取其中的一段，并对其做出适当的修饰和调整。当截取并重新连接好以后，要反复循环播放新连接的部分，不能有一点重复和停顿之处，使重新接好的音乐完美流畅，音节、音调也要自然。

活动步骤

START

1．教师讲解、演示用 Adobe Audition CS6 编辑声音。

2．学生练习编辑声音。

3．分享操作成果。

任务操作

（1）执行“文件”菜单中的“打开”命令，在“打开”对话框中，选择素材文件“中国歌最美.mp3”音频文件。

（2）在“文件”面板中，双击“中国歌最美.mp3”文件名，按空格键或单击“播放”按钮播放音频，注意聆听音乐，观察时间标尺，记住音乐第一句歌词“中国的歌儿美、美、美，唱了一辈又一辈”的开始时间和结束时间的大概位置。按空格键或单击“停止”按钮。鼠标指针指向编辑区，在第一句歌词“中国的歌儿美、美、美，唱了一辈又一辈”的开始处，按住鼠标左键不松并向后拖动到第一句结束处，使第一句处于选中状态，此时的选择不一定精准，如图 6-2-14 所示。

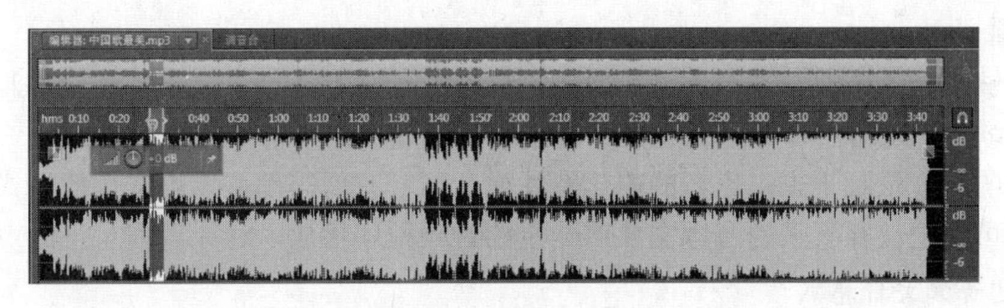

图 6-2-14　选中音频片段

（3）单击“循环播放”按钮和“播放”按钮，使选中音乐片段反复播放，在音频编辑区上，滚动鼠标滚轮，缩放音频在编辑区的显示区间，或者在指示器上，拖动滑尺中部，调整音频在编辑区的显示位置，或者拖动滑尺两端，缩放视窗音频，让第一句歌词的音乐出现在视窗中，并占据主要位置，如图 6-2-15 所示。

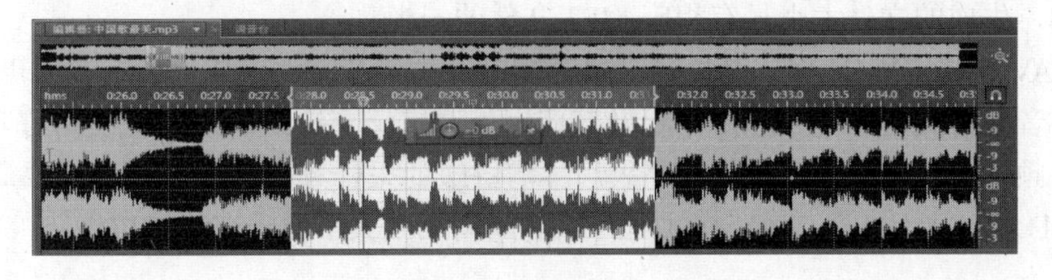

图 6-2-15　指示器操作结果

（4）在编辑器的时间标尺上，左右拖动“入点”标识，调准第一句开始的位置，左右拖动“出点”标识，调准第一句结束的位置。单击“停止”按钮，停止播放音乐。

（5）在编辑区选中区域上右击，在弹出的快捷菜单上单击“复制为新文件”命令，“文件”面板中出现新的“未命名 2*”文件（“*”号表示未保存的文件），编辑器显示该文件的波形，如图 6-2-16 所示。

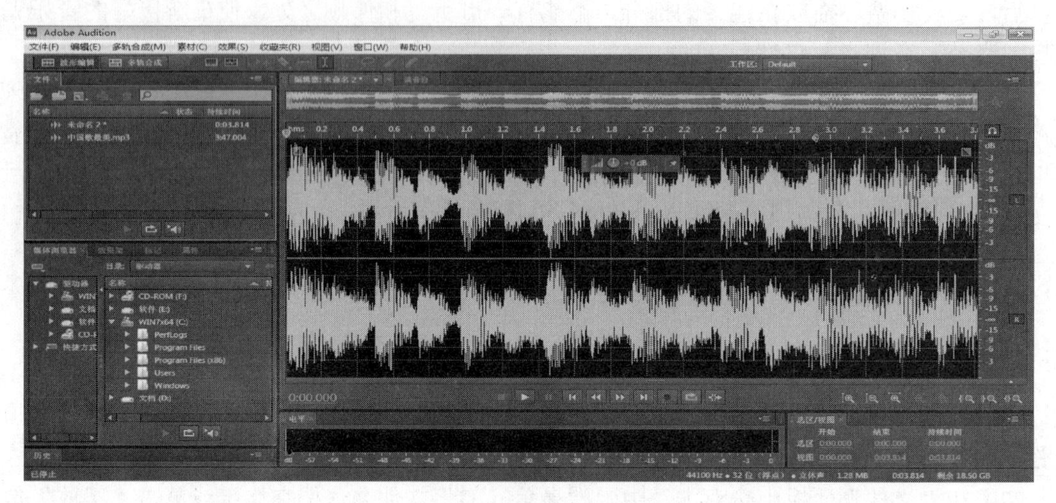

图 6-2-16　复制为新文件

（6）单击“文件”→“另存为”命令，将其保存为“我的剪辑.mp3”文件。

项目知识

1．音频

人类能够听到的所有声音都称之为音频，它可能包括噪音等。声音被录制下来以后，无论是说话声、歌声、乐器声都可以通过数字音乐软件处理。如果有计算机和音频卡——声卡，就可以把所有的声音录制下来，声音的声学特性如音高、音低等都可以用文件的方式储存下来。反过来，也可以把储存下来的音频文件用一定的音频程序播放，还原以前录下的声音。

2．常见音频文件格式

（1）MP3 格式。MP3 格式是利用 MPEG Audio Layer 3 技术，将音乐以 1:10 甚至 1:12 的压缩率，压缩成容量较小的文件，换句话说，能够在音质丢失很小的情况下把文件压缩到更小的程度，而且还非常好的保持了原来的音质。

（2）WMA 格式。WMA 的全称是 Windows Media Audio，是微软力推的一种音频格式。WMA 格式是以减少数据流量但保持音质的方法来达到更高的压缩率的目的，其压缩率一般可以达到 1:18，生成的文件大小只有相应 MP3 文件的一半。

（3）WAV 格式。WAV 格式是微软公司开发的一种声音文件格式，也叫波形声音文件，是最早的数字音频格式，被 Windows 平台及其应用程序广泛支持。WAV 格式支持许多压缩算法，支持多种音频位数、采样频率和声道，采用 44.1kHz 的采样频率，16 位量化位数，因此 WAV 的音质与 CD 相差无几，但 WAV 格式对存储空间需求太大不便于交流和传播。

项目考核

本项目考核评价量化标准由教师视教学组织情况，并参考第一单元项目 1 中的内容而定。考核内容也分为合作学习考核和知识、技能考核两个部分，前者考核内容参见第一单元项目 1，知识、技能考核内容如下。

（1）用计算机录制音频的操作。

（2）音频格式转换与编辑操作。

项目 4　录制与处理视频

视频资料采集与剪辑是多媒体技术的重要组成部分，本项目将使用专业视频编辑软件 Adobe Premiere CS6，完成视频采集、编辑与合成等工作任务。

项目目标

掌握用数码摄像机录制视频的方法。

掌握视频格式转换方法。

掌握视频文件剪辑的基本方法。

任务 1　拍摄视频

使用数码摄像机录制视频资料，是获取视频信息最直接的方法。

任务说明

满足多媒体作品需要的视频素材，多是用户自己使用数码摄像机拍摄的内容。使用数码摄像机录制视频时，要注意采集声音、拍摄高质量画面等。

活动步骤

START

1. 教师讲解、演示用数码摄像机录制视频的方法。
2. 学生使用数码摄像机多角度地录制视频，组织学生将录制好的视频文件导入计算机中。
3. 交换视频录制心得，分享好的方法和技术。

任务操作

（1）数码摄像机的基本结构如图 6-4-1 所示。熟悉各部件或按钮的功能是使用数码摄像机的前提。

（2）安装电池、存储卡等，取下镜头盖，打开电源开关，打开 LCD 屏。

（3）正确持机。对于便携式数码摄像机，要用手稳稳地托住摄像机，右手除大拇指外穿过手持带握紧摄像机的主体部位，然后把拇指放在“开始/停止”按钮上，将其余的手指搭在机器的前部即可。

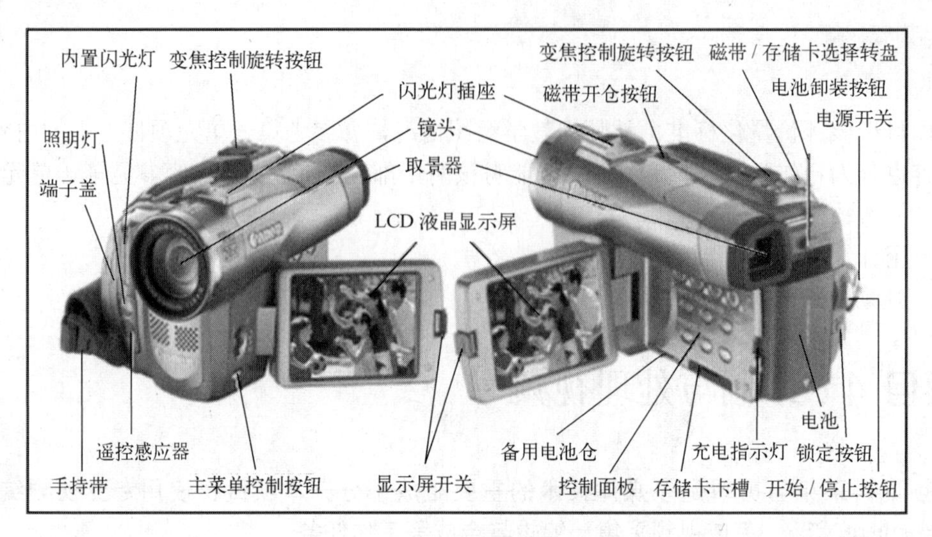

图 6-4-1　数码摄像机的基本结构

（4）摄像取景应采用双眼扫描的方式，在用右眼紧贴在寻像器的目镜护眼罩上取景的同时，左眼负责纵观全局，留意拍摄目标的动向及周围所发生的一切，随时调整拍摄方式，避免因为一些小小的意外而毁了自己的作品，也避免因为自己的“专一”而漏掉了周围其他精彩的镜头。

（5）按下“开始/停止”按钮，开始拍摄。拍摄过程中，被摄景物一直在 LCD 屏上显示。再次按下“开始/停止”按钮，拍摄结束。

（6）在摄像机“控制面板”中，通过相应的按钮播放视频，查看拍摄的视频。

（7）用 USB 连接线连接摄像机和计算机，将所拍摄的视频文件复制到计算机中。也可将摄像机的存储卡取出，借助读卡器，将视频文件复制到计算机中。

任务 2　剪接视频

用户获取的视频资料可能过多，或有些内容并不满足应用需要，必须进行视频剪接，使素材达到最佳状态。

任务说明

本任务重点讲解 Adobe Premiere CS6 剪接操作的基本方法。

剪接视频文件的操作过程是先熟悉所有素材，了解表现目的和表现形式的需求，明确在素材中截取哪些视频片段，然后按情节编排与镜头组接规律，完成从粗剪到精剪的过程。并配上音频，进行转场、特效、合成等后期技术处理。剪接视频时，要注意表现内容和表现形式的统一，要多听、多看、多感受。

活动步骤

START

1．教师讲解、演示用 Adobe Premiere CS6 剪接视频的方法。

2．学生练习剪接视频。

3．分享视频剪接后的成果。

任务操作

（1）打开 Adobe Premiere CS6 软件，在欢迎屏幕中单击“新建项目”按钮，打开“新建项目”对话框，如图 6-4-2 所示。

（2）保存位置选择“d:\我的剪辑”，文件名命名为“我的剪辑”，单击“确定”按钮，打开“新建序列”对话框，如图 6-4-3 所示。

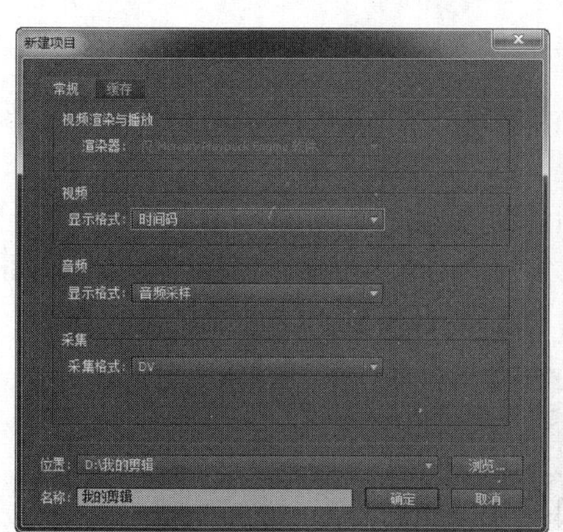

图 6-4-2　“新建项目”对话框

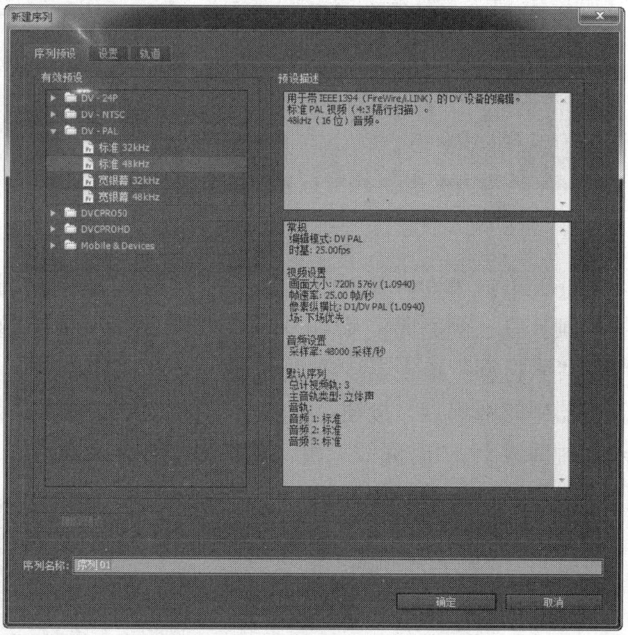

图 6-4-3　“新建序列”对话框

（3）在“序列预设”选项卡中选择“DV-PAL”下的“标准 48kHz”，序列名称命名为“序列 01”，单击“确定”按钮，进入 Adobe Premiere CS6 主界面，如图 6-4-4 所示。

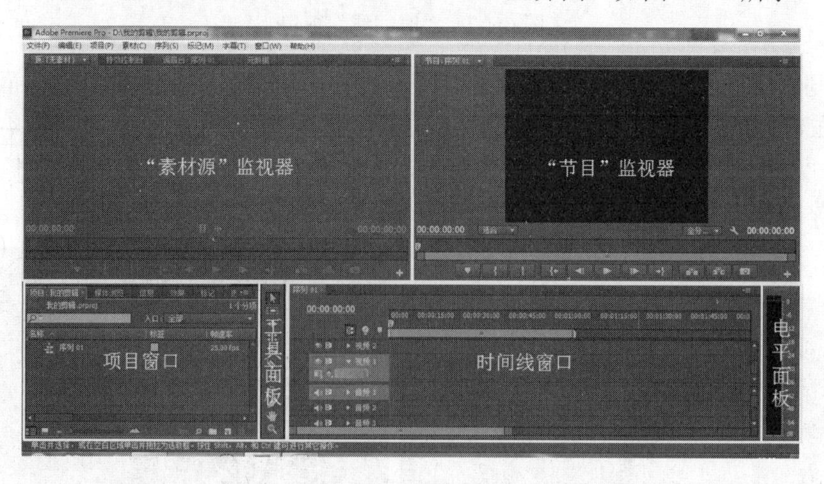

图 6-4-4　Adobe Premiere CS6 主界面

（4）单击“文件”→“导入”命令，打开“文件导入”对话框，选择素材，导入文件后，“项目”窗口如图 6-4-5 所示。

（5）双击素材“01 韩天宇……”，素材 01 出现在“素材源”监视器中，如图 6-4-6 所示。

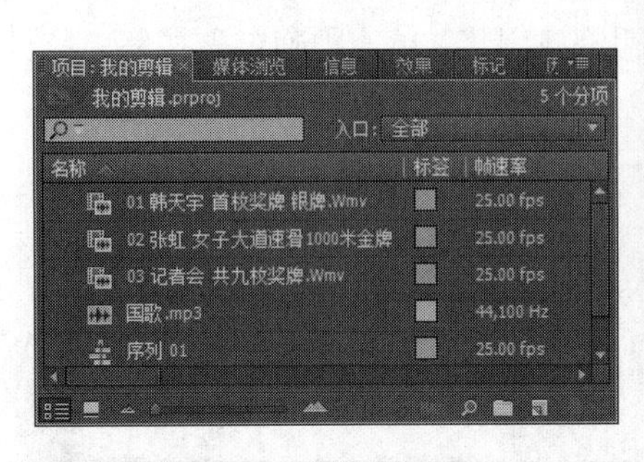

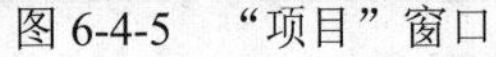

图 6-4-5　“项目”窗口

图 6-4-6　“素材源”监视器

（6）单击“素材源”监视器中的“播放”按钮，注意观察“素材源”监视器中自己所需要的视频片段。例如需要从 00:01:41:20 到 00:02:02:10 这一段，拖动时间指针到 00:01:41:20 处，单击“素材源”监视器中的“入点”按钮，拖动时间指针到 00:02:02:10 处，单击“素材源”监视器中的“出点”按钮，单击“素材源”监视器右下角的“插入”按钮，将所选视频片段插入到时间线上。“时间线”窗口如图 6-4-7 所示。

图 6-4-7　“时间线”窗口

（7）用同样的方法，把其他“精彩瞬间”插入到时间线上，选择“时间线”面板中的音频 2 时间线，在素材源窗口将剪辑音频“国歌.mp3”素材插入到音频 2 上，如图 6-4-8 所示。

（8）将“时间线”窗口的时间指针移到开始处，单击“节目”监视器（如图 6-4-9 所示）中的“播放”按钮，观看剪辑效果，适当调整各声道的音量大小，欣赏视听效果。

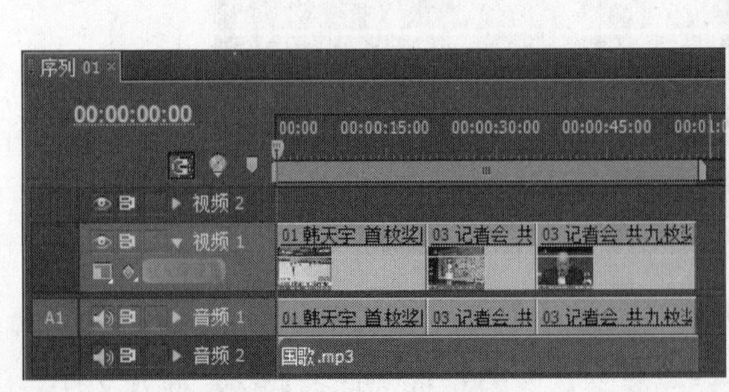

图 6-4-8　将素材插入到音频 2 上

图 6-4-9　“节目”监视器

（9）在“项目”窗口中右击，从弹出的快捷菜单中选择“新建分项”→“字幕”命令，打开“新建字幕”对话框，输入名称“精彩瞬间”，单击“确定”按钮，打开“字幕编辑”窗口（如图 6-4-10 所示），单击编辑区，输入文本“精彩瞬间”，字体设为“STXinwei”（华文新魏）。

（10）关闭“字幕编辑器”窗口，将“项目”窗口中的“精彩瞬间”字幕拖放到“时间线”窗口的视频 2 上，在结尾处拖动鼠标，调整长度，如图 6-4-11 所示。

图 6-4-10 “字幕编辑”窗口

图 6-3-11 将“精彩瞬间”字幕拖放到视频 2 上

（11）在“效果”面板中，选择“视频切换”→“叠化”→“交叉叠化”效果，如图 6-4-12 所示。

（12）将“交叉叠化”效果拖放到“时间线”窗口视频 1 的前两段视频中间，用同样的方法将“白场过渡”效果拖放到第 2 段和第 3 段视频中间，如图 6-4-13 所示。

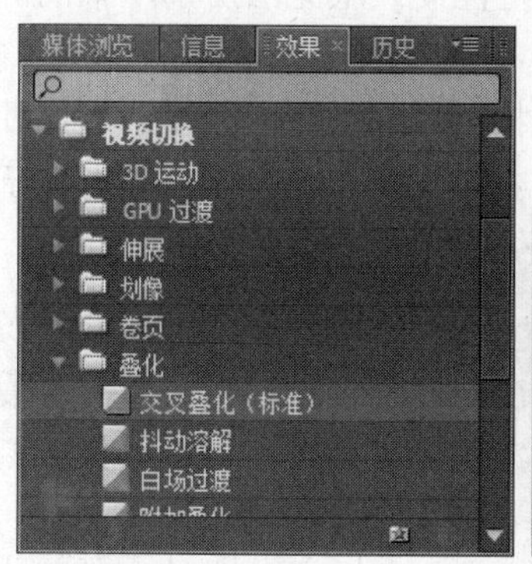

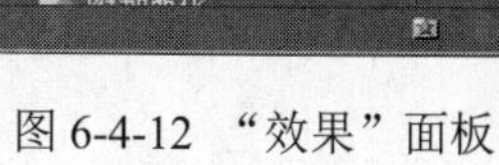

图 6-4-12 “效果”面板

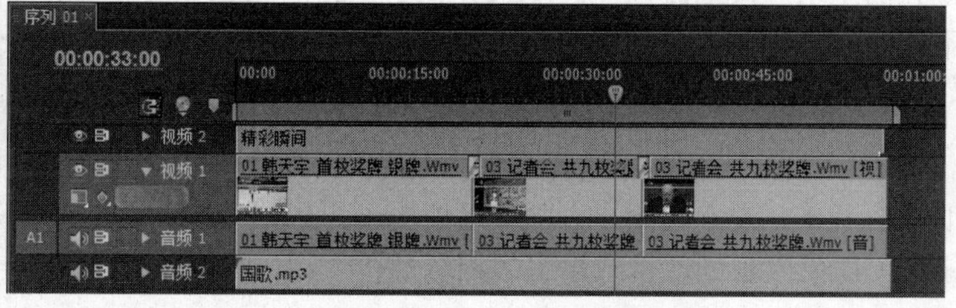

图 6-4-13 添加“白场过渡”效果

（13）双击视频 1 的片段 1 和片段 2 之间的“交叉叠化”转场过渡图标，在“特效控制台”中调整“交叉叠化”转场过渡效果，持续时间调整为 3 秒，如图 6-4-14 所示。

（14）用同样的方法调整“白场过渡”效果。

（15）单击“文件”→“存储”命令，保存项目。单击“时间线”窗口，使“时间线”窗口为选中状态，单击“文件”→“导出”→“媒体”命令，打开“导出设置”窗口，如图 6-4-15 所示。

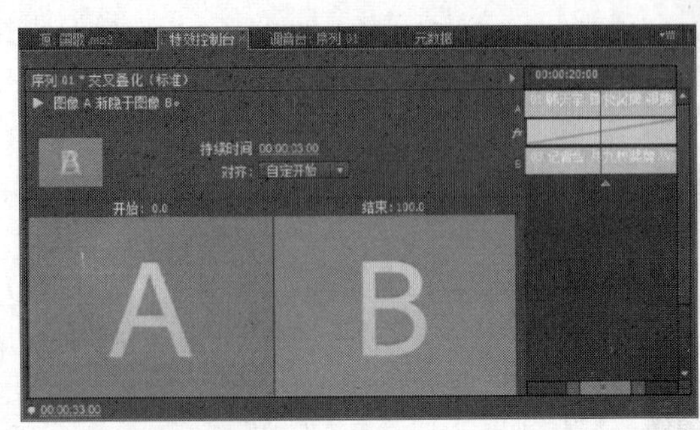

图 6-4-14　调整“交叉叠化”转场过渡效果

图 6-4-15　“导出设置”窗口

（16）设置“格式”为“H.264”，“预置”为“PAL DV 高品质”，“输出名称”为“D:\我的剪辑\序列 01.mp4”，单击“确定”按钮，进行导出，如图 6-4-16 所示。

（17）编码结束后，关闭窗口，文件“D:\我的剪辑\序列 01.mp4”是最终成果。

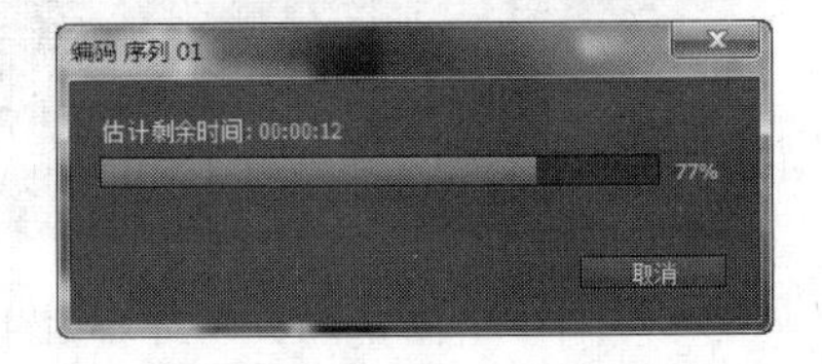

图 6-4-16　正在导出“序列 01”

项目知识

1．视频

连续改变图像超过每秒 24 帧（frame）画面以上，视觉暂留特性使人眼无法辨别单幅的静态画面，观看到的是平滑连续的视觉效果，这样连续的画面叫做视频。

视频技术最早是为了电视系统，现在已经发展为各种不同的格式。网络技术的发展也促使视频的纪录片段以流媒体的形式存在于因特网之上并可被计算机接收与播放。视频与电影属于不同的技术，后者是利用照相术将动态的影像捕捉为一系列的静态照片。

2．媒体库

媒体库是 Windows Media Player 中的一块特定区域，用户可在此处管理计算机上用户喜爱的所有音乐、视频和图片。使用媒体库可以轻松地查找和播放数字媒体文件，还可以选择要刻录到 CD 或同步到便携式设备的内容。

项目考核

本项目考核评价量化标准由教师视教学组织情况，并参考第一单元项目 1 中的内容而定。考核内容也分为合作学习考核和知识、技能考核两个部分，前者考核内容参见第一单元项目 1，知识、技能考核内容如下。

（1）用数码摄像机录制视频。

（2）视频格式的转换和剪辑操作。

回顾与总结

多媒体技术是处理图、文、声、像信息，并使之成为具有集成性和交互性，并达到艺术性和交互性统一的综合性技术。

本单元介绍了多媒体素材数码图像、音频、视频的获取方法，包括它们的制作流程。

图像处理部分讲解了用 Adobe Photoshop CS6 软件更改尺寸、调整色彩等技巧，相关操作是制作多媒体图像的基础。

声音处理部分讲解了利用 Adobe Audition CS6 软件剪接、调整音频文件的方法。

视频处理部分讲解了用 Adobe Premiere CS6 软件剪辑视频的基本思路，包括截取视频素材片断、制作字幕等最常用的操作步骤。

等级考试考点

全国计算机等级考试的一级内容没有涉及多媒体的知识，二级 MS Office 高级应用考试大纲把对多媒体的知识要求，放在计算机基础知识部分，要求考生必须掌握多媒体技术基本概念和基本应用。一是因为等级考试有专门的图像处理项目，二也说明多媒体在 MS Office 的考试形式只涉及选择题，应考学生一定要在多媒体的基本概念、基础知识上多下功夫。由于多媒体已成为工作和生活应用中的重要组成部分，在 Word 文档、幻灯片中也有应用，因此相关的简单操作也是应该掌握的基本技能。

考点 1：多媒体技术的基本概念

要求考生能够正确的说出什么是媒体，什么是多媒体，什么是多媒体技术。

考点 2：多媒体的种类和文件的类型

要求考生能够根据文件扩展名分辨出音频文件、视频文件，会显示正确的播放软件。

考点 3：多媒体的应用

了解不同媒体文件的应用领域和环境，能够正确选择需要的媒体文件。

第六单元实训

（1）用数码相机拍照片。

（2）用截图软件截图。

（3）用计算机软件录制声音。

（4）用数码摄像机录制视频。

（5）用 Photoshop 处理照片。

（6）用 Audition 编辑声音。

（7）用 Premiere 剪辑、编辑视频。

第六单元习题

1．单项选择题

（1）动画和电影利用了人眼的视觉暂留特性，如果动画或电影的画面刷新率为每秒（　　）幅左右，则人眼看到的就是连续的画面。

A．24　　B．12　　C．不确定　　D．6

（2）在以下关于视频文件格式的说法中，错误的是（　　）。

A．RM 文件是 RealNetworks 公司开发的流式视频文件

B．MPEG 文件格式是运动图像压缩算法的国际标准格式

C．MOV 文件不是视频文件

D．AVI 文件是 Microsoft 公司开发的一种数字音频与视频文件格式

（3）用 Photoshop 加工图像时，（　　）格式可以保存所有的颜色信息。

A．BMP　　B．GIF　　C．TIF　　D．PSD

（4）在 Photoshop 中，魔术棒工具的作用是（　　）。

A．产生神奇的图像效果　　B．按照颜色选取图像的某个区域

C．图像间区域的复制　　D．滤镜的一种

（5）在 Photoshop 中，如果前景色为红色，背景色为蓝色，直接按 D 键，然后按 X 键，前景色与背景色将分别是什么颜色？

A．前景色为蓝色，背景色为红色　　B．前景色为红色，背景色为蓝色

C．前景色为白色，背景色为黑色　　D．前景色为黑色，背景色为白色

2．多项选择题

（1）以下说法正确的是（　　）。

A．图像都是由一些排成行列的点（像素）组成的，通常称为位图或点阵图

B．图形是计算机绘制的画面，也称矢量图

C．图像的最大优点是容易进行移动、缩放、旋转和扭曲变换

D．图形文件中只记录生成图的算法和图上的某些特征点，数据量较小

（2）多媒体技术的主要特性有（　　）。

A．可控性　　B．集成性　　C．交互性　　D．数字化

（3）根据多媒体技术的特性判断以下的（　　）属于多媒体范畴。

A．交互式视频游戏　　B．有声图书

C．彩色画报　　D．彩色电视

（4）（　　）媒体属于感觉媒体。

A．声音　　B．图像　　C．语言编码　　D．文本

（5）以下（　　）是色彩的属性？

A．明度　　B．色相　　C．纯度　　D．分辨率

3．判断题

（1）“媒体”有两层含义：一是指信息的物理载体，二是信息的表示形式。（ ）

（2）多媒体信息表达元素概括起来主要有四类：文本、图形图像、音频信息和视频信息。（ ）

（3）PSD 格式是标准的 Windows 操作系统的基本位图格式。（ ）

（4）RA 文件是由 RealNetworks 公司开发的一种具有较高压缩比的视频文件。（ ）

（5）FLV 文件格式是 QuickTime 软件的视频文件格式。（ ）

（6）在 Photoshop 中，选择“图像→调整→色相/饱和度”命令能把图像调整成黑白色。（ ）

4．简答题

（1）什么是多媒体技术？

（2）获取图像的方式有哪些？谈谈对图像处理方法和结果的认识。

（3）位图与矢量图的差异有哪些？

（4）获取音频的方式有哪些？谈谈对音频处理方法和结果的认识。

（5）获取视频的方式有哪些？谈谈对视频处理方法和结果的认识。

5．操作题

（1）以“我的校园生活”为主题，拍摄同学在校学习生活的一组照片，对照片加工处理，展示自己的精彩作品。

（2）以“我最爱唱的歌曲”为主题，录制一段个人声音。

（3）以“我的校园生活”为主题，拍摄同学在校学习生活的视频。

（4）以“我的校园生活”为主题，自编情节，制作视频短片，展现学校生活的正能量。

演示文稿制作软件 PowerPoint 2010 应用

PowerPoint 2010 是 Microsoft Office 2010 办公自动化套装软件中的组件之一，它集文字、图片、SmartArt、公式、声音、视频、动画等多种媒体元素于一身，配合主题、模板、母版、动画、过渡切换等丰富便捷的编辑设置，能设计出具有视觉震撼力的演示文稿。目前，它已受到越来越多人的青睐，无论是在各种会议、产品演示、教学、方案说明的场合，还是进行技术研讨，都能见到它的身影。

项目 1　制作简单的演示文稿

一个演示文稿通常由若干张幻灯片组成，而每张幻灯片中又包含文字、图片、表格等诸多"元素"，所以学会制作一张幻灯片是制作一个包含多张幻灯片的演示文稿的基础。

项目目标

掌握创建新演示文稿的方法。
能够设置幻灯片的主题和版式。
会编辑幻灯片中文字、图片、艺术字等。

任务 1　制作新产品发布会背景幻灯片

河南创新高科有限公司要召开一个新产品发布会，为了达到最好的发布会效果，经过反复论证，项目负责人小张决定利用 PowerPoint 2010 制作产品发布会标题幻灯片，直观显示新产品发布会的相关信息。

任务说明

制作一张精美的幻灯片，是涉及 PowerPoint 2010 软件基本操作和幻灯片版面设计的综合性工作。拟采用蓝色幻灯片背景突出发布会的科技内涵，利用字体设置功能改变字体显示效果突出版面特色。

活动步骤

START

1．教师讲解、演示制作一张幻灯片的操作方法。
2．学生自拟主题上机练习制作一张幻灯片。
3．讨论操作遇到的问题，提出解决方法。

任务操作

（1）单击“开始”→“所有程序”→“Microsoft Office”→“Microsoft PowerPoint 2010”菜单命令，即可启动 PowerPoint 2010。

（2）单击“文件”→“新建”→“空白演示文稿”菜单命令，创建一个新的演示文稿。

（4）选择“开始”选项卡，单击“幻灯片”组中的“版式”下拉按钮，在下拉列表中选择“标题幻灯片”版式。

（4）选择“设计”选项卡，单击“主题”组中的“波形”按钮，效果如图 7-1-1 所示。

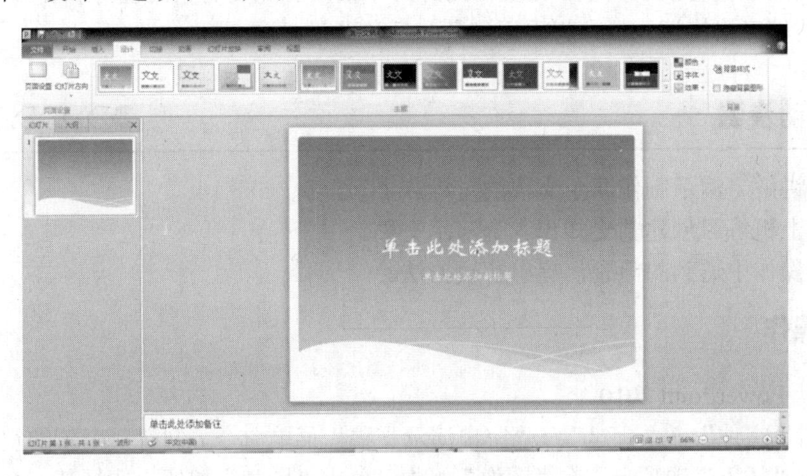

图 7-1-1　应用主题的空白演示文稿

（5）单击标题占位符，输入文字“河南创新高科有限公司产品发布会”，并设置字号为“44 磅”，字体为“华文隶书”。

（6）单击副标题占位符，输入文字“主办单位：河南创新高科有限公司”，设置字号为“28 磅”，字体为“华文新魏”。

（7）调整文字的位置。

（8）在计算机中选择幻灯片的存储位置，在“文件名”下拉列表框中输入文件名“河南创新高科有限公司”，在“保存类型”下拉列表框中选择“PowerPoint 2010 演示文稿（*.pptx）”。

（9）单击“保存”按钮。最终完成的幻灯片如图 7-1-2 所示。

（10）按【F5】键，放映演示文稿，观看效果。

图 7-1-2　幻灯片效果

任务 2　制作知识竞赛演示文稿

“七一”是党的生日，计算机系党支部要在党员和团员同学中，开展党史知识竞赛。竞赛题目拟通过幻灯片展示，由参赛者根据显示内容进行抢答。

任务说明

制作党史知识竞赛演示文稿，需要在幻灯片中插入和党史有关的图片和提问文字，为了使内容和演示文稿风格协调一致，拟采用红色和绿色背景呼应主题。

活动步骤

START

1．教师讲解、演示制作演示文稿的过程。

2．学生上机练习创建党史知识竞赛演示文稿。

3．讨论操作中遇到的问题，提出解决方法。

任务操作

（1）启动 PowerPoint 2010。

（2）单击“文件”→“新建”→“空白演示文稿”菜单命令，创建一个新的空白演示文稿。

（3）单击“插入”选项卡，在“图像”组中，单击“图片”按钮，选择某一个或多幅图片，单击“插入”按钮即可以将图片插入到幻灯片中，调整图片的大小和位置，使其铺满全屏，如图 7-1-3 所示。

（4）单击“插入”选项卡，在“文本”组中，单击“艺术字”下拉列表，单击选择一种艺术字，输入文本内容“相聚党旗下 永远跟党走”。

（5）单击“插入”选项卡，在“文本”组中，单击“文本”下拉列表，选择“横排文本框”，在适当的位置画矩形区域，输入文本内容“主办：河南文化旅游职业学院”，调整文本框的位置，设置文字的大小和字体，如图 7-1-4 所示。

（6）单击“开始”选项卡，在“幻灯片”组中，单击“新建幻灯片”下拉列表，选择“空白”按钮，插入第 1 张幻灯片。

（7）重复操作步骤（3），插入背景图片，并调整位置和大小。

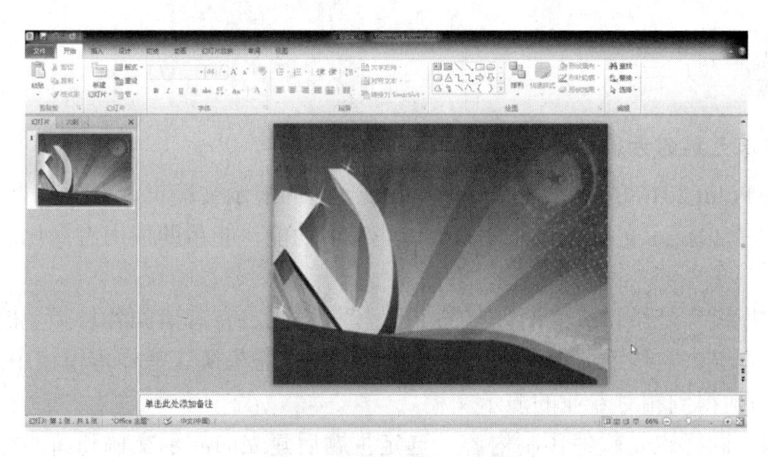

图 7-1-3　插入背景图片后的幻灯片

图 7-1-4　插入艺术字和文本的幻灯片

（8）插入竞赛题目的文本内容。

（9）在幻灯片视图中，选中第 2 张幻灯片，右击，在弹出的快捷菜单中选择“复制幻灯片”命令，利用“粘贴”命令生成第 3 张幻灯片，然后修改文本内容。重复操作可以制作多张幻灯片。

（10）以“党史竞赛.pptx”为文件名保存。第 3 张幻灯片的效果如图 7-1-5 所示。

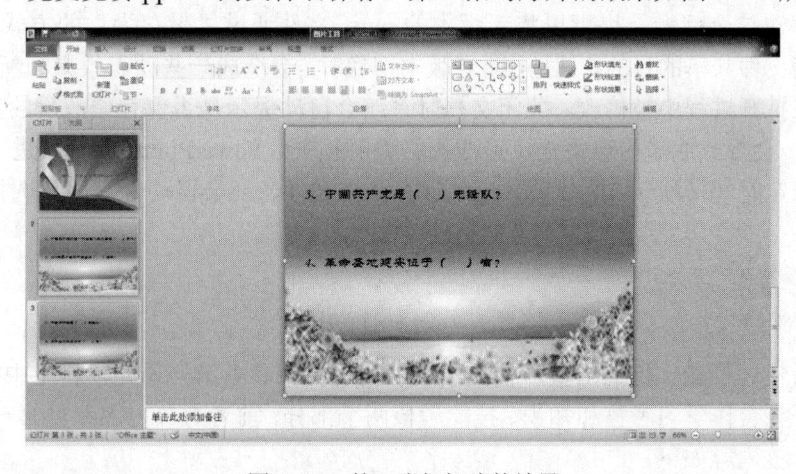

图 7-1-5　第 3 张幻灯片的效果

项目知识

1．创建演示文稿的方法

打开 PowerPoint 2010 的文件菜单后不难发现，新的演示文稿设计软件有丰富的创建选项，除常用的新建“空白演示文稿”之外，另有一些实用功能，能帮助使用者简化演示文稿的设计工作。

（1）“样本模板”是微软提供的完整的 PPT 模板样式，有着诸如各种类型的相册、宽屏的演示文稿、项目报告、宣传手册等演示文稿样本，用户只需替换这些样本模板中的图片和文字，就可以省时省力地得到相对专业的演示文稿。

（2）“主题”同样也是软件预制内容，选定主题后建立的演示文稿和新建空白演示文稿没有任何区别，但实际上已经额外统一了该演示文稿的颜色、字体和效果。使用主题可以简化制作专业设计师水准演示文稿的过程。利用“主题”制作出来的演示文稿可以具有统一的风格。

（3）“Office.com”模板的内容更多、类型更全面，这些模板并非预先安装在本地计算机中，而是在需要时从 Office.com 的服务器上读取最新内容。用户根据预览选定具体模板后，模板的内容才会从网站下载。

2．打开演示文稿

打开演示文稿有多种方式，可以直接双击存储设备上的文件打开，可以利用 PowerPoint 菜单提供的选项打开，也可以利用“最近所用的文件”菜单打开演示文稿。

利用“最近所用的文件”选项，可以轻易找到用户最近编辑过的演示文稿，特别是当忘记之前编辑演示文稿位置的时候，这个功能就显得很实用。PowerPoint 2010 对这个功能有了进一步的强化，可以让用户通过单击“图钉”按钮，把重要的演示文稿固定在此列表中，不会因之后打开其他文件而被替换出列表，这个功能可以让用户保留最近一段时间经常需要访问的文件，也相当于建立了一个“最近常用文件列表”。

3．保存演示文稿

自 PowerPoint 2007 开始，演示文稿文件有了较大的改动，演示文稿的扩展名也有了变化，2003 之前的文件扩展名为.ppt，而新版本的扩展名变更为.pptx。新版本对旧版本兼容，但旧的版本无法打开.pptx 为后缀的文件。用户可以通过在运行旧版本 Office 上安装 Microsoft 兼容包一劳永逸地解决这个问题，也可以将新版本的.pptx 文件通过“另存为”的方式，保存为.ppt 文件暂时达到文件共享的目的。只是，新老版本切换时，会造成一些动态效果和新功能的丢失。

文档若在打开过程中被修改，关闭文档时系统会自动提示是否保存修改后的文档。若此时误点了“否”，会导致编辑内容丢失，造成不必要的损失。PowerPoint 2010 改进了自动保存功能，除间隔固定时间（默认 10 分钟）自动保存文档之外，还会自动保存用户选择“不保存”的演示文稿。

项目考核

本项目考核评价量化标准由教师视教学组织情况，并参考第一单元项目 1 中的内容而定。考核内容也分为合作学习考核和知识、技能考核两个部分，前者考核内容参见第一单元项目 1，知识、技能考核内容如下。

（1）新建演示文稿的操作。
（2）新建幻灯片的操作。
（3）幻灯片的版式设置。
（4）插入图片、艺术字和文本框。

项目 2　修饰演示文稿

一个演示文稿通常由多张幻灯片组成，而每张幻灯片又可能具有不同的内容和主题。为了使幻灯片中各种内容有序地配合，进而形成美丽的画面，可以通过设计主题，版式、模板、背景样式和母版来增强演示文稿的感染力。使用内置的主题和版式能够快速统一地演示文稿的风格，使制作的演示文稿达到专业水平。

项目目标

掌握应用主题的设计方法。
能够根据幻灯片内容选择合适的版式。
掌握应用母版统一幻灯片设计风格的方法。
掌握应用模板和背景改变幻灯片风格的方法。

任务 1　制作旅游宣传演示文稿

演示文稿是演讲解说的重要辅助工具，旅游专业的学生小明要参加毕业生专业汇报展演，面对众多的观众，他需要充分地展示自己的专业水平，于是决定制作关于历史名城开封景点的演示文稿，以帮助他更好地完成讲解任务。

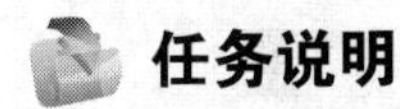

任务说明

要做好旅游景点宣传演示文稿，首先要了解景点的人文和历史背景，并尽可能多地获取景点图片和文字资料。在占有大量材料的基础上，再对演示文稿的格式编排、整体风格进行统一设计。本任务是通过 PPT 中的主题和版式统一设计风格。

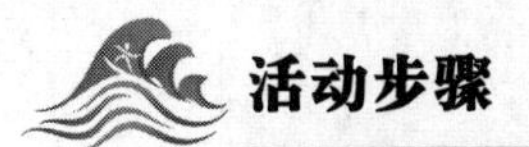

活动步骤

START

1．教师讲解、演示制作旅游演示文稿的过程。
2．学生上机练习创建旅游演示文稿。
3．讨论操作中遇到的问题，提出解决方法。

任务操作

（1）启动 PowerPoint 2010。
（2）单击“文件”→“新建”→“空白演示文稿”菜单命令，新建一个空白演示文稿。
（3）单击“设计”选项卡，在“主题”组中，单击“龙腾四海”按钮，为新建演示文稿应用主题，如图 7-2-1 所示。

图 7-2-1　以“龙腾四海”为主题的演示文稿

（4）单击标题占位符，输入文字“开封风景名胜”，设置字号为“88 磅”，字体为“宋体、加粗”。

（5）单击副标题占位符，输入文字“讲解：小明”，设置字号为“28 磅”，字体为“微软雅黑”。

（6）调整文字的位置。

（7）插入新幻灯片。

（8）在新幻灯片中，插入一张设计好的背景图片，使背景图片和幻灯片的大小相同。

（9）插入文本框，输入文本内容；插入一张开封风景图，并调整大小和位置，效果如图 7-2-2 所示。

图 7-2-2　第 2 张幻灯片的效果

（10）重复操作步骤（8）、（9），再插入 2 张内容幻灯片。

（11）以“开封风景区”为文件名保存。第 3 张幻灯片的效果如图 7-2-3 所示。

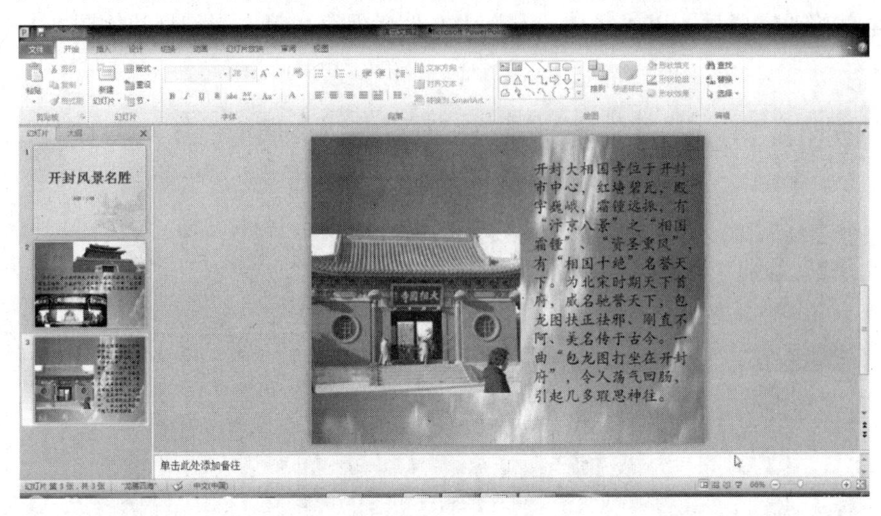

图 7-2-3　第 3 张幻灯片的效果

（12）按【F5】键，播放制作完成的演示文稿。

任务 2　制作诗词讲解演示文稿

马上要过元旦了，每个班的同学都在为迎接元旦积极准备节目，计算机班的小李同学决定在晚会上，利用 PPT 表演一个配乐诗朗诵《乡愁》。

任务说明

为了快捷地制作出配乐诗朗诵《乡愁》演示文稿，他上网找到了该诗的文本内容，以及相关的图片，也详细了解了《乡愁》的文化背景。然后，他设计了和诗相适应的版式，从而更好地突出作者想要表达的诗的意境。

活动步骤

START

1．教师讲解、演示制作《乡愁》演示文稿。
2．学生上机练习制作《乡愁》演示文稿。
3．学生讨论操作中遇到的问题，提出解决方法。

任务操作

（1）启动 PowerPoint 2010。

（2）单击“文件”→“新建”菜单命令以新建演示文稿。在“可用的模板和主题”组中，双击“样本模板”中的“古典型相册”类型，自动生成 7 张幻灯片，效果如图 7-2-4 所示。

（3）选择和主题相近的 5 张幻灯片进行修改，删除 2 张幻灯片。

（4）单击“开始”选项卡，在“幻灯片”组中，单击“标题和内容”按钮。

（5）在第 1 张幻灯片中，修改图片的内容，效果如图 7-2-5 所示。

（6）分别修改第 2～5 张幻灯片，修改幻灯片中的文字和图片内容。

（7）全部修改完成后，以“乡愁.pptx”为文件名保存。第 5 张幻灯片如图 7-2-6 所示。

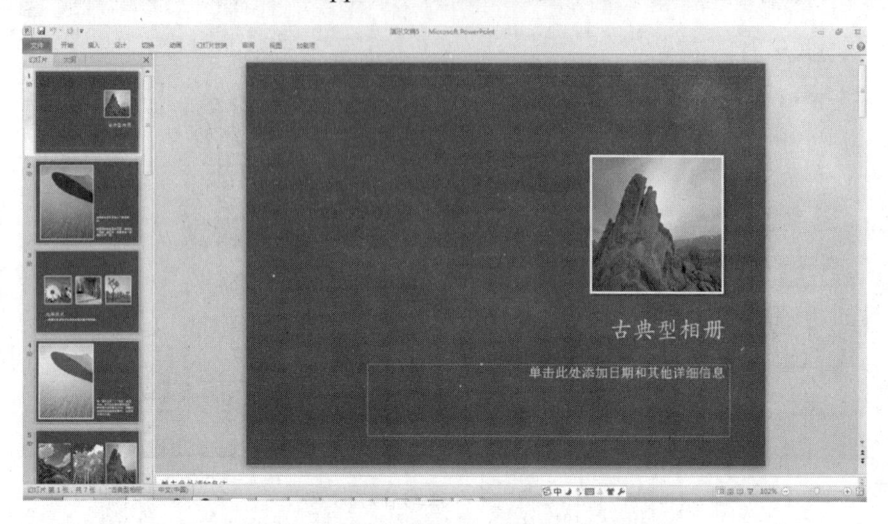

图 7-2-4　利用样本模板创建的演示文稿

图 7-2-5　修改完成后的第 1 张幻灯片效果

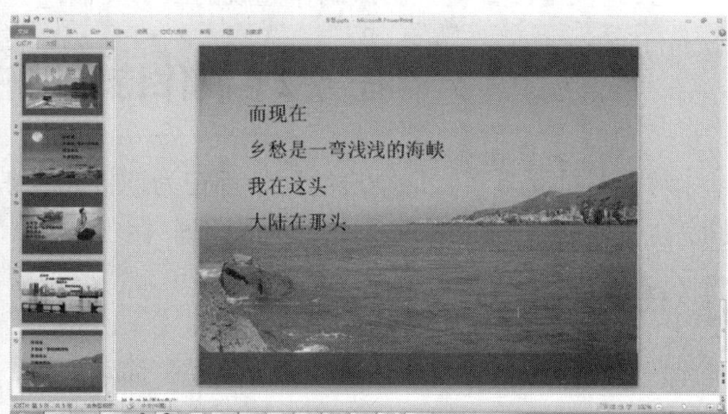

图 7-2-6　修改完成后的第 5 张幻灯片

（8）按【F5】键播放制作完成的演示文稿。

任务 3　为教学幻灯片配色

小张老师对自己制作的教学幻灯片效果不满意，他决定利用幻灯片的背景颜色改变整体视觉感观。他不断调整背景颜色，最终达到了自己满意的最佳效果。

 任务说明

要设计出一个满意的幻灯片背景，可以在“设计”选项卡的“设计背景格式”中选择背景，以获得满意的设计效果。

活动步骤　START

1．教师讲解、演示设置“设计背景格式”操作。

2．学生上机练习设置背景格式。

3．讨论设置幻灯片背景格式操作可能遇到的问题。

任务操作

（1）启动 PowerPoint 2010，新建演示文稿。

（2）插入文本内容。

（3）单击“设计”选项卡，在“背景”组中，单击“背景样式”下拉菜单，在弹出的“设置背景格式”对话框中设置各参数，效果如图 7-2-7 所示。

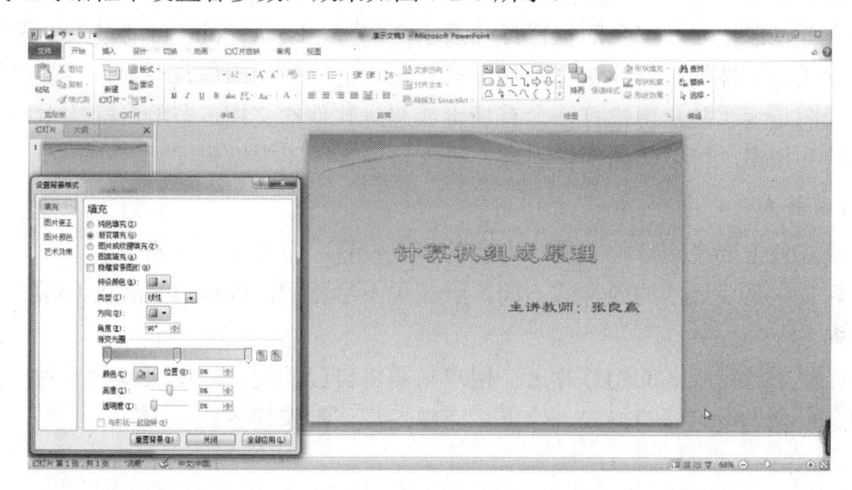

图 7-2-7 设置完成后的幻灯片效果

（4）设置完成后，演示文稿以“计算机组成原理.pptx”命名。

项目知识

1．幻灯片视图

幻灯片在屏幕中的显示方式统称为“视图”，PowerPoint 2010 提供了多种视图，常见的有普通视图、幻灯片浏览视图、阅读视图、幻灯片放映视图、母版视图、受保护视图。

（1）普通视图。普通视图是最常用的编辑视图，大部分演示文稿的设计工作都在普通视图中完成。

普通视图的“视图窗格”有两个选项卡，分别是“幻灯片”选项卡和“大纲”选项卡。选中“幻灯片”选项卡时，“视图窗格”以缩略图的形式依顺序展示演示文稿中的所有幻灯片；而选中“大纲”选项卡则按顺序、分层次显示幻灯片中所有文本内容。

“幻灯片窗格”，用于显示当前被选中的幻灯片。在这个区域里，可以添加文本，插入图片、表格、声音、视频、SmartArt 图形等各种设计元素，是幻灯片的主要编辑区域。“幻灯片窗格”下方的区域是“备注窗格”，用于记录幻灯片的备注内容，演示文稿放映时，备注部分不显示。

（2）幻灯片浏览视图。在浏览视图方式可以浏览演示文稿中幻灯片的缩略图，也允许对文稿中幻灯片的顺序进行排列与组织。可以在此视图中添加节，并按不同的类别或节对幻灯片进行排序。

（3）阅读视图。阅读视图会新建一个窗口用于播放当前编辑中的演示文稿，用户可以边观察幻灯片的演示效果，边设计幻灯片的内容或动画，方便了用户实时观察和修改幻灯片。

（4）幻灯片放映视图。该视图用于向观众播放演示文稿。幻灯片放映视图会以全屏的方式工作，在这个视图下用户可以看到图形、计时、电影、动画效果和切换效果在实际演示中的具体表现。

（5）母版视图。母版视图用于编辑幻灯片母版。它记录了幻灯片的背景、颜色、字体、效果、占位符大小和位置等信息。因此，应用母版视图可以快速对演示文稿关联的每个幻灯片、备注页或讲义的样式进行全局更改。

（6）受保护视图。受保护视图是新版本 PowerPoint 的内容。当用户从 Internet、邮件、系统临时文件夹等软件认为不安全的位置打开演示文稿时，PowerPoint 自动进入“受保护视图”，在这种视图方式，文件处于只读状态，除浏览外无法进行任何操作，并显示警告性提示信息。

受保护视图是为了防止用户打开含有病毒或恶意软件的文档，当用户确认文档安全时，单击“启用编辑”按钮，可以取消保护状态，进入普通视图正常编辑文档。

2．幻灯片版式

幻灯片版式包含要在幻灯片上显示内容的格式设置、位置和占位符。

根据幻灯片中需要显示的内容的不同，版式也不尽相同，PowerPoint 2010 提供了 11 种基本版式。

在一张应用了选定版式的幻灯片上，用户只需将自己的文本，图表复制到对应的占位符，就可以自动套用预先设定好的格式、位置，完成幻灯片制作任务。

3．节

PowerPoint 2010 引入了“节”的概念，在幻灯片的设计过程中，可以利用“节”分组幻灯片。分组的幻灯片如分段落的文章，结构更清晰易懂。用户还可以为不同“节”的幻灯片设置不同的主题。

项目考核

本项目考核评价量化标准由教师视教学组织情况，并参考第一单元项目 1 中的内容而定。考核内容也分为合作学习考核和知识、技能考核两个部分，前者考核内容参见第一单元项目 1，知识、技能考核内容如下。

（1）设置幻灯片主题样式的操作。

（2）设置幻灯片版式的操作。

（3）设置幻灯片模板的操作。

（4）设置幻灯片背景的操作。

项目 3　编辑演示文稿

为了使制作的演示文稿赏心悦目、清新高雅、有声有色、充满生气、操作便捷，需要为制作的幻灯片添加更加丰富多彩的内容。既可以为幻灯片添加图像、表格、文本、符号和插图，也可以插入声音、视频和 Flash 等多媒体对象。

项目目标

掌握在幻灯片中添加图像、表格、文本、符号、插图的方法。
掌握在幻灯片中插入视频的方法。
掌握插入超链接和动作按钮的方法。
掌握在幻灯片中插入声音的方法。

任务 1　制作运动会宣传演示文稿

宣讲广州亚运会的教学课件，不但要有文字、图表，还要有比赛的视频等多媒体资料，只有这样才能展示出多彩的广州亚运会。

任务说明

制作课件首先要了解广州亚运会的历史背景，并获取与之相关的大量资料图片和视频等。网上有很多亚运会的图片和各国获奖情况的图表，也能下载到开幕式的视频，资料收集不成问题，关键是要对幻灯片进行统一的风格设计。

活动步骤　START

1．教师讲解、演示制作广州亚运会演示文稿操作。
2．学生上机练习制作包含视频的演示文稿。
3．讨论操作中遇到的问题，提出解决方法。

任务操作

（1）启动 PowerPoint 2010。

（2）单击“文件”→“新建”→“空白演示文稿”菜单文件，新建空白演示文稿。

（3）单击“设计”选项卡，在“主题”组中，单击“都市流行”按钮，应用主题。

（4）在“设计”选项卡的“背景”组中，单击“背景样式”下拉菜单中的“设置背景格式”按钮，设置其参数，选择全部应用，效果如图 7-3-1 所示。

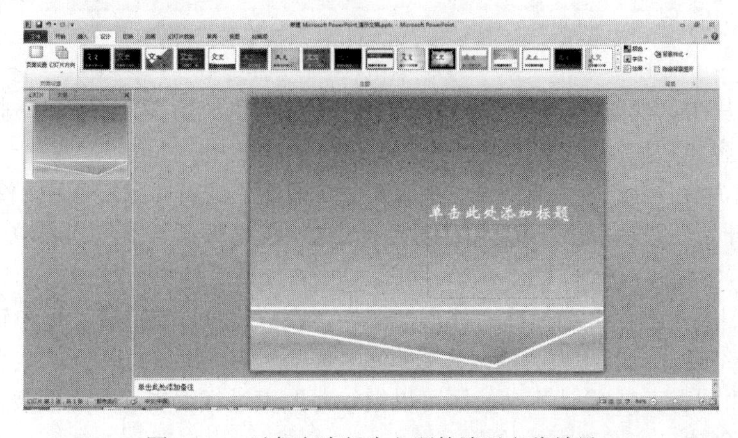

图 7-3-1　以都市流行为主题的演示文稿效果

（5）单击“插入”选项卡，在“文本”组中，选择“文本框”下拉列表，单击“横排文本框”按钮，在幻灯片中适当区域画一个矩形，输入“激情盛会　和谐亚运”，设置文本的颜色、字体和字号。

（6）插入艺术字，输入文本内容“广州亚运会”，设置艺术字的大小、形状、颜色，如图 7-3-2 所示。

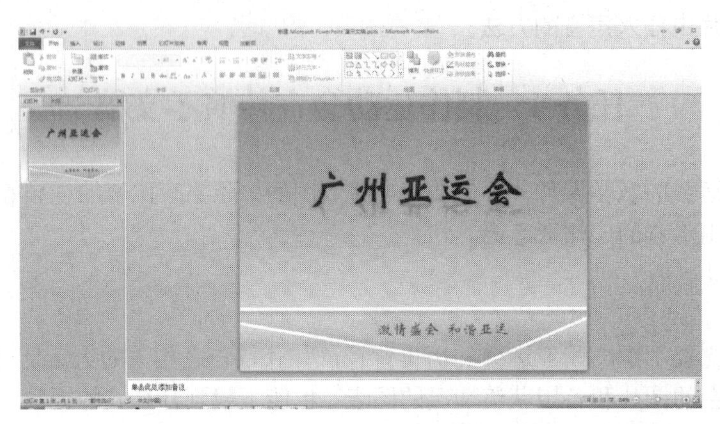

图 7-3-2　输入文本内容后的演示文稿

（7）在幻灯片浏览视图中，选中第 1 张幻灯片，右击，在弹出的快捷菜单中选择“复制幻灯片”命令，生成第 2 张幻灯片。

（8）在第 2 张幻灯片中，插入图片和文本框，调整其大小和内容，如图 7-3-3 所示。

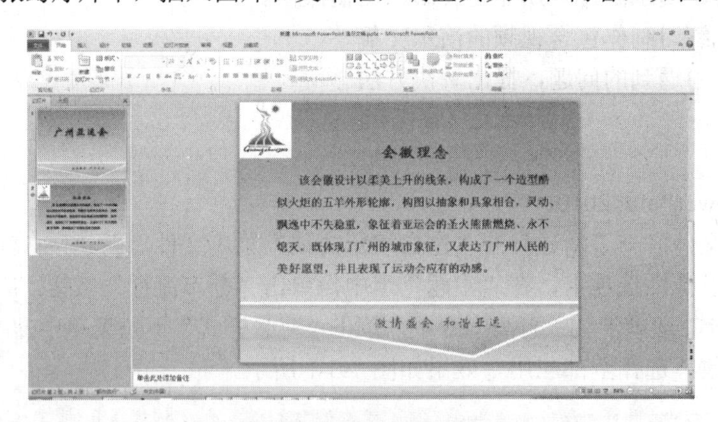

图 7-3-3　插入文本和图片后的第 2 张幻灯片

（9）在幻灯片浏览视图中，选择第 2 张幻灯片，复制生成第 3 张幻灯片。插入图片和文本框，修改文本内容和图片，如图 7-3-4 所示。

（10）在幻灯片浏览视图中，选择第 3 张幻灯片，复制生成第 4 张幻灯片，修改幻灯片内容。

（11）在“开始”选项卡中，选择“幻灯片”组，在“版式”下拉列表中，单击“标题和内容”按钮。

（12）双击图表占位符，选择插入柱形图图表，在“Excel 数据表”框中输入数据取代示例数据，此时，幻灯片上的图表会随输入数据的不同而发生相应的变化。

（13）利用“图表工具/设计”功能区可以继续对图表进行编辑，单击图表占位符以外的位置，完成图表的创建，如图 7-3-5 所示。

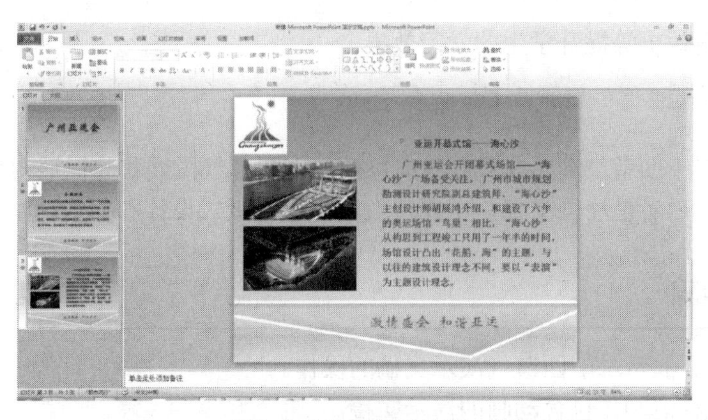

图 7-3-4　插入文本和图片后的第 3 张幻灯片

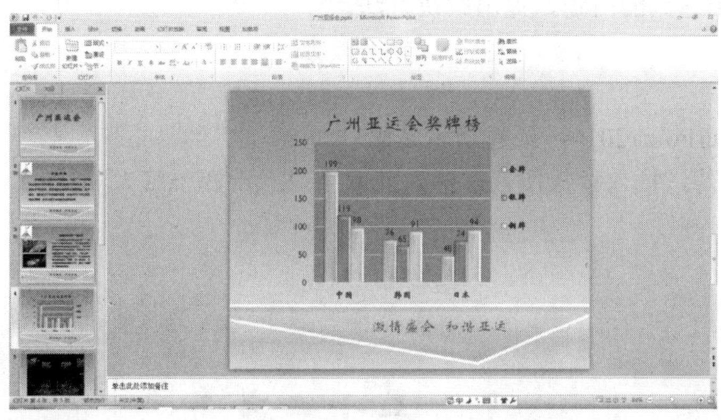

图 7-3-5　插入图表后的第 4 张幻灯片

（14）插入第 5 张幻灯片，单击“插入”选项卡，在“媒体”组中，选择“视频”下拉列表，单击“文件中的视频”按钮，在计算机的指定位置，打开“亚运会开幕式”视频文件（必须是 PPT 支持的视频文件），如图 7-3-6 所示。

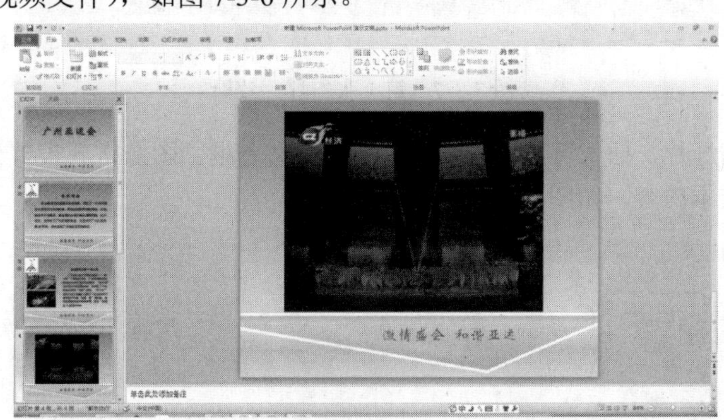

图 7-3-6　插入视频后的第 5 张幻灯片

（15）以“广州亚运会.pptx”为文件名保存。

（16）按【F5】键播放演示文稿。

任务 2　制作二十四节气演示文稿

为了强化学生对二十四节气知识的理解，小张拟制作一个关于二十四节气的演示文稿，充分利用图片、动画效果等提升学生的学习效果。

任务说明

用于教学的二十四节气演示文稿，其中包括二十四节气民谣和与民谣内容对应的动画，前者是文字和图片，后者是动画文件，主要涉及的操作有版式设计和插入动画。

活动步骤

START

1．教师讲解、演示二十四节气演示文稿的操作。
2．学生上机练习制作包含动画的演示文稿。
3．讨论操作中遇到的问题，提出解决方法。

任务操作

（1）启动 PowerPoint 2010，新建演示文稿。

（2）插入幻灯片，插入背景图片，插入艺术字“二十四节气”，如图 7-3-7 所示。

图 7-3-7　第 1 张幻灯片效果

（3）插入新幻灯片，插入背景图片，插入图片、文本框，图像格式设置为“图像右透视”，输入二十节歌词文本内容，如图 7-3-8 所示。

图 7-3-8　第 2 张幻灯片效果

（4）在幻灯片浏览视图中，选择第 2 张幻灯片，右击，在弹出的快捷菜单中选择“复制幻灯片”命令，粘贴生成第 3 张幻灯片。

（5）单击“插入”选项卡，在“插图”组中，单击“SmartArt 图形”按钮，选择“层次结构”→“水平多层次结构”→“确定”命令，修改层次结构的内容和排列方式，如图 7-3-9 所示。

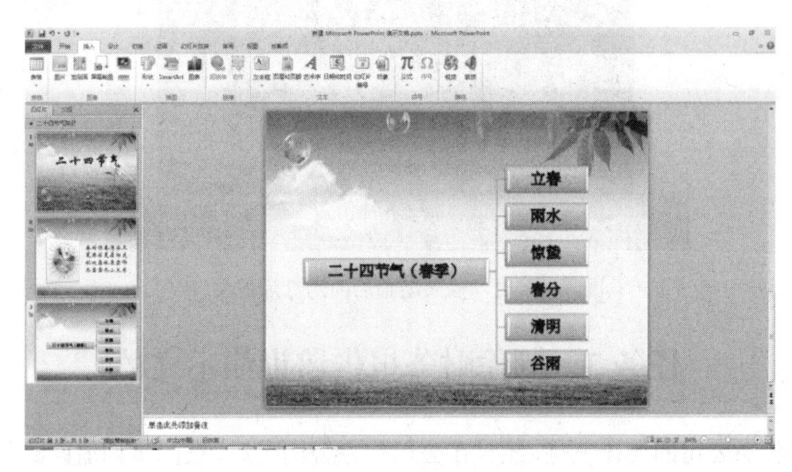

图 7-3-9　第 3 张幻灯片效果

（6）重复操作步骤（4），插入第 3 张幻灯片，插入表格，设置文字为上下居中排列，如图 7-3-10 所示。

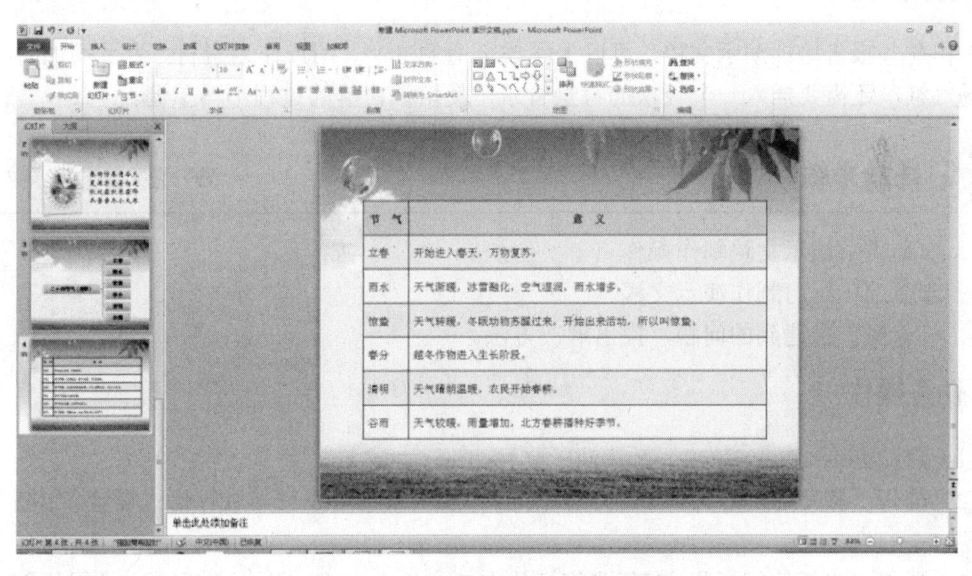

图 7-3-10　插入表格后的幻灯片效果

（7）插入新幻灯片，单击“插入”选项卡，在“媒体”组中，选择“视频”下拉列表，单击“文件中的视频”按钮，在计算机的指定位置，打开“二十四节气.swf”动画文件（必须是 PPT 支持的动画文件），效果如图 7-3-11 所示。

（8）演示文稿以“二十四节气.pptx”为文件名保存。

（9）按【F5】键播放演示文稿。

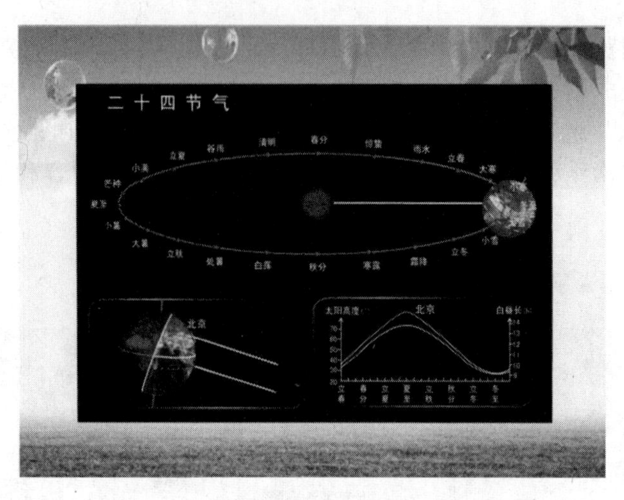

图 7-3-11　插入动画后的幻灯片效果

任务 3　制作财务报告培训演示文稿

上海某化妆品公司的会计王亮，经常在公司的办公例会后，被同事们追问财务报告的内容。由于财务工作报告专业性比较强，小刘经过多次考虑，决定利用 PPT 给同事做一次财务报告方面的普及培训。

任务说明

制作财务报告培训演示文稿，可以上网找合适的文字、图片作为素材。为了增加财务报告的现场气氛，还需要插入一个轻松的背景音乐，使培训讲解的过程不再单调。

活动步骤

START

1．教师讲解演示文稿制作操作。
2．学生上机练习制作演示文稿。
3．讨论操作中遇到的问题，提出解决方法。

任务操作

（1）启动 PowerPoint 2010，新建演示文稿。

（2）插入一张新的幻灯片，在幻灯片中插入文本、图片，并对其进行格式设置，如图 7-3-12 所示。

（3）插入 4 张新的幻灯片，在每张幻灯片中考虑插入文本、图片、剪贴画，效果如图 7-3-13 所示。

（4）打开第 1 张幻灯片，选择“插入”选项卡，在“媒体”组中，选择“音频”下拉菜单，选择“文件中的音频”选项，在计算机上指定的位置，选择“高山流水.mp3”文件，双击该文件插入声音，设置声音参数，效果如图 7-3-14 所示。

（5）演示文稿以“财务报告解析.pptx”为文件名保存。

（6）按【F5】键播放演示文稿。

图 7-3-12　“财务报告解析”的第 1 张幻灯片

图 7-3-13　插入剪贴画和艺术字的幻灯片效果

图 7-3-14　插入声音后的幻灯片效果

任务 4　为诗词讲解演示文稿添加旁白

在放映幻灯片时，可能需要同期播放声音，PowerPoint 2010 提供的录制旁白功能，能够轻松满足用户的此种需求。

 任务说明

小李完成了《乡愁》演示文稿后，想自己朗诵给课件配上同期声音。PowerPoint 2010 的录

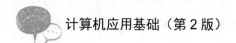

制旁白功能，可以满足他的要求。

活动步骤 START

1．教师讲解录制旁白操作。

2．学生上机练习录制旁白。

3．讨论录制旁白操作中遇到的问题，提出解决方法。

任务操作

（1）打开《乡愁》演示文稿，选择录制旁白的第 1 张幻灯片。

（2）单击“幻灯片放映”选项卡，选择“设置”组的“录制幻灯片演示”下拉列表中的“从头开始录制”选项，在“录制幻灯片演示”对话框中选中“旁白和激光笔”选项，单击“开始录制”按钮。

（3）录制完成后，将自动保存录制的幻灯片放映计时。

项目知识

1．演示文稿中的主题

主题是演示文稿的一个重要概念，用户可以利用主题快速确定演示文稿的整体风格，使演示文稿更具专业设计水准。PowerPoint 2010 提供有丰富的主题供用户挑选。

选择某个具体的主题之后，可以帮助设计者确定演示文稿的颜色、字体、效果 3 个方面的内容。

（1）颜色。每一种主题都已经预选好了 12 种颜色供演示文稿自动套用，其中 4 种用于搭配文本和背景，保证浅色文本在深色中清晰可见，反之亦然。另有 6 种颜色用于强调文字颜色，最后两种用于规定超链接或已访问的超链接。

（2）字体。每一种主题均定义了两种字体，一种用于标题，一种用于正文文本。这些预定义的字体不单单影响普通文本，当用户创建艺术字时，PowerPoint 也会使用和当前主题相同的字体。

（3）效果。每一种主题都指定了演示文稿中表格、图片、艺术字、文本、形状、SmartArt 图形、图表等诸多内容的默认外观，如规定了线条或框体粗细、发光、阴影、三维立体效果等内容。

如果用户并不满意系统内置的主题，也可以使用自定义主题。自定义主题可以通过对不同主题中的颜色、字体、效果 3 方面内容重新组合获得。也可以完全摆脱预定义内容，自己规定文稿的各种设定。

内置主题都是由视觉设计的专业人员创建，使用内置主题可以让文档看起来更具有专业水准。通常情况下不建议用户自定义主题。

2．演示文稿中的背景样式

在主题中设定颜色时，已经考虑了主题和背景的颜色搭配关系，如为浅色文字搭配深色的背景，为深色的文字搭配浅色背景。但背景样式除纯色填充之外，还另外包含了渐变色、纹理、图片等内容。

在选择背景样式时，PowerPoint 提供了 12 种与当前主题协调的背景样式。

与主题设置相似，用户也可以自定义背景样式。在“设置背景格式”对话框中，PowerPoint 提供了为自定义背景需要的各种选项，据此用户可以设置内容丰富的背景。其中“图片更正”“图片颜色”和“艺术效果”这 3 个选项只有在选择图片或纹理填充时才会有效果。

无论是为演示文稿应用主题，还是为演示文稿设置背景样式，风格统一是需要普遍遵守的原则，非视觉设计专业人士应尽量使用内置的设计选项。

项目考核

本项目考核评价量化标准由教师视教学组织情况，并参考第一单元项目 1 中的内容而定。考核内容也分为合作学习考核和知识、技能考核两个部分，前者考核内容参见第一单元项目 1，知识、技能考核内容如下。

（1）添加图片、表格、SmartArt 图形、文本、图表等的操作。

（2）设置幻灯片中图片、表格、SmartArt 图形、文本、图表等的操作。

（3）插入声音的操作。

（4）插入视频的操作。

项目 4　放映演示文稿

创建演示文稿的目的是将其展示在观众面前，放映幻灯片是将精心创建的演示文稿展示给观众的过程，用户可以在不同场合选择不同的放映方式。PowerPoint 2010 的打包和打印功能也为用户提供了应用上的方便，其相关内容也是用户必须掌握的基础知识。

项目目标

掌握演示文稿动画的设置方法。

掌握设置幻灯片进入或退出的方法。

掌握插入超链接和动作按钮的方法。

掌握演示文稿的打包操作。

掌握设置演示文稿放映方式的操作。

任务 1　设置幻灯片动画效果

幻灯片动画效果包括幻灯片在切换过程中的动画效果和在幻灯片各元素上设置的动画效果。在制作演示文稿时，若赋予幻灯片进入、退出、大小或颜色变化等不同动画，必将提升放映的视觉效果。

 **任务说明**

可以给制作完成的演示文稿的每张幻灯片设置一个动画效果，也可以给每张幻灯片上的各元素设置动画效果，以达到强化演示效果的目的。

活动步骤

START

1．教师讲解设置幻灯片动画效果的操作。

2．学生上机练习设置动画效果。

3．讨论动画设置操作过程遇到的问题，提出解决方法。

任务操作

（1）启动 PowerPoint 2010。

（2）打开要设置动画效果的结婚纪念册演示文稿。

（3）在幻灯片视图中，选择一张幻灯片，单击“切换”选项卡，在“切换到此幻灯片”组中，单击“翻转”按钮，“效果选项”选择“自右侧”，“持续时间”选择“3 秒”，“换片方式”选择“单击鼠标时”，如图 7-4-1 所示。

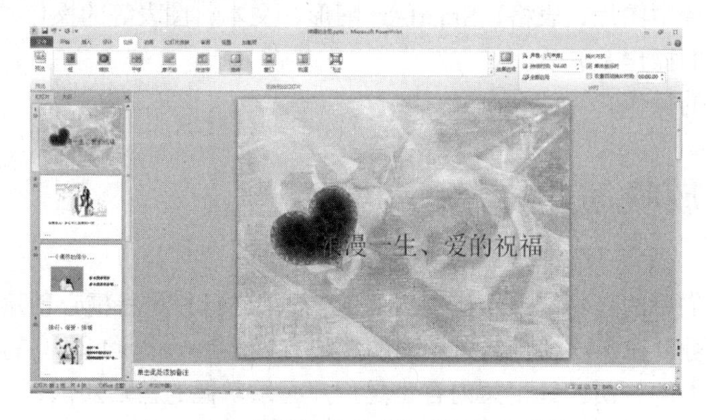

图 7-4-1　设置换片方式为“翻转”效果

（4）分别设置第 2～4 张幻灯片的换片方式为“涟漪”“传送带”和“摩天轮”。

（5）在第 1 张幻灯片中，选中文本框，在“插入”选项卡的“链接”组中，单击超链接，链接到第 2 张幻灯片。“插入超链接”对话框如图 7-4-2 所示。

（6）分别在第 2～4 张幻灯片中，打开“插入”选项卡的“插图”组中的“形状”下拉列表，选择“动作按钮”组中的“前进”和“后退”按钮（制作 2 个动作按钮）。

（7）选择“前进”按钮，在“插入”选项卡的“链接”组中，单击“动作”按钮，链接到上一张幻灯片。以同样方法制作“后退”按钮，“动作设置”对话框如图 7-4-3 所示。

图 7-4-2　“插入超链接”对话框

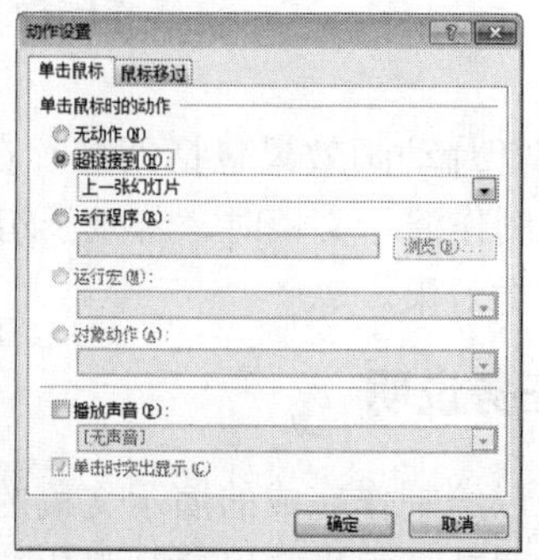

图 7-4-3　“动作设置”对话框

（8）选中第 1 张幻灯片，选择“玫瑰花”图片，单击“动画”选项卡，在“动画”组中，选择“玩具风车”按钮；选择“浪漫一生、爱的祝福”文本框，“动画效果”选择“弹跳”，如图 7-4-4 所示。

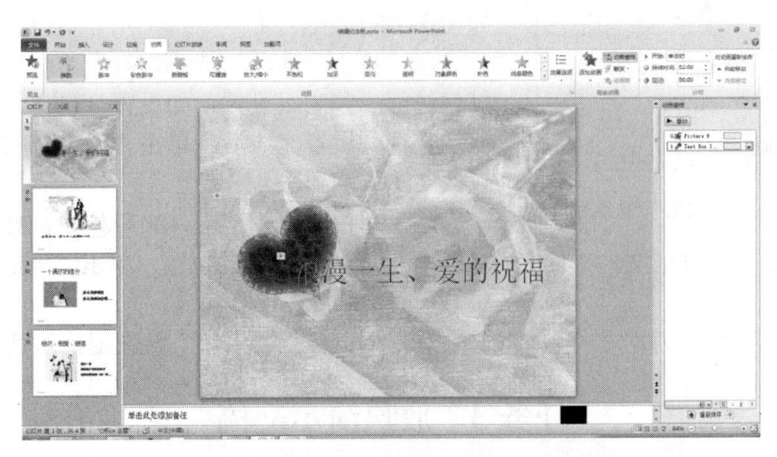

图 7-4-4 设定文字为“弹跳”动画效果的幻灯片

（9）分别设置后面 3 张幻灯片中各元素的动画效果。

（10）4 张幻灯片全部设置完成后，以“结婚纪念册.pptx”为文件名保存文件。

（11）按【F5】键播放幻灯片。

任务 2 打包诗词讲解演示文稿

通常情况下，在没有安装 PowerPoint 2010 的计算机上，演示文稿无法正常播放。若利用 PowerPoint 2010 提供的打包功能，对演示文稿进行打包处理，即可实现演示文稿脱离 PowerPoint 环境播放。

任务说明

因不确定计算机是否安装有 PowerPoint 2010，为了避免出现演示文稿不能正常播放，考虑对《乡愁》演示文稿打包。PowerPoint 2010 中的打包功能称为“打包成 CD”，演示文稿可以直接输出刻录成 CD，也可以暂时保存在磁盘中。

活动步骤

START

1．教师讲解《乡愁》演示文稿的打包操作。

2．学生上机练习打包演示文稿。

3．讨论打包操作遇到的问题，提出解决方法。

任务操作

（1）启动 PowerPoint 2010。

（2）打开配乐诗朗诵《乡愁》演示文稿。

（3）打开“文件”选项卡，选择“文件并保存”选项，单击“将演示文稿打包成 CD”，在

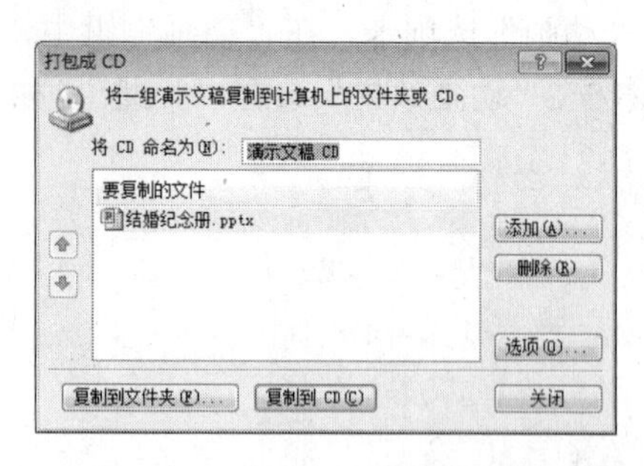

图 7-4-5 “打包成 CD”对话框

右侧显示“将演示文稿打包成 CD”的文字说明信息，单击下方的“打包成 CD”按钮，打开“打包成 CD”对话框，该对话框中已经将所选演示文稿作为打包的对象，如图 7-4-5 所示。

（4）单击“选项”按钮，打开“选项”对话框，对打包进行一些高级设置，如设置打包文件的密码，保护演示文稿。设置完成后，单击“确定”按钮，返回“打包成 CD”对话框。

（5）单击“复制至文件夹”按钮，打开“复制到文件夹”对话框，输入打包文件夹的名称，选择保存打包文件的位置，单击“确定”按钮，开始打包。

（6）打包结束后，返回“打包成 CD”对话框，单击“关闭”按钮退出对话框。

任务 3 放映演示文稿

在放映演示文稿时，需要考虑有关放映控制问题，如是否对播放流程控制等。如果对放映方式有不同的要求，可设置放映类型、放映范围等，使演示文稿以满足用户要求的形式播放。

任务说明

播放景区宣传演示文稿时，要求进行必要的控制，做到边播放边讲解。控制演示文稿播放的设置环境是“幻灯片放映”选项卡，利用其中的功能可以实现多种放映形式。

活动步骤

START

1. 教师讲解景区宣传演示文稿放映的设置操作。
2. 学生上机练习放映设置操作。
3. 讨论设置操作遇到的问题，提出解决方法。

任务操作

（1）启动 PowerPoint 2010。

（2）打开景区宣传演示文稿。

（3）选择“幻灯片放映”选项卡，单击“设置”组中的“设置幻灯片放映”按钮，打开“设置放映方式”对话框，如图 7-4-6 所示。

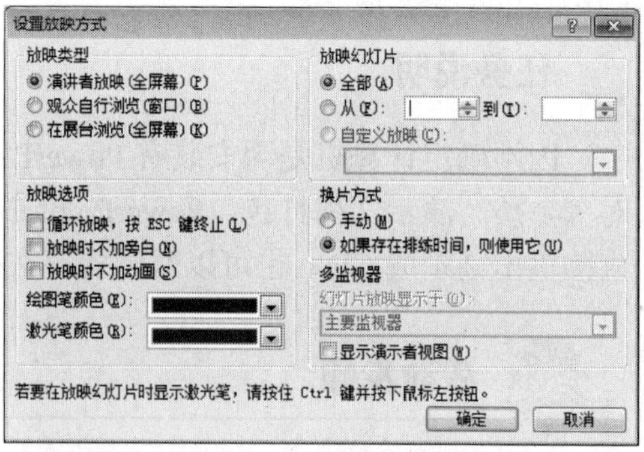

图 7-4-6 “设置放映方式”对话框

（4）设置各选项，单击“确定”按钮。

（5）单击“从头开始”按钮，演示文稿按设置要求从头播放。

项目知识

1. 利用链接组织演示文稿

演示文稿发布前，需要仔细整理、编排演示文稿中的演示内容，合理安排幻灯片的放映顺序，这样才能更好地提高演示文稿的放映效果。一般情况下，演示文稿中的内容只能按照一定的次序播放。但实际工作中往往有跳出原本的播放次序播放幻灯片的要求，或需要在演示文稿播放中间展示一些不方便放在演示文稿中的内容。

利用“链接”功能可以满足这些要求，用户可以利用链接从一张幻灯片跳到另一张指定的幻灯片，也可以利用链接打开演示文稿外部的文件或文档，进而更自由地设计演示文稿的放映顺序，以达到最佳的宣传效果。

2．放映方式

在发布演示文稿之前最后的工作就是设计演示文稿的放映方式，PowerPoint 支持的放映方式有 3 种。

（1）演讲者放映方式。这是最常用的放映方式，在放映过程中以全屏显示幻灯片。演讲者能控制幻灯片的放映，还可以为演示文稿录制旁白。

（2）观众自行浏览方式。可以在标准窗口中放映幻灯片。在放映幻灯片时，可以拖动右侧的滚动条，或滚动鼠标上的滚轮实现幻灯片的放映。

（3）在展台浏览方式。在展台浏览是 3 种放映类型中最简单的方式，这种方式将自动全屏放映幻灯片，并且循环放映演示文稿，在放映过程中，除了通过超链接或动作按钮进行切换以外，其他的功能都不能使用，如果要停止放映，只能按【Esc】键终止。

3．发布和打包演示文稿

演示文稿的发布并非仅仅指将演示文稿保存后的文档共享。演示文稿可以多种不同的形式发布，如电子邮件、Web 页面、视频、CD 等，甚至可以将演示文稿直接在网络中广播，让多台设备同时放映。

正确地发布演示文稿，还能解决演示文稿制作软件版本不同造成的兼容性问题。比如，在 PowerPoint 2010 中保存的.pptx 文档，无法直接在只安装了 PowerPoint 2003 及更早版本的计算机上演示，更无法在没有安装 PowerPoint 软件的计算机上播放。而打包的演示文稿，会自带播放演示文稿的必要程序，还可以由打包者指定是否将演示文稿链接指向的文件和演示文稿使用的字体同时打包，确保用户可以在多种环境中播放演示文稿。

4．打印演示文稿

演示文稿的打印也不仅仅局限于“所见即所得”的打印，用户可以只打印演示文稿，可以打印带备注的演示文稿（往往用于演示文稿的分发），可以打印演示文稿的文字版本——大纲，还可以通过选择，将多张幻灯片打印在一张纸上，以讲义的形式分发演示文稿。

项目考核

本项目考核评价量化标准由教师视教学组织情况，并参考第一单元项目 1 中的内容而定。考核内容也分为合作学习考核和知识、技能考核两个部分，前者考核内容参见第一单元项目 1，知识、技能考核内容如下。

（1）设置幻灯片的切换动画效果。

（2）插入超链接和动作按钮的操作。

（3）演示文稿的打包操作。

（4）设置演示文稿放映方式的操作。

回顾与总结

本单元讲解了通过 PowerPoint 2010 创建简单演示文稿的方法，讲解了修饰幻灯片的基本技巧，主要涉及改变幻灯片的主题、版式、模板、背景格式等，这些基本操作是制作演示文稿的基础。编辑幻灯片的操作主要涉及添加图像、表格、文本、图表和视频等，相关内容是提高演示文稿质量的重要内容。设置幻灯片切换效果、动画效果和放映幻灯片方式，是提升播放效果的主要手段。用户熟练掌握以上操作，才能制作出满足工作需要的高质量演示文稿。

等级考试考点

全国计算机等级考试的一级 MS Office 考纲要求，考生必须熟练掌握 PowerPoint 2010 的基础和较为复杂的操作技能，二级考纲明确要求考生要在一级的基础上，掌握 PowerPoint 2010 复杂的操作技能，因此，以下一级考点是参加一级和二级考试考生必须掌握的操作技能，而二级考点则是参加二级考试考生重点关注的内容。

一级考点：

考点 1：PowerPoint 2010 的启动与退出

要求考生能够正确启动和退出 PowerPoint 2010。

考点 2：PowerPoint 2010 的操作环境和功能

要求考生了解 PowerPoint 2010 操作窗口的基本组成和功能；会使用窗口命令和工具完成任务操作。

考点 3：创建文档、打开文档、输入文本和保存文档

要求考生能够根据考试要求，创建新的文档、打开已有的文档，会在文档中输入考试要求的内容，会将文档以指定文件名保存在指定位置。

考点 4：演示文稿视图使用

要求考生了解演示文稿编辑时视图起的作用；熟悉各视图间切换的方法；能够根据考试要求，选择正确的视图进行演示文稿的编辑工作。

考点 5：幻灯片的基本操作

要求考生能够根据考试要求准确地定位、选择幻灯片；会设置幻灯片的版式；会插入、删除幻灯片；会移动、复制幻灯片。

考点 6：制作内容完善的幻灯片

要求考生了解幻灯片制作的基本方法；能够在幻灯片中添加文本、图片、艺术字、形状、表格等内容；能够根据考试要求对文本、图片、艺术字、形状、表格等内容进行基本的编辑、修饰和美化。

考点 7：演示文稿的主题选用

要求考生了解演示文稿主题的概念；能够根据考试要求为演示文稿应用正确的主题。

考点 8：演示文稿的背景设置

要求考生能够根据考试要求为幻灯片设置纯色、渐变、图片、纹理等不同的背景。

考点 9：设置演示文稿的动画效果

要求考生了解演示文稿中的动画，会为演示文稿添加、应用动画效果；能够利用时间轴编辑演示文稿中的动画，能够根据考试要求设置幻灯片的切换方式。

考点 10：打包和打印演示文稿

要求考生会对制作完成的演示文稿打包发布；能够根据考试要求打印输出演示文稿。

二级考点：

考点 1：演示文稿母版的制作和使用

要求考生了解演示文稿中母版的特性，能够利用自带的默认母版统一演示文稿的风格；能够根据考试要求制作、编辑母版。

考点 2：在幻灯片中添加图表、音频、视频

要求考生能够为幻灯片添加 SmartArt 图形、图表、音频、视频等内容；能够根据考试要求对上述内容进行编辑、美化。

考点 3：幻灯片的交互设置

要求考生能够利用链接改变幻灯片的播放顺序，会控制播放时间增强幻灯片的交互性。

第七单元实训

（1）设计一个主题为“自我介绍”的演示文稿，要求使用自己设计的模板。

（2）根据自己所学的专业设计一节教案，内容不少于 10 张幻灯片。

（3）制作一个主题为“云台山风景区”的演示文稿，要求使用自己设计的母版。

（4）自己动手制作一个有关奥运会的演示文稿，要求有艺术字、图片、视频。

（5）在新的演示文稿中插入一段 Flash 动画。

（6）制作一个主题为“电脑”调查报告的演示文稿，内容不少于 5 张幻灯片。

（7）制作一个主题为“海洋资源”的演示文稿，内容不少于 8 张幻灯片。

（8）制作一个企业简介的演示文稿，内容不少于 10 张幻灯片。

第七单元习题

1．单项选择题

（1）PowerPoint 2010 演示文稿的默认扩展名是（　　）。

A．.psdx　　B．.ppsx　　C．.pptx　　D．.ppsx

（2）演示文稿的基本组成单元是（　　）。

A．图形　　B．幻灯片　　C．超链接　　D．文本

（3）在 PowerPoint 浏览视图下，按住【Ctrl】键并拖动某幻灯片，可以完成的操作是（　　）。

A．移动幻灯片　　B．复制幻灯片　　C．删除幻灯片　　D．选定幻灯片

2．多项选择题

（1）PowerPoint 2010 中自定义幻灯片的主题颜色，可以实现（　　）设置。

A．幻灯片中的文本颜色

B．幻灯片中的背景颜色

C．幻灯片中超级链接和已访问超链的颜色

D．幻灯片中强调文字的颜色

（2）在 PowerPoint 2010 中，幻灯片放映时能够切换到下一张幻灯片的操作有（　　）。

A．按【↓】键　　B．按【PgDn】键

C．用鼠标单击当前幻灯片　　D．按【Enter】键

（3）复制、移动或删除整张幻灯片，可以在（　　）视图下进行。

A．幻灯片视图　B．大纲视图　C．普通视图　D．幻灯片浏览视图

（4）插入艺术字时，可以对艺术字进行（　　）设置。

A．艺术字内容　B．字体　C．字号　D 颜色

（5）在幻灯片中可以插入下列（　　）类型的图片。

A．BMP 位图文件 B．GIF 动画文件　C．JPG 图片文件　D．PNG 图片文件

3．判断题

（1）一个演示文稿是由一张幻灯片组成的。（　　）

（2）在幻灯片浏览视图中只显示幻灯片中的文本内容。（　　）

（3）空白演示文稿中不包含占位符。（　　）

（4）可以在自选图形中填充背景图片。（　　）

（5）对幻灯片母版的更改可以反映在各张幻灯片上。（　　）

（6）一个表格中的所有单元格只能填充一种颜色。（　　）

（7）在一个演示文稿中可以为每张幻灯片设置不同的切换效果。（　　）

（8）不为幻灯片设置动画效果，就不可以放映幻灯片。（　　）

4．简答题

（1）如何进行超链接？超链接的对象是否只能是文本？

（2）幻灯片的模板和母版一样吗？

（3）如何给幻灯片插入备注？备注在幻灯片播放时显示吗？

（4）如何在当前幻灯片上插入视频？

（5）为什么需要对幻灯片打包？简述幻灯片打包的过程。

5．操作题

（1）创建一个演示文稿，至少包含 6 张幻灯片，设计母版，选择主题和各幻灯片的版式，并设计片间动画和片内动画。

（2）为本单元内容设计一个教学课件，能够实现幻灯片的超链接，插入动作按钮控制播放顺序。

（3）为自己设计一个“成长的历程”电子相册。

职业技能训练

项目1 文字录入训练

文字录入是最基本的计算机操作技能，也是熟练使用计算机的关键环节，因此，文字录入是职业院校学生必学必练的重要内容，更是职业院校学生必须掌握的基本技能。

1．训练目的

掌握文字录入的正确方法；

熟练录入中英文。

2．技能要求

熟练掌握英文录入方法，录入指标达到：对文稿进行看录，平均每分钟录入不少于150个字符，错误率不高于2‰。

熟练掌握中文录入方法，录入指标达到：对难度一般的文稿进行看录，平均每分钟录入不少于50个汉字，错误率不高于3‰。

3．训练时间

文字录入训练不可能一蹴而就，短时间高强度训练的效果不佳，需要长时间、间断性的系统训练，既避免长时间枯燥练习可能产生的厌倦情绪，又兼顾反复练习的时间需要。因此，提出以下两种建议训练模式供选择。

（1）每天训练1学时，连续4周，共计20学时训练时间。

（2）每次上机，前10分钟录入训练，课程上机共40次，训练400分钟，折合8学时，教学机动12学时安排录入实训，合计训练20学时。

4．训练内容

（1）指法训练。

（2）英文录入训练。

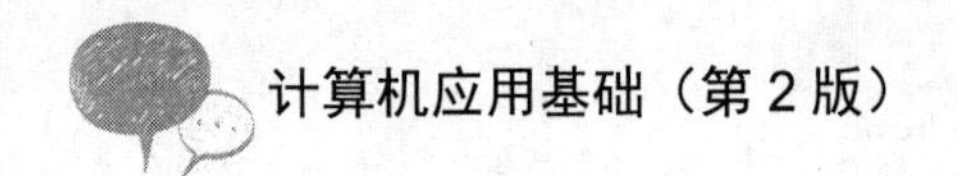

（3）中文录入训练。

5．训练步骤

（1）字母键训练。

教师按以下字母组合给出字母键训练样本，每组训练样本最少 5 种组合形式，各种组合练习不少于 20 遍，达到 5 秒钟内顺序输入 26 个字母为结束标准。

字母组合：ASDFJKL、FJUR、RTUY、DKEI、SLWO、AQP、FJVM、VBMN、CXZ。

（2）英文单词录入训练。

以英语课教材中的课文为输入对象，练习英文单词录入，每篇课文最少录入 5 遍，达到每分钟录入 150 字符为合格。

（3）数字、符号键训练。

教师按以下组合给出训练样本，每组训练样本最少 5 种组合形式，各种组合练习不少于 20 遍，达到 10 秒钟内输入给定的 20 个数字、符号为结束标准。

数字符号组合：！ 1@2#3*8（9）0、！ 2#4《5%，。》/？ 、ZC^6&7*8(90)

（4）中文录入训练。

以语文课教材中的课文为输入对象，练习中文录入，每篇课文最少录入 5 遍，达到每分钟录入 50 个汉字为合格。

项目 2　个人计算机组装与维护

组装、维护计算机是职业院校计算机应用专业学生必须掌握的基本技能之一，熟练掌握计算机组装和维护的方法，既可以满足计算机使用过程中的维护需要，也能为提高计算机应用技能、拓展就业领域打下坚实的基础。

1．训练目的

熟悉计算机硬件、软件系统，能够自己动手组装计算机。

2．技能要求

掌握计算机组件选配的基本原则，能够熟练组装计算机硬件。

熟练掌握操作系统的安装方法，能使用常见工具对计算机系统进行维护、检测，能使用备份工具备份系统。

3．训练时间

利用一到两天的时间，到科技市场等 IT 行业聚集地实地考察市场、了解设备价格、了解产品型号、观摩装机过程。

集中 2 学时教师演示组装计算机硬件过程，并详细讲解装机过程中的注意事项。

学生在教师指导下动手组装计算机硬件，4 学时。

安装使用各种实用软件，4 学时。

4．训练内容

（1）考察市场。

（2）组装计算机。

（3）安装操作系统——Windows 7。

（4）安装使用优化大师、杀毒软件等系统工具对系统进行维护。

（5）使用系统备份工具备份系统。

5．训练步骤

（1）教师讲解选择计算机部件的原则，学生根据市场调查情况确定计算机硬件清单。

（2）观摩教师组装计算机。

（3）学生在教师的指导下组装计算机。

（4）学生拆解组装好的计算机，然后再次组装。

（5）安装操作系统——Windows 7 及相应的硬件驱动程序。

（6）安装优化大师对系统进行优化。

（7）安装杀毒软件，然后进行必要的防护设置。

（8）使用 Symantec Norton Ghost 备份系统。

项目3　组建家庭网络

随着家庭中计算机数量的增多，组建家庭网络将成为职业院校计算机专业学生必须掌握的基本技能之一，因此，应进行专门的组建家庭网络的技能训练。

1．训练目的

熟练掌握组建家庭网络的方法与技能。

2．技能要求

熟练掌握双绞线制作、网络布线的基本方法，能够正确安装与配置网络协议、网络标识，会测试网络的连通情况、设置资源共享。

3．训练时间

（1）教师讲解演示双绞线的制作方法与注意事项，0.5 学时。

（2）学生在教师的指导下动手制作双绞线，1.5 学时。

（3）学生在教师的指导下进行网络布线，1 学时。

（4）学生在教师的指导下进行网络协议的安装与配置、网络标识的设置、网络的连通情况、资源共享的设置，1 学时。

4．训练内容

（1）制作双绞线。

（2）网络布线。

（3）网络协议安装与配置。

（4）设置网络标识。

（5）测试网络通断情况。

（6）设置资源共享。

5．训练步骤

（1）制作双绞线。

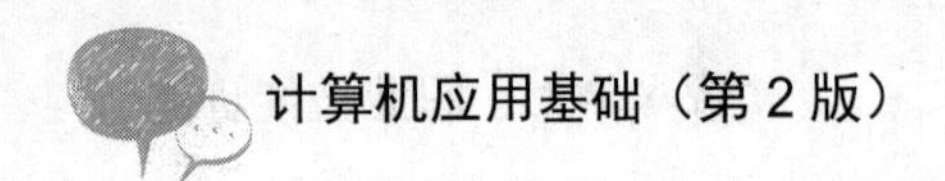

学习双绞线的线序排列标准，即 T568A 标准和 T568B 标准。每人制作一根交叉线和一根直通线。

（2）组建局域网。

使用双绞线连接计算机与交换机、交换机与交换机。

（3）安装与配置网络协议。

按要求安装与配置 TCP/IP 协议。

（4）设置网络标识。

为每台计算机起名字，并将其设置在同一工作组内。

（5）测试网络连通情况。

用 Ping 命令检查网络的连通情况。

（6）设置资源共享。

设置可共享的文件与文件夹。

（7）共享上网。

设置 ADSL 路由器共享上网。

项目 4　制作宣传手册

宣传手册包括封面、封底及相关宣传内容，封面是宣传手册的首页，是设计者运用视觉元素强化宣传效果的第一环境，可以是按照一定规则组合的文字、图案。因此，封面设计不仅涉及到多种元素的运用，而且还涉及到图形对象不同的表现手法和技巧的运用。

1．训练目的

掌握页面整体的规划和设计方法。

掌握绘制和排列图形的基本技巧。

熟练应用图形对象、艺术文字强化效果。

2．训练内容

（1）宣传手册的版面规划。

（2）获取、处理相关素材。

（3）制作宣传手册的封面、封底及相关内容。

3．技能要求

（1）会根据宣传手册的主题，构思封面和封底的版面结构，并能根据需要搜集有关的文字和图片素材。

（2）掌握利用绘图工具给图片着色，添加必要的效果方法。

（3）能够参照样例制作出相应的产品宣传手册。

宣传手册的封面、封底及相关内容样例如图 8-4-1 所示。

Ins1318 自我介绍

Item	Ins1318 (S510141CN)
CPU	T3200
Chipset	965PM
Memory	2G
Hard drive	250G
Video card	128M 8400GS
Optical device	DVDRW
Display	13" True life
wireless	Dell 1395
Battery	6Cell
WebCam	Cam
OS	Vista basic
Anti-virus	30days Mcafee
Service	1NBD
Price	RMB4599

Ins 13 宇宙无敌超级强悍卖点：

1.Turelife 显示屏，亮度对比度高出10%,以前所未有的美好感觉尽情欣赏电影和照片！
2. 时尚外观 太平洋深邃蓝色
3.镁合金外壳散热更好，质感更强
4.内部高亮黑色钢琴漆,更耐磨,不易沾上污迹,容易清洁
5.吸入式光驱 无需托架 简单时尚
6.电容式触摸板和多媒体按钮 体验电容式多媒体按钮的直观交互性能，一触即亮。
7.彩套状屏转轴设计,防止连线损坏
8.接口丰富 USB 2.0 (2个) VGA视频输出 集成10/100 LAN (RJ45) IEEE1394a 8合1存储卡读卡器
9.最新的Wi-Fi技术利用MIMO多个集成式Hyperband天线同时 处理发送和接收时的无线数据流
10. 200万像素人脸追踪摄像头, 阵列式麦克风，防噪音耳机
11. Dell 独有的全面保护服务，让每一位客户随时随地用的放心！

Ins530S 自我介绍

Ins530s宇宙无敌超级强悍卖点：
家用主流，性能强大
灵活适用，高扩展性

(外观和以前主卖型号530s完全一样)
1. 小巧机身,可立放,可卧放,满足你的多种空间要求
2. 2个内存插槽，最大支持4GB内存
3. 8个USB接口，前置两个，后置四个，内部两个，可选读卡器和1394, 100兆网卡
4. 圆弧型前沿，,美观流畅，有效避免碰伤
5. 钣金外壳带喷漆涂层,引领银色时尚
6. 超薄机身，感受主机箱瘦身效果
7. 内陷式金属按钮,带背光电源图标,
8. 侧面通风孔带来视觉变化，功用上以便能够放在墙边
9. Dell 独有服务，让每一位客户随时随地用的放心！

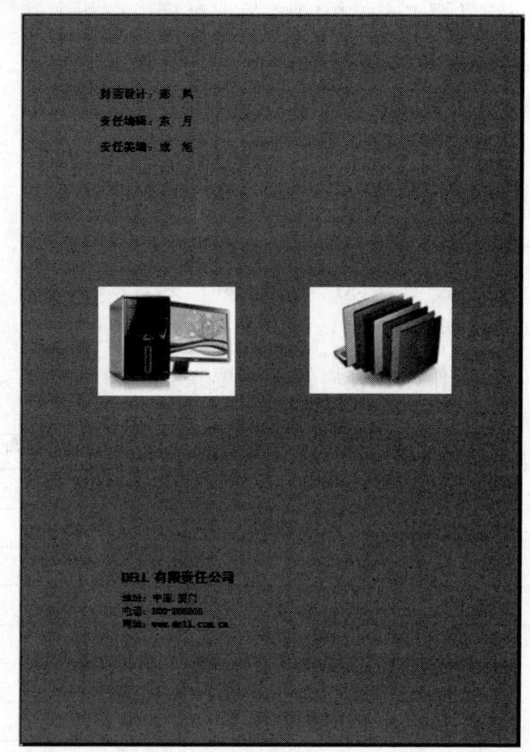

图 8-4-1 宣传手册的封面、封底及相关内容样例

4．训练时间

(1) 教师讲解版面设计、色彩应用基本知识 2 学时。

（2）学生分组讨论自定宣传主题、收集素材2学时。
（3）构思宣传手册版面结构1学时。
（4）上机制作宣传手册3学时。

5．评分标准

（1）封面的版面设计合理，图文比例、位置恰当，20分。
（2）文字和图片素材与主题的关联密切，内容丰富，15分。
（3）图片处理恰当，视觉效果突出，15分。
（4）宣传手册内涵丰富，20分。
（5）操作熟练、能按时完成任务，15分。
（6）有团队精神、协作意识，15分。

项目5 制作统计报表

利用Excel进行各种数据处理，帮助统计分析和辅助决策，是学习者必须熟练掌握的基本操作技能，而以上工作都是建立在各种统计表格基础之上。

1．训练目的

熟练掌握Excel 2010的数据处理、分析方法。

2．技能及考核要求

熟练掌握统计表格的制作、处理等方法。

学生能够按照指定要求完成表格制作，成绩为合格；在基本要求的基础上，有所创新，成绩为优秀。

3．训练时间

每天2学时训练，连续1周，共计10学时。

4．训练内容

（1）制作以下表格，并按要求完成下列操作。

宏达电脑公司微机配件进货记录

品　名	供货商	进货日期	单　价	数　量	金　额
鼠标器	东伟	2014-09-16	55.00	20	
CPU	宝通	2014-09-12	720	30	
CD-ROM	宝通	2014-09-12	400.00	60	
硬盘	联盟	2014-09-12	940	60	
显卡	海科	2014-10-12	320	32	
声卡	东伟	2014-12-20	165.00	38	
鼠标器	联盟	2015-01-25	50.00	20	
显卡	宝通	2015-02-16	310	24	
CPU	海科	2015-02-20	705	10	
声卡	联盟	2015-02-21	155.00	10	
鼠标器	宝通	2015-03-10	50.00	40	

① 用高级筛选的方法，选出表中 2014 年 12 月 31 日以后从宝通公司进货的所有记录，生成一张新表，置于原工作表 30 行以下的区域中。

② 新建工作表“汇总表”，然后在其中完成对原表数据的分类汇总：按品名分类合计各配件的数量和金额。

③ 新建工作表“统计图表”；依据汇总表中的汇总数据，绘制一个名为“资金占用情况分析”的三维饼图，反映各配件合计金额所占的比例。要求：取消图例，显示数据标志和百分比（保留一位小数）。

（2）按以下要求制作表格，并计算、分析数据。

① 在 Excel 中分别建立如下 3 个工作簿，并以“总公司销售报表”“分公司销售报表”“产品价格表”为名存于名为“Excel 文档练习”的文件夹(自己新建)中。

② 在“分公司销售报表”工作簿中以同样的方式建立另外 5 个分公司的销售报表，并分别命名为相应的工作表名，如“二公司销售报表”。

③ 对产品价格表按升序排序，应用如下公式对“分公司销售报表”中的 6 张报表进行列公式应用：单价=产品包价表中的报价；销售金额=数量×单价；折扣=产品包价表中的折扣×数量；产品成本=产品包价表中的成本×数量；销售及流通成本=产品成本×27%；所得税及附加=IF（销售金额>=80001，（销售金额-10000）×16%，IF（销售金额>=60001，（销售金额-10000）×12%，IF（销售金额>=40001，（销售金额-10000）×8%，IF（销售金额>=20001，（销售金额-10000）×4%，销售金额×2%））））

利润=销售金额-折扣-产品成本-销售及流通成本-所得税及附加

总计=分别为列数据的总和

销售情况=（利润>=60001 为超额，利润>=40001 为良好，利润>=20001 为完成，其他为空）

总公司销售报表

公司 3 月份产品销售总表

2015 年 3 月　　单位：元

分公司	数量	单价	销售金额	折扣	产品成本	销售及流通成本	所得税及附加	利润	销售情况
一公司									
二公司									
三公司									
四公司									
五公司									
六公司									
总计									

分公司销售报表

一公司 3 月份产品销售报表

2015 年 3 月　　单位：元

产品编号	数量	单价	销售金额	折扣	产品成本	销售及流通成本	所得税及附加	利润

续表

产品编号	数量	单价	销售金额	折扣	产品成本	销售及流通成本	所得税及附加	利润
总计								

产品价格表

产 品 编 号	报 价	成 本	折 扣
900D-A40	500	210	30
900G-B40	450	200	21
800G-A12	230	118	11
923F-C16	812	453	64
750S-D23	660	371	53
959G-66	516	285	40
423Q-H56	145	77	8
970R-F77	723	366	52

④ 把各分公司的总计栏合并到“总公司销售报表”中，并求总计栏。

⑤ 在“总公司销售报表”中按“总公司销售报表”的 6 个分公司数据作直方图图表位于新工作表中。

⑥ 在“总公司销售报表”中新建一个工作表为“销售明细表”，在其中合并 6 个分公司的产品销售栏数据，并对该表进行按产品与分公司的关系应用数据透视表。

⑦ 对上述“分公司销售报表”按选择多工作表方式进行统一格式的排版，要求版面规范，美观。

项目 6　电子相册制作

Photoshop 图形图像处理软件是当前处理图形图像最为流行的软件之一，利用它可以制作电子相册，以便更好地保存自己的数码照片。

1．训练目的

掌握 Photoshop 工具箱中的主要工具的用法，并能根据需要制作出电脑合成图像。

能根据图像的不同情况对图像质量进行优化处理。

了解一些 Photoshop 的高级技术，如路径、通道等概念的涵义。

2．技能要求

认识 Photoshop 软件的工作界面，会使用移动、魔棒等工具箱中的常用工具。

掌握 Photoshop 软件对图像进行裁剪、进一步渲染处理的方法。

对 Photoshop 软件中的路径、通道等概念有一些认知。

能将图像文件保存成不同格式。

3．训练时间

4 学时。

4．训练内容

（1）图像的准备：规划、获取图像素材。

（2）利用 Photoshop 软件对图像的大小、色彩效果、背景等方面进行处理，提高图像质量。

（3）用选取工具、移动工具、图层调整、图像缩放等方法进行图像合成。

（4）能用钢笔工具选取一个指定的路径。

（5）用文字工具输入文字，并运用一些图层样式。

（6）用“存储为”命令将图像保存为不同格式的文件。

5．训练步骤

（1）训练前准备工作。

① 用数码相机拍摄一系列风景图像并输入到电脑中。

② 从网上下载一些相框素材图片。

（2）训练活动内容。

① 展示一系列不同风格的“风景电子相册”制作效果。

② 简要制作过程。

（3）“风景电子相册一”的制作。

打开素材“风景 1.jpg”和相框.jpg，执行“图像”→“调整”→“曲线”命令，对图像进行调整，提高图像亮度和对比度；用裁剪工具将图像上的日期部分裁剪掉；用魔棒工具将相框.jpg 素材上的白色选中并删除掉；用移动工具将两个图像进行合成；用文字工具输入文字，并添加图层样式对文字修饰美化；保存文件。

（4）“风景电子相册二”的制作。

打开素材“人物 1.jpg”和“风景 2.jpg”；用魔棒工具将“人物.jpg”素材上的白色背景选中并删除掉；用钢笔工具将“风景.jpg”中的白色栅栏选中置于新的图层上；将人物图像移入“风景.jpg”中，为人物添加相应的图层样式；调整图层上下关系；保存文件。

（5）“风景电子相册三”的制作。

打开“风景 3.jpg”文件，对其进行裁剪和提高图片质量的操作；打开“通道”面板，新建一个通道 alpha1；按【Ctrl+A】组合键全选图像，用白色进行填充整个选区，再用矩形选框工具将中间的白色图像选取并按【Delete】键清除，按【Ctrl+D】组合键，取消选区；执行“滤镜”→“画笔描边”→“喷色描边”命令，设置参数为：描边长度为 10，喷色半径为 23，描边方向为右对角线，单击“确定”按钮；按【Ctrl+～】组合键，回到 RGB 通道；打开“图层”面板，新建一个图层，执行“选择”→“载入选区”命令，将通道“Alpha1”载入选区；将前景色设置为一种你喜欢的颜色，按【Alt+Delete】组合键，用前景色填充选区；保存文件。

项目 7　DV 制作

制作数码影片，首先需要用 DV 拍摄需要的视频和图片素材，然后再收集整理其他素材，如配音、动画等，并将这些素材输入至计算机，再用视频编辑软件进行加工渲染，最后输出各种视频格式的文件或刻录成通用格式的光碟。本模块要求制作一个关于本学校风貌的宣传片。

1．训练目的

了解 DV 制作流程，并会用相关的方法或软件来采集素材和制作多媒体作品。

2．技能要求

（1）会用 DV 拍摄需要的视频和图片素材，并输入至计算机。

（2）会用软件录制音频文件并编辑音频文件。

（3）会用视频编辑软件对音频、视频、图片等素材进行合成。

（4）会用软件将合成效果渲染成不同格式的视频文件。

3．训练时间

4 学时。

4．训练内容

（1）规划和设计 DV 制作内容：制作关于本学校风貌的视频宣传片。

（2）通过数码摄像机获取本学校风貌的视频、图片等素材并输入计算机。

（3）用软件录制介绍本学校风貌的配音文件，并进行相关的剪辑。

（4）对多媒体素材进行编辑、合成并输出。

5．训练步骤

（1）用数码摄像机拍摄一系列关于本学校风貌的图片和视频素材并输入计算机。

（2）广泛查阅本校资料，总结出一个介绍本校情况的文字资料做配音使用。

（3）利用 Photoshop 软件对图片素材进行美化处理。

（4）用软件录制并编辑关于学校介绍的配音文件。

（5）对多个视频素材进行修剪、编辑。

（6）将相应的图片、视频素材拖入到“故事面板”的“视频轨”上，并调整前后顺序进行有机合成。

（7）为视频（或图像）与视频（或图像）之间添加转场效果，进行美化。

（8）加载关于学校的配音文件，并将音频文件拖入到“音频轨”上，进一步修剪视频和配音素材，使视频与音频效果相和谐。

（9）为作品添加必要的字幕效果。

（10）渲染输出多媒体作品。

（11）向全班展示自己的作品。

项目 8　产品介绍演示文稿制作

演示文稿是办公环境中常用的重要工具，它能将文字、图形、图像、声音以及视频剪辑等多媒体元素集于一体，形成形象、直观地展示内容。因此，熟练制作演示文稿是职业院校学生必须掌握的基本技能。

1．训练目的

掌握制作多媒体演示文稿的正确方法。

熟练制作产品介绍演示文稿。

2．技能要求

掌握制作多媒体演示文稿的正确方法，要求达到：会进行模板的选用、动画设计和多媒体对象的插入，会使用母板，能根据需要设置幻灯片的放映效果。

3．训练时间

制作一个演示文稿需要以下几个操作步骤：① 选择主题，确定标题；② 素材收集，做好基础准备；③ 制作并编辑演示文稿的各个幻灯片。因此，训练时间可以安排 8 学时，具体分配如下。

（1）选主题、素材的收集 2 学时。

（2）制作并编辑演示文稿 4 学时。

（3）分组讨论并评价演示文稿 2 学时。

4．训练内容

（1）素材收集。

（2）制作演示文稿。

（3）讨论并评价演示文稿。

5．训练步骤

（1）素材的收集。

在演示文稿的制作过程中，准备素材是最繁重的工作，其中包括素材的收集、整理、加工、制作等诸多内容。素材包括文字信息、图形图像、声音、视频、动画等几种形式。采集素材的方式通常可以使用键盘录入、扫描仪输入、数码相机拍摄、网上下载、视频截取等。

（2）演示文稿的制作。

制作如图 8-7-1 所示的演示文稿。

第 1 张幻灯片

数字图书馆简介

数字化图书馆是一套面向学校、企业的网络信息中心、图书馆等部门的书籍管理和发布系统，能够为各部门提供完整的知识管理和发布功能。

数字化图书馆是一个基于Web的B/S系统，所有的操作都通过浏览器来完成。在安装数字化图书馆产品时，一方面会在服务器上预装相应的数字图书，另一方面，也可以让管理员从任何一台可以登录系统的计算机上，利用管理员帐号登录，然后对服务器上的图书进行管理。

数字化图书馆实际上是三套产品的集合体，其一是电子图书的管理和浏览系统；其二则是普通纸质图书的预借和借阅系统；其三则是连续出版物的预借和借阅系统。

第 2 张幻灯片

图书浏览支撑软件：

图书类型	图书文件扩展名	支撑软件
HTML文件	.htm;.html	Internet Explorer
PDF文件	.pdf	Adobe Acrobat Reader 4.0
视频文件	.mpg;.mpeg;.avi;.asf;.wmv	Microsoft Media Player 7.0
音频文件	.mid;.rmi;.wav;.mp3	Microsoft Media Player 7.0
Realplay视频文件	.rm;.ram	Realplayer 8.0
Flash动画软件	.swf;.fla	Macromedia Flash Player
图像文件	.jpg;.jpeg;.gif;.png	Internet Explorer
Word文件	.doc	Microsoft Word 2000

第 3 张幻灯片

第 4 张幻灯片

图 8-7-1 演示文稿

第5张幻灯片

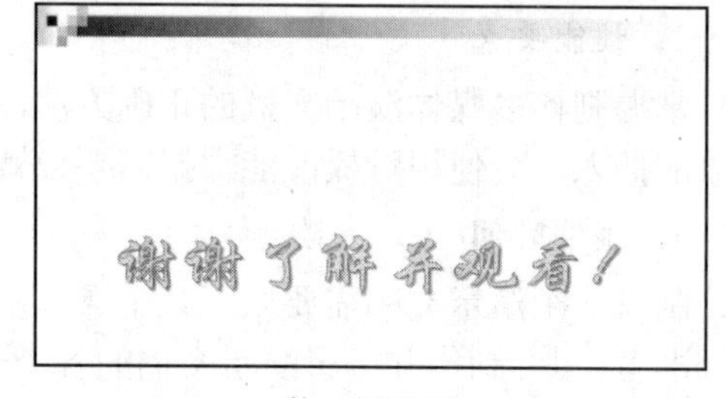

第6张幻灯片

图8-7-1　演示文稿（续）

制作要求：

① 演示文稿命名为“数字图书馆介绍”，包含6张幻灯片。

② 每张幻灯片以先标题、后标题下的文本、再图片的顺序显示。

③ 第1张幻灯片中，标题“数字图书馆简介”使用“菱形”的动画效果出现在屏幕上，“作者：王一”使用自左侧“飞入”的动画效果自动出现在屏幕上。

④ 第2张～第5张幻灯片中，标题使用“棋盘”的动画效果；文本框内的内容使用“十字形扩展”的动画效果；剪贴画使用“百叶窗”的动画效果出现。

⑤ 第6张幻灯片文本“谢谢了解并观看”使用“弹跳”的动画效果，并且给它添加“闪烁”的动画效果。

⑥ 第1张幻灯片和第6张幻灯片采用“圆形”切换方式，第2张～第5张幻灯片使用“向右揭开”的切换方式，速度为“中速”。

⑦ 为第2张幻灯片录制旁白。

⑧ 根据自己的需要更改演示文稿的图片及版式。

（3）讨论并评价演示文稿。

① 制作的幻灯片是否达到设计的目的。

② 设置的背景、插入的图片、文字与自己确定的标题（宣传主题）是否内容吻合，相得益彰。

③ 背景、图片、文字的颜色、大小和风格是否搭配恰当。

④ 制作的幻灯片让别人看了以后，是否能给人留下较深的印象。

项目9　网络空间应用

随着计算机技术、网络技术的飞速发展，信息社会指日可待，学会有效利用网络空间资源，才能充分发挥网络的作用，成为适应信息社会生活的高手。

1．训练目的

掌握网络空间应用的方法与技能。

2．技能要求

会申请网络空间，并利用网络空间撰写博客文章。

掌握网上购物的基本方法与技巧。

3．训练时间

（1）申请网络空间，2 学时。

（2）撰写并修饰博客文章，2 学时。

（3）网上购物，2 学时。

4．训练内容

（1）申请网络空间。

（2）利用网络空间撰写博客文章并修饰博客文章。

（3）网上购物。

5．训练步骤

（1）网络上申请免费空间。

（2）激活已申请的网络空间。

（3）登录博客空间。

（4）撰写并修饰博客文章。

（5）搜索浏览物品。

（6）联络卖家。

（7）付款。

（8）收货。